"创新设计思维"
数字媒体与艺术设计类新形态丛书

移动学习版

Animate CC
动画制作 核心技能一本通

戚大为 许梅 主编　刘英德 张倩倩 裴浪 副主编

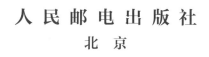

人民邮电出版社

北　京

图书在版编目（CIP）数据

Animate CC 动画制作核心技能一本通 ：移动学习版/
戚大为，许梅主编. -- 北京 ：人民邮电出版社，2022.10
（"创新设计思维"数字媒体与艺术设计类新形态丛书）
ISBN 978-7-115-59003-9

Ⅰ．①A… Ⅱ．①戚… ②许… Ⅲ．①动画制作软件
Ⅳ．①TP391.414

中国版本图书馆CIP数据核字(2022)第049836号

内 容 提 要

Animate是Adobe公司发布的一款矢量动画制作软件，使用它可实现动画的设计与制作。本书以Animate CC 2020为蓝本，结合不同行业的运用方向，讲解Animate各个工具和功能的使用方法。全书共14章，首先对Animate的基础知识进行详细介绍，然后对常用工具、动画编辑对象等进行介绍，包括绘制与填充图形，编辑动画对象，文本、声音和视频，图层与帧，元件、实例与库的应用；再逐步深入介绍各种类型动画的制作，如逐帧动画、补间动画、引导动画、遮罩动画、骨骼动画、摄像头动画和交互动画等；最后以实例的形式，对Animate在各个领域中的应用进行综合实践。

本书结合大量"实战""范例"对知识点进行讲解，还提供了"技巧""巩固练习""技能提升"等特色栏目来辅助读者学习和提升应用技能。此外，在操作步骤和实例展示旁还附有对应的二维码，扫描二维码即可观看操作步骤的视频演示，以及案例视频的播放效果。

本书可作为各类院校动画设计与制作相关专业的教材，也可供Animate初学者自学使用，还可作为动画设计人员的参考用书。

◆ 主 　编 　戚大为 　许 　梅
　　副 主 编 　刘英德 　张倩倩 　裴 　浪
　　责任编辑 　韦雅雪
　　责任印制 　王 　郁 　陈 　犇

◆ 人民邮电出版社出版发行 　　北京市丰台区成寿寺路 11 号
　　邮编 　100164 　电子邮件 　315@ptpress.com.cn
　　网址 　https://www.ptpress.com.cn
　　雅迪云印（天津）科技有限公司印刷

◆ 开本：880×1092 　1/16
　　印张：20 　　　　　　　　　　　　2022 年 10 月第 1 版
　　字数：728 千字 　　　　　　　　 2022 年 10 月天津第 1 次印刷

定价：109.00 元

读者服务热线：**(010)81055256** 　印装质量热线：**(010)81055316**
反盗版热线：**(010)81055315**
广告经营许可证：京东市监广登字 20170147 号

PREFACE 前言

随着在线动漫平台的兴起以及"二次元"文化在年轻群体中的传播与发展，观看动画的用户越来越多，进一步带动了动画产业的发展。同时，互联网、新媒体的发展使得动画的内容和展现方式越来越丰富，推动着动画的移动化、互动化与数字化，因而对动画设计人员也提出了更高的要求。

对于动画制作教学来说，如何在有限的场景中表现出动画的设计风格、设计理念和情感交互，是需要重点考虑的问题。尤其是随着近年来教育课程改革的不断发展、计算机软硬件日新月异的升级，以及教学方式的不断更新，传统的动画制作教材讲解方式已不再适应当前的教学环境。鉴于此，我们结合"互联网+"对设计行业的影响，认真总结了教材编写经验，深入调研各地、各类院校的教学需求，组织了一批优秀且具有丰富教学经验和实践经验的作者团队编写了本书，以帮助各类院校快速培养出优秀的动画设计人才。本书内容全面，知识讲解透彻，可使有不同需求的读者通过学习获得收获。读者可根据下表的建议进行学习。

学习阶段	章节	学习方式	技能目标
入门	第1~3章	实战操作、范例演示、课堂小测、综合实训、巩固练习、技能提升	① 了解动画、Animate CC 2020 的基础知识 ② 掌握 Animate CC 2020 的基本操作，如创建与编辑动画文档等 ③ 掌握设置工作环境，以及使用辅助工具的方法 ④ 掌握线条、形状的绘制方法，以及图形的选择、修改和填充方法 ⑤ 掌握对象的编辑与修饰方法
进阶	第4~6章	案例展示、实战操作、范例演示、课堂小测、综合实训、巩固练习、技能提升	① 掌握文本、声音和视频的编辑方法 ② 掌握图层和帧的基本操作 ③ 掌握元件、实例和库的编辑方法
提高	第7~11章	案例展示、实战操作、范例演示、课堂小测、综合实训、巩固练习、技能提升	① 能够制作逐帧动画、补间动画 ② 能够制作引导动画、遮罩动画 ③ 能够制作骨骼动画、摄像头动画 ④ 掌握交互动画的制作方法 ⑤ 能够测试、优化和发布动画
精通	第12~14章	案例展示、实战操作、范例演示、课堂小测、综合实训、巩固练习、技能提升	① 融会贯通本书所讲述的知识，掌握各类动图的设计方法 ② 通过案例了解并掌握各类广告动画的设计方法 ③ 通过案例了解并掌握网页动画的设计方法

 内容与特色

本书以知识点与实例结合的方式讲解Animate在动画制作中的应用，本书的特色可以归纳为以下5点。

- 体系完整，内容全面。本书条理清晰、内容丰富，从Animate CC 2020的基础知识入手，由浅入深、循序渐进地介绍Animate CC 2020的各项操作，并在讲解过程中尽量做到细致、深入，辅以理论、案例、测试、实训、练习等，加强读者对知识的理解与实际操作能力。
- 实例丰富，类型多样。本书实例丰富，不仅对涉及操作的部分，尽量以"实战"引入，还以"范例"的形式，综合应用多个知识点，让读者了解并掌握实际工作中各类动画的应用与制作方法。
- 步骤讲解翔实，配图直观。本书的讲解深入浅出，不管是理论知识讲解还是实例操作，都有对应的配图，且配图中还添加了标注，标注与操作一一对应，便于读者理解、阅读，更好地学习和掌握Animate CC 2020的各项操作。
- 融入设计理念、设计素养。本书在"范例""综合实训"等栏目的设计上，结合本章重要知识点与行业背景、实际设计工作场景，充分融入设计理念、设计素养，紧密结合课堂讲解的内容给出实训要求、实训思路，培养读者的设计能力和独立完成任务的能力。
- 学与练相结合，实用性强。本书理论讲解与案例相结合，通过大量的实例帮助读者理解、巩固所学知识，具有很强的可操作性和实用性。同时，还设有"小测"和"巩固练习"，以提高读者的动手能力。

讲解体例

本书精心设计了"本章导读→目标→知识讲解→实战→范例→综合实训→巩固练习→技能提升→综合案例"的教学方法，以激发读者的学习兴趣。通过细致、巧妙的理论知识讲解，再辅以实例与练习，帮助读者强化并巩固所学知识和技能，以达到提高读者实际应用能力的目的。

- 本章导读：每章开头均以为什么学习、学习后能解决哪些问题切入，引导读者对本章内容展开思考，从而引起读者的学习兴趣。
- 目标：从知识、能力和情感3个方面，帮助读者明确学习目标、厘清学习思路。
- 知识讲解：深入浅出地讲解理论知识，并通过图文结合的形式对知识进行解析、说明。
- 实战：紧密结合知识讲解，以实战的形式对复杂的理论进行一步步讲解，帮助读者更好地理解并掌握知识。

本章导读

Animate提供了多种常见的动画类型，其中逐帧动画是较为基础的动画，可使绘制的内容连续播放；而补间动画则可丰富动画效果，使整个动画更具吸引力。

知识目标

< 掌握逐帧动画的制作方法
< 掌握补间动画的制作方法

能力目标

< 能够制作动态标志
< 能够制作倒计时动画
< 能够制作动图
< 能够制作动态推文封面
< 能够制作加载动画
< 能够制作游戏场景动效

情感目标

< 激发学生制作动画的兴趣
< 促进学生探索不同类型动画的使用场景

5.2.1 帧的基本类型

不同类型的帧可以存储不同的内容，这些内容虽然都是静止的，但将连贯的画面依次放置到帧中，再按照顺序依次播放这些帧，便形成了最基本的Animate动画。不同类型的动画，可能会使用多种不同的帧。图5-34所示为"时间轴"面板中各种类型的帧以及相关显示标记，如播放标记、帧编号等。

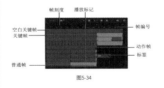

图5-34

- 帧刻度：每一个刻度代表一帧。
- 播放标记：该标记有一条蓝色的指示线，主要有两个作用：一是浏览动画，当播放场景中的动画或拖曳该标记时，场景中的内容会随着标记位置发生变化；二是选择指定的帧，场景中显示的内容为该播放标记停留的位置。
- 帧编号：用于提示当前帧数，每5帧显示一个编号。
- 关键帧：关键帧是指在动画播放过程中，定义了动画关键变化环节的帧。Animate中的关键帧以实心的小黑圆点表示。
- 空白关键帧：空白关键帧，顾名思义就是关键帧中没有任何对象，主要用于在关键帧与关键帧之间形成间隔。空白关键帧在时间轴中以空心的小圆表示，若在空白关键帧中添加内容，则会变为关键帧。
- 动作帧：关键帧或空白关键帧中添加了特定语句的帧即为动作帧，通常这些帧中的语句用于控制Animate动画的播放或交互。
- 标签：选择帧后，在"属性"面板中可设置帧的名称和帧的标签类型。当帧为■状态时，表示标签类型为名称；当帧为■状态时，表示标签类型为注释；当帧为■状态时，表示标签类型为锚记。
- 普通帧：普通帧就是不起关键作用的帧。它在时间轴中以灰色方块表示，起着过渡和延长内容显示的作用。Animate中的普通帧越多，关键帧与关键帧之间的过渡就越缓慢。

公益宣传广告属于非商业性广告，是不以营利为目的而为社会提供免费服务的广告活动，其主题可以是防火防盗、卫生交通、环境保护等，是我国传递社会价值观的主要途径之一。在进行公益广告设计时，需要展现出公益广告的以下特点。

- 直观性：直观的形象能使用户对公益广告所承载的信息一目了然。
- 生动性：公益广告在本质上是一种感性的表现形式，因此生动的公益广告设计更能引起用户内心深处的情感体验，使整个公益广告更加生动。
- 艺术性：为了引起用户情感上的共鸣，挖掘出不同的视觉感受，在设计公益广告时，可以采用独特的视角，直观地展现公益内容。
- 文化性：在设计公益广告时，也需要有效传达公益广告宣传的思想观念、价值取向和人文精神，使用户快速了解公益内容，从而达到宣传推广的目的。

设计素养

技巧

当图层过多时，若不清楚场景中某个元素的所属图层，则可以直接在场景中选择该对象，此时该对象所属的图层会自动变为当前编辑图层。

实战　为剪影添加骨骼

知识要点：为元件添加骨骼
配套资源：
素材文件\第9章\剪影.fla
效果文件\第9章\剪影.fla

扫码看视频

- ▶ **范例**：本书精选范例，对范例的要求进行定位，并给出操作的要求及过程，帮助读者分析范例并根据相关要求完成操作。
- ▶ **综合实训**：结合设计背景、设计理念，给出明确的操作要求、操作思路，让读者独立完成操作，提升读者的设计素养和实际动手能力。

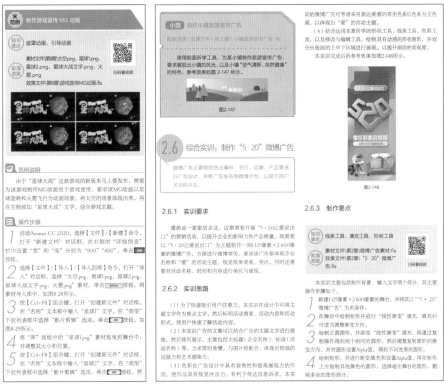

- ▶ **巩固练习**：给出了相关操作要求和效果，重在锻炼读者的实际动手能力。
- ▶ **技能提升**：为读者提供了相关知识的补充讲解，便于读者进行拓展学习。
- ▶ **综合案例**：本书最后3章为动图、广告动画和网页动画的综合案例，案例均结合真实的行业知识与设计要求进行了充分的分析，再一步步进行具体的实操，帮助读者模拟实际设计工作的完整流程，使读者能更快地适应设计工作。

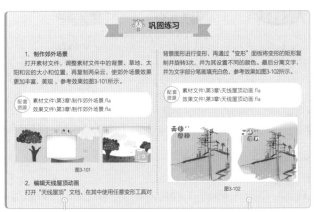

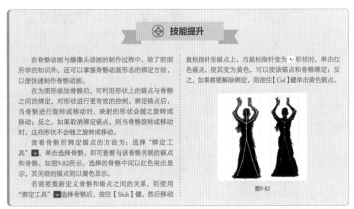

配套资源

本书提供立体化的配套资源，读者可登录人邮教育社区（www.ryjiaoyu.com），在本书页面中下载。

本书资源包括基本资源和拓展资源。

基本资源

演示视频 + 素材和效果文件 + PPT、大纲和教学教案

▶ 演示视频：本书所有的实例操作均提供了教学视频，读者可通过扫描实例对应的二维码进行在线学习，也可扫描下图二维码关注"人邮云课"公众号，输入校验码"rygjsman"，将本书视频"加入"手机上的移动学习平台，利用碎片时间轻松学。

▶ 素材和效果文件：本书提供所有实例需要的素材和效果文件，素材和效果文件均以案例名称命名，便于读者查找。

▶ PPT、大纲和教学教案：本书提供PPT课件、Word文档格式的大纲和教学教案，以便教师顺利开展教学工作。

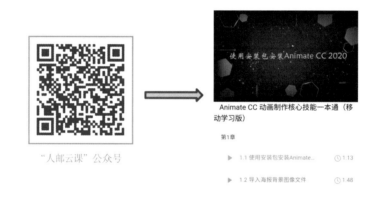

"人邮云课"公众号

Animate CC 动画制作核心技能一本通（移动学习版）

第1章

▶ 1.1 使用安装包安装Animate... ⏱ 1:13

▶ 1.2 导入海报背景图像文件 ⏱ 1:48

拓展资源

案例库 + 实训库 + 课堂互动资料 + 题库 + 拓展素材资源 + 高效技能精粹

▶ 案例库：本书按知识分类整理了大量Animate软件操作拓展案例，包含案例操作要求、素材文件、效果文件和操作视频。

▶ 实训库：本书提供大量Animate软件操作实训资料，包含实训操作要求、素材文件和效果文件。

▶ 课堂互动资料：本书提供大量可用于课堂互动的问题和答案。

▶ 题库：本书提供丰富的与Animate相关的试题，读者可自由组合出不同的试卷进行测试。

▶ 拓展素材资源：本书提供可用于日常设计的大量拓展素材。

▶ 高效技能精粹：本书提供实用的设计速查资料，包括快捷键汇总、设计常用网站汇总和设计理论基础知识，帮助读者提高设计的效率。

编者
2022年5月

目 录 CONTENTS

第3章 编辑动画对象 52

第4章 文本、声音和视频 73

第1章

初识动画与 Animate

本章导读

Animate是 Adobe发布的一款矢量动画制作软件，主要用于实现动画的设计与制作。在使用Animate制作动画前，需要先认识动画，掌握Animate CC 2020的基本操作方法，以及辅助工具的使用方法，为后面制作动画做准备。

知识目标

- 认识动画
- 熟悉Animate CC 2020的工作界面
- 掌握Animate CC 2020的文档操作方法
- 掌握Animate CC 2020工作环境的设置方法
- 掌握辅助工具的使用方法

能力目标

- 掌握动画设计的流程
- 能够安装Animate CC 2020
- 能够导入不同类型的素材文件

情感目标

- 点燃学习动画的热情
- 加深对动画的认识与理解

1.1 认识动画

动画是一种集众多艺术门类于一身的艺术表现形式。动画有哪些分类？其设计流程是什么？这些都需要我们有所了解。

1.1.1 什么是动画

动画（animation）一词源自拉丁文字根"anima"，意思为"灵魂"。因此，我们可以理解为：动画是使用绘画的手法，使原本不具有生命的东西像获得了生命一般，它是一种创造生命运动的艺术。

动画的概念不同于一般意义的动画片，动画是通过把人或物的表情、动作等分解成许多动作画幅，然后用摄像机连续拍摄成一系列的画面，呈现出来的连续变化画面。图1-1所示为小猫爬行过程的动画效果。

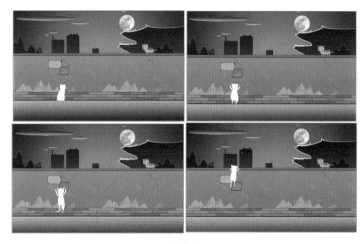

图1-1

动画能直观地表现和抒发人们的感情，将现实中人们不可能看到的事件、人物等以动态变化的形式展现出来，从而激发人们的想象力和创造力。

1.1.2 动画的分类

动画可以按不同的标准进行分类，主要有以下3种标准。

1. 按艺术形式划分

动画按艺术形式可划分为平面动画、立体动画和计算机合成动画。

（1）平面动画

平面动画早期在纸面上绘制，以纸面绘画为主，是较传统的动画类型。常见的平面动画有单线平涂动画、水墨动画和剪纸动画3种。

● 单线平涂动画：单线平涂动画是指绘制动画时先勾勒线条，再在线条围成的区域内填色。《白雪公主》《大闹天宫》《猫和老鼠》《樱桃小丸子》等都属于单线平涂动画。

● 水墨动画：水墨动画是指将传统的中国水墨画运用到动画设计中，使动画效果变得唯美且有韵味。《小蝌蚪找妈妈》《山水情》《牧笛》等都属于水墨动画。

● 剪纸动画：剪纸动画是指将剪纸艺术运用到动画设计中，使动画效果更加精细且有创意。《渔童》《山羊和狼》《济公斗蟋蟀》《葫芦兄弟》《人参娃娃》等都属于剪纸动画。

（2）立体动画

立体动画又称动作中止动画，包括偶动画、实物动画和真人合成动画3种类型。

● 偶动画：偶动画又称为人偶动画，是指用黏土偶、木偶或混合材料制作的角色来展现的动画。在三维动画诞生前，偶动画是早期的三维动画。《土豆猎人》《僵尸新娘》等都属于偶动画。

● 实物动画：实物动画是指以日常生活中的物品（如牙膏、被子、衣服、水果、植物等）为设计对象制作的动画。在制作该动画时，制作者往往很重视物品的质感特性。《毛线玉石》《桌面大战》等都属于实物动画。实物动画与偶动画的区别是，实物动画尽量保持动画的原貌，而偶动画则依据制作者心目中的形象重新塑造。

● 真人合成动画：真人合成动画是指采用动画的特技与实拍的演员场景合成制作的动画，包括真人与平面动画结合式动画（如《谁陷害了兔子罗杰》《快乐满人间》等）、真人与立体动画结合式动画（如《飞天巨桃历险记》）、真人与计算机三维动画结合式动画（《精灵鼠小弟》）3种形式。

（3）计算机合成动画

计算机合成动画即使用计算机软件（如Animate、Animo、Softimage等）合成的动画，主要包括二维动画和三维动画两种。

● 二维动画：二维动画是指计算机辅助动画，又称关键帧动画。二维动画通常由线条、矩形、圆弧及样条曲线等基本图形元素构成，并使用大面积着色的方式上色。本书所介绍的Animate CC 2020软件就是二维动画制作软件。图1-2所示为使用Animate CC 2020制作的二维动画截图。

图1-2

● 三维动画：三维动画又称3D动画，主要通过三维动画软件（如3DS Max、ZBrush、Maya、Softimage、Modo、Blender、Cinema 4D、Lightwave和Houdin等）以模拟真实物体的方式，将复杂、抽象的形象或内容，采用集中、简化、形象、生动的形式表现出来。三维动画具有精确性、真实性和可操作性等特点，被广泛应用于各行各业的动画设计与场景制作中。图1-3所示为三维动画人物效果。

图1-3

2. 按传播途径划分

动画按传播途径可划分为影院动画、电视动画和网络动画。

● **影院动画**: 影院动画多指在影院上映的动画片, 分为短片与长片。影院动画具有一定的叙事性, 其叙事结构与传统戏剧类似, 具有明确的因果关系和完整的起承转合, 以推动剧情发展。影院动画的人物角色形象丰富, 且个性鲜明、独特, 能让观众较快地记住。《秦时明月》《玩具之家》《大圣归来》《侠岚》《哪吒之魔童降世》等都属于影院动画。

● **电视动画**: 电视动画是为在电视上播放而制作的动画。与影院动画相比, 电视动画的播出时间和制作成本相对较低, 常以量取胜。电视动画主要有4种模式: ①讲述固定角色在特定空间发生的故事的电视动画; ②以人物性格的变化为主线, 推动剧情发展的电视动画; ③从特定的职业或兴趣爱好出发, 描述人物生活片段的电视动画; ④虚拟的时空与假定的超能力的电视动画。

● **网络动画**: 网络动画是指通过互联网传播的动画。网络动画比影院动画和电视动画的制作成本低, 并且互联网和新媒体技术的发展, 赋予了网络动画非常丰富的表现形式, 如弹窗动画、横幅动画、H5 (HTML5的简称, HTML是Hyper Text Markup Language, 超文本标记语言的缩写) 动画等。图1-4所示为一则网络动画。

图1-4

3. 按动画播放效果划分

动画按动画播放效果可划分为顺序动画和交互式动画。

● **顺序动画**: 顺序动画是指依据某个顺序进行连续动作而形成的动画。

● **交互式动画**: 交互式动画是指在动画播放时支持事件响应和交互功能的一种动画。交互式动画在播放时可以接受某种控制, 该控制可以是动画播放者的某种操作, 也可以是在动画制作时预先准备的操作, 如单击"下一页""上一页"按钮等操作。

1.1.3 动画的原理

动画的原理与电影、电视一样, 都是基于人眼的视觉暂留原理。视觉暂留 (Persistence of vision) 是光对视网膜所产生的视觉在光停止作用后, 仍保留一段时间的现象, 其具体应用是电影的拍摄和放映, 是动画、电影等视觉媒体形成和传播的根据。

人眼具有的"视觉暂留"特性, 即人眼在看到一幅画或一个物体后, 在1/24秒内不会消失。利用这一特性, 可在一个画面还没有消失前播放下一个画面, 给人一种流畅的视觉变化效果。在动画中, 如果画面播放速度低于每秒24帧, 动画就会出现画面停顿的现象。大于或等于每秒24帧, 动画播放就会更加流畅。

1.1.4 动画设计的流程

在制作一个出色的动画前, 需要对该动画的每一个画面进行精心策划, 然后根据策划设计并制作动画。动画设计的流程一般有如下6步。

1. 前期策划

在设计动画之前, 首先应明确设计动画的目的、目标受众、动画风格、色调等, 然后构思并制作一套完整的设计方案。

策划动画时要有明确的侧重点, 要考虑从哪些方面去反映动画主题, 并对动画中出现的人物、背景、音乐及剧情等要素做具体的安排, 以方便绘制原画。

2. 绘制原画

原画是指动画创作中一个场景动作的起始点与终点之间的画面, 常以线条稿形式画在纸上 (注意, 阴影与分色的层次线也在此步骤绘制)。原画是决定动画质量的一道重要工序, 通过绘制原画可了解整个动画的展现方式、运动流程, 为后期制作动画打下基础。图1-5所示为迪士尼动画《奇奇和蒂蒂》的原画。

图1-5

3．制作动画

制作动画是动画设计流程中较为重要的一步。在制作动画时要注意动画中的每一个环节，并随时预览动画效果，发现和处理动画中的不足并及时调整与修改。本书讲解的Animate CC 2020即为动画制作软件，使用该软件能轻松完成动画的制作。

4．调试动画

动画制作完毕后，应进行全方位的调试，包括动画对象的细节、分镜头和动画片段的衔接、声音以及动画播放是否同步等，使动画效果更加流畅、紧凑，且按动画制作者的期望进行播放。

5．测试动画

调试完动画后，还要对动画的播放及下载等进行测试。由于每个用户的计算机软硬件配置和应用平台等都不相同，因此测试时应保证满足计算机软硬件的最低配置，并在尽可能多的应用平台上进行测试，然后根据测试结果对动画进行调整和修改，使其在不同计算机和应用平台上均有较好的播放效果。

6．发布动画

发布动画是动画设计流程中的最后一步。发布动画时，应根据动画的用途、使用环境等对动画的格式、画面品质和声音进行设置，而不是一味地追求较高的画面质量、声音品质，避免因不必要的文件影响动画的传输。

1.2 Animate CC 2020的基础知识

> Animate是一款专业的动画制作软件，能够制作出生动形象、风格多变、效果流畅的各种动画，并且Animate简单实用、易于操作，受到广大动画设计人员的青睐。

1.2.1 Animate CC 2020简介

Animate CC 2020是美国Adobe公司推出的专业动画制作软件，其前身为Flash Professional CC 。Animate CC 2020在Flash的基础上做了很多改进，除了可以制作原有的以ActionScript 3.0为脚本的SWF格式的动画外，还新增了H5创作工具，为网页开发者提供更适应现有网页应用的音频、图片、视频、动画等创作支持。Animate CC 2020能够帮助动画设计人员设计适用于各类场景的动画，且其界面简洁、功能强大，广受动画行业人士的喜好。

1．Animate的应用领域

Animate的应用领域主要有网页、网络游戏、网络广告、教学课件、产品宣传等。

● 网页：Animate动画文件小，可以在不明显延长网页加载时间的情况下，将网页的主题内容和风格展现给网页访问者，给访问者留下深刻印象，从而达到宣传网页的目的。图1-6所示为不同网页的片头动画。

图1-6

● 网络游戏：Animate的绘图工具丰富，能够绘制美观、逼真的网络游戏画面，吸引用户对网络游戏产生兴趣，并且其强大的交互功能，还能制作各种交互动作，增加用户的体验感，因而在网络游戏中应用广泛。图1-7所示为网络游戏的截图。

图1-7

● 网络广告：广告可以通过文字、图片、音频、视频和动画等多种形式呈现，Animate新增的H5创作工具，能够帮助动画设计人员更快速、更方便地制作出各种便于网页传输的广告动画。图1-8所示为某网络广告的效果图。

● 教学课件：使用Animate制作教学课件，能将枯燥的理论知识以动画的形式生动形象地展现给学生。图1-9所示为使用Animate制作的教学课件。

● 产品宣传：Animate拥有强大的交互功能，使用Animate可以制作出具有交互功能的产品宣传动画，以供用户通过各种互动操作查看产品的信息，从而更直接地宣传产品，如图1-10所示。

图1-8

图1-9

图1-10

2. Animate动画的优势

Animate动画之所以受到广大动画爱好者的喜爱，主要有以下5个方面的优势。

● Animate动画多由图片、动画、矢量图等制作完成，且动画文件较小，利于传播，因此无论是在计算机、平板电脑还是手机等设备上播放Animate动画，都可以获得非常好的画质与播放效果。

● Animate动画具有较强的交互性，用户可以通过单击、选择、输入或按键等方式与Animate动画交互，从而控制动画的运行过程与结果。这一点是传统动画无法比拟的，也是很多设计人员使用Animate制作动画的原因。

● Animate动画采用先进的"流"式播放技术，可供用户边下载边观看，完全能适应当前网络的需要。

● Animate支持多种图片、视频、音频等文件格式的导入，如JPG、PNG、GIF、AI、PSD、DXF等。其中，在导入AI、PSD等格式的图片时，还可以保留矢量元素及图层信息。

● Animate支持输出多种文件格式，包括HTML网页格式、SWF、GIF、MOV等，能满足不同用户对文件格式的需要。

1.2.2　安装与卸载Animate CC 2020

Animate CC 2020并不是系统自带的一款软件，在使用该软件前，需要先正确地将其安装到计算机中。当不需要使用该软件后，可以对该软件进行卸载操作，以减少对计算机磁盘空间的占用。

1. 安装Animate CC 2020

Animate CC 2020安装程序可以通过官方网站购买并下载获得，安装过程并不复杂，只需要按照提示操作即可。

实战　使用安装包安装 Animate CC 2020

知识要点　安装Animate CC 2020、设置Animate CC 2020安装位置

扫码看视频

📋 操作步骤

1 在网站中下载Animate CC 2020安装包，双击Animate CC 2020安装包中的"Set-up.exe"应用程序，启动安装程序，如图1-11所示。

图1-11

图1-13

2 打开"Animate 2020 安装程序"对话框，在"语言"栏的下拉列表框中选择"简体中文"选项，单击"位置"栏后面的 按钮，在打开的下拉列表框中选择"更改位置"选项，如图1-12所示。若不更改位置，则可直接单击 继续 按钮。

图1-12

图1-14

3 打开"浏览文件夹"对话框，在其中选择安装位置。若需要新建安装位置，则可单击 新建文件夹(M) 按钮，然后重命名文件夹，单击 确定 按钮，如图1-13所示。

4 返回"Animate 2020 安装程序"对话框，单击 继续 按钮，打开"正在安装"界面，在其中显示软件的安装进度，如图1-14所示。

5 安装完成后，打开"安装完成"界面，表示Animate CC 2020已经成功地安装到计算机中。单击 关闭 按钮，关闭安装程序，如图1-15所示。

图1-15

2.卸载Animate CC 2020

若需要卸载Animate CC 2020，则只需单击"开始"按钮![icon]，在弹出的"开始"菜单中选择"控制面板"命令，打开"控制面板"窗口，单击"程序和功能"超链接，打开"程序和功能"窗口，选择"Adobe Animate 2020"选项，单击![卸载/更改]按钮，打开"卸载程序"界面，在打开的提示框中单击![是，确定删除]按钮，如图1-16所示。稍等片刻，即可完成卸载。

图1-16

![技巧icon] 技巧

若计算机中安装有计算机安全保护软件，如电脑管家、360安全卫士等，则可打开该软件，单击"软件管理"选项卡，打开"软件管理"页面，单击"卸载"选项卡，在其中选择"Adobe Animate 2020"选项，单击右侧的![一键卸载]按钮，根据提示也可完成卸载操作。

1.2.3 启动与退出Animate CC 2020

完成安装后，首先应该启动Animate CC 2020，以验证Animate CC 2020安装是否正确，同时也能熟悉Animate CC 2020的操作环境。当不再使用Animate CC 2020时，直接退出即可。

1.启动Animate CC 2020

Animate CC 2020安装完成后，启动方法主要有以下3种。

● 单击计算机桌面左下角的"开始"按钮![icon]，在弹出的"开始"菜单中选择"Adobe Animate 2020"命令。

● 双击建立在计算机桌面中的Animate快捷方式图标![An]。

● 在文件资源管理器中打开任意一个Animate动画文档。

2.退出Animate CC 2020

退出Animate CC 2020的方法同样有多种，具体如下。

● 在Animate CC 2020工作界面中选择【文件】/【退出】命令。

● 在Animate CC 2020工作界面中按【Ctrl+Q】组合键。

● 单击Animate CC 2020工作界面右上角的"关闭"按钮![×]。

1.2.4 认识Animate CC 2020的工作界面

Animate CC 2020的工作界面主要由菜单栏、工具箱、场景和舞台、"时间轴"面板、"属性"面板、浮动面板组组成，如图1-17所示。

图1-17

1. 菜单栏

Animate CC 2020的菜单栏包括文件、编辑、视图、插入、修改、文本、命令、控制、调试、窗口、帮助11个菜单，其中"视图"菜单如图1-18所示。在制作Animate动画时，选择对应的菜单，并执行该菜单中相应的命令，即可实现特定的操作。各菜单的主要作用如下。

图1-18

● "文件"菜单：该菜单中包含了常用的文件操作命令，如"新建""保存""导入""导出"等，使用该菜单可导入外部图形、图像、声音、动画文件。

● "编辑"菜单：该菜单主要对舞台上的对象以及帧进行选择、复制、粘贴、撤销、重做、全选、时间轴和编辑元件等操作。

● "视图"菜单：该菜单主要用于设置环境和舞台属性，包括放大、缩小、缩放比率、预览模式等操作。

● "插入"菜单：该菜单主要用于创建图层、元件、动画，以及插入帧。

● "修改"菜单：该菜单主要用于修改动画中的对象，包括位图、元件、形状等，同时对对象进行合并、排列、对齐、组合等操作。

● "文本"菜单：该菜单主要用于对文本的字体、大小、样式、对齐、字母间距、字体嵌入等进行设置。

● "命令"菜单：该菜单主要用于保存、查找、运行命令。

● "控制"菜单：该菜单主要用于对动画进行控制和测试，包括播放、后退、转到结尾、前进一帧、后退一帧、测试、测试影片、测试场景、清除发布缓存等操作。

● "调试"菜单：该菜单主要用于调试播放动画，包括调试、调试影片、继续、结束调试会话、跳入、跳过、跳出、切换断点等操作。

● "窗口"菜单：该菜单主要用于控制各功能面板是否显示，以及面板的布局设置，包括编辑栏、时间轴、工具、属性、库、画笔库、动画预设、VR试图、帧选择器等操作。

● "帮助"菜单：该菜单主要用于获取Animate的帮助信息，包括Animate 帮助、Animate 社区论坛、提交错误/功能申请、在线教程等操作。

2. 工具箱

工具箱集合了Animate CC 2020的常用工具，用户只需选择相应的工具便可制作动画，如图1-19所示。

除此之外，Animate CC 2020还提供了随用户需求添加、删除、重新排列工具的功能。用户可以将某个工具从工具箱中移至工具选项板中，其方法是：单击工具箱中的"编辑工具栏"按钮 ，打开工具选项板，如图1-20所示。在工具箱中可选择需要移动的工具，按住鼠标左键不放，将其拖曳到工具选项板中。同样，若需要使用工具选项板中的工具，则可打开工具选项板，选择需要的工具，将其拖曳到工具箱中，便于后期操作。

图1-19 　　　　　　图1-20

技巧

在工具选项板中单击■按钮，在打开的下拉列表框中选择"重置"选项，可以将工具箱中的工具重置为默认状态。

3. 场景和舞台

场景和舞台是动画设计的主要区域。在Animate CC 2020中可包括多个场景，场景是动画的画面，一个场景可以包含一个舞台。舞台是创作影片中各个帧的内容的区域，可以在其中绘制图像或安排导入的图像。图1-21所示即为整个场景效果。

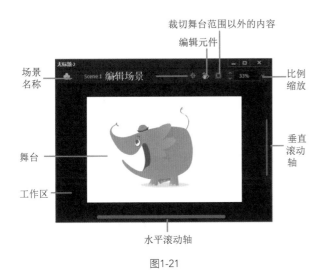

图1-21

为了满足不同动画的编辑，场景可以是一个，也可以是多个。选择【窗口】/【场景】命令，或者按【Shift+F2】组合键打开"场景"面板，分别单击"场景"面板底部的"添加场景"按钮 、"重置场景"按钮 和"删除场景"按钮 ，可进行场景的添加、重置和删除操作，如图1-22所示。

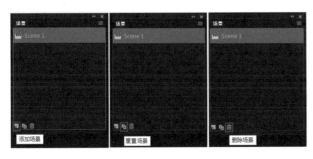

图1-22

4. "时间轴"面板

"时间轴"面板用于创建动画和控制动画的播放进程。其左侧为图层控制区，该区域用于控制和管理动画中的图层；右侧为时间线控制区，由播放指针、帧、时间轴标尺等部分组成，如图1-23所示。

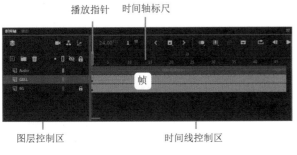

图1-23

5. "属性"面板

"属性"面板用于设置各种绘制对象、工具或其他元素（如帧）的属性。"属性"面板没有特定的参数选项，它会随着当前选择内容的不同而出现不同的参数。图1-24所示为文本工具的"属性"面板。

图1-24

6. 浮动面板组

用户在"窗口"菜单中选择相应的命令后，将打开对应的面板，这些面板即为浮动面板。在Animate CC 2020场景的右侧有许多浮动面板，如"库"面板、"颜色"面板、"对齐"面板等。另外，"属性"面板也属于浮动面板。

1.3 Animate CC 2020文档操作

启动Animate CC 2020后，需要新建文档才能进行操作。除了新建文档外，还可以对文档进行打开、保存和关闭等操作。

1.3.1 新建文档

在默认情况下，启动Animate CC 2020后，并不会自动新建文档，需要用户手动操作。新建文档的方法有以下两种。

● 选择【文件】/【新建】命令，或按【Ctrl+N】组合键，打开"新建文档"对话框，在上方选项卡选择文档类型（左侧为常用尺寸选项，右侧为"详细信息"面板），设置好各项参数后，单击 创建 按钮即可新建Animate CC 2020文档，如图1-25所示。

图1-25

● 选择【文件】/【从模板新建】命令，打开"从模板新建"对话框，选择模板类别、模板选项后，在右侧可预览效果，单击 确定 按钮新建一个基于模板的Animate文档，如图1-26所示。

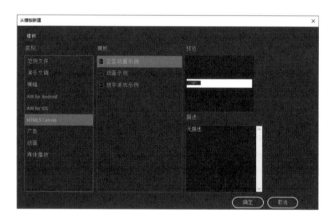

图1-26

1.3.2 打开文档

如果需要查看或编辑计算机中已有的动画文档，则可直接将其打开。常用的打开文档的方法有以下3种。

● 选择【文件】/【打开】命令，或按【Ctrl+O】组合键，在打开的"打开"对话框中选择需要打开的Animate文档，单击 打开(O) 按钮，打开所选择的Animate文档。

● 找到需要打开的Animate文档，直接在该文档上双击

鼠标左键，将其打开。

● 选择【文件】/【打开最近的文件】命令，在右侧的面板中选择需要打开的文件，可以快速打开最近打开过的Animate文档。

技巧

在"打开"对话框中，也可以一次性打开多个文档，只需在文档列表中按住【Ctrl】键不放，依次单击要打开的文档，再单击 打开(O) 按钮，系统将逐个打开多个文档。

1.3.3 导入素材文档

Animate CC 2020可以导入各种文件格式的矢量图形、位图以及视频等素材文档。其方法主要有导入素材到舞台和导入素材到库两种。

1. 导入素材到舞台

将素材导入舞台时，舞台将显示该素材。其方法为：选择【文件】/【导入】/【导入到舞台】命令，打开"导入"对话框，选择需要导入的素材，单击 打开(O) 按钮，在打开的提示对话框中，单击 是 按钮，打开"导入到舞台"对话框，在其中将显示导入的素材文件，单击 导入 按钮，该素材将被导入舞台中，如图1-27所示。注意：在导入素材时，矢量图素材将不会被保存到"库"面板中，只会在舞台中显示，位图素材在舞台中显示的同时，被保存到"库"面板中。

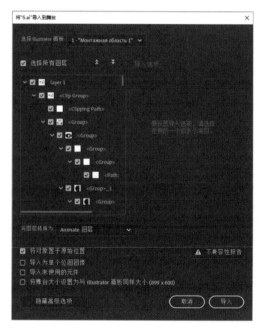

图1-27

2．导入素材到库

将素材导入库时，舞台将不显示该素材，只在"库"面板中显示。其方法为：选择【文件】/【导入】/【导入到库】命令，打开"导入到库"对话框，选择需要导入库的素材，单击 打开(O) 按钮。若素材包含多个图层，将打开"导入到库"对话框，在其中显示导入的素材文件，单击 导入 按钮，单个素材将直接导入"库"面板中。图1-28所示即为"库"面板中已经导入的素材图片。

图1-28

技巧

除了将素材导入舞台外，还可以使用外部粘贴的方法将素材粘贴到舞台中。具体操作为：在其他程序或文档中复制素材，切换到 Animate 文档中，按【Ctrl+V】组合键，将复制的素材粘贴到舞台中。

1.3.4 保存文档

在制作动画时要及时保存制作的动画效果，以免突发事故导致文档丢失。保存文档有以下两种方式。

● 选择【文件】/【另存为】命令，或按【Ctrl+Shift+S】组合键，将打开"另存为"对话框，在其中选择需要保存文档的位置并设置文档名称，单击 保存(S) 按钮，如图1-29所示。

● 选择【文件】/【保存】命令，或按【Ctrl+S】组合键对文档进行保存，如果是第一次保存文档，则会打开"另存为"对话框，在设置保存位置后保存。

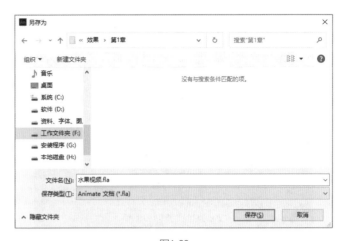

图1-29

1.3.5 关闭文档

编辑完某个文档后，可将其关闭。关闭文档的方法有以下3种。

● 在动画文档的标题栏右侧单击 ✕ 按钮，可关闭该标题对应的文档，如果单击Animate CC 2020窗口右上角的"关闭"按钮 ✕ ，则会在关闭所有文档后，退出Animate CC 2020程序。

● 选择【文件】/【关闭】命令，可关闭当前编辑的文档；选择【文件】/【全部关闭】命令，可关闭Animate CC 2020中所有打开的文档。

● 按【Ctrl+W】组合键可以关闭当前编辑的文档；按【Ctrl+Alt+W】组合键可以关闭Animate CC 2020中所有打开的文档；按【Alt+F4】组合键会在关闭所有文档后，退出Animate CC 2020程序。

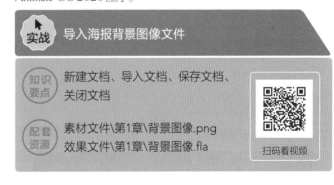

操作步骤

1 启动Animate CC 2020，选择【文件】/【新建】命令，或按【Ctrl+N】组合键，打开"新建文档"对话框，设置"宽"为"1200"，"高"为"675"，单击 创建 按钮，新建Animate文档，如图1-30所示。

图1-30

2 选择【文件】/【导入】/【导入到库】命令，打开"导入到库"对话框，选择"背景图像.png"素材文件，单击 打开(O) 按钮，如图1-31所示。

图1-31

3 选择【窗口】/【库】命令，或按【Ctrl+L】组合键，打开"库"面板，在下方的列表中选择素材，按住鼠标左键不放将素材拖曳到舞台中，完成背景的添加，如图1-32所示。

图1-32

4 选择【文件】/【另存为】命令，打开"另存为"对话框，在左侧列表中选择文档的保存位置，在"文件名"右侧的文本框中输入"背景图像"文本，单击 保存(S) 按钮，如图1-33所示。

图1-33

5 选择【文件】/【全部关闭】命令，可关闭Animate CC 2020中所有打开的动画文档。

1.4 设置工作环境

在实际使用Animate CC 2020制作动画的过程中，为了能更好地制作出动画，通常会根据实际的制作需要来设置工作环境。

1.4.1 设置舞台属性

新建动画文件后，在右侧的"属性"面板的"文档设置"栏中可以设置舞台大小、背景颜色和帧频（FPS）等属性，如图1-34所示。

● 设置舞台大小：修改"文档设置"栏下的"宽""高"数值可修改舞台的宽度和高度。单击 按钮，将宽度和高度锁定后，可以使宽度和高度等比例缩放。勾选"缩放内容"复选框，可使舞台中的内容跟随舞台一同缩放。单击 更多设置 按钮，在打开的"文档设置"对话框中可以进行更多设置，如图1-35所示。

● 设置背景颜色：单击"舞台"后的色块，在打开的"色板"面板中可以设置舞台的背景颜色，如图1-36所示。勾选"应用于粘贴板"复选框，可使粘贴板的颜色与舞台相同。

图1-34

图1-35

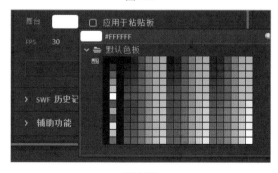

图1-36

● 设置帧频：帧频（FPS）是指每秒中放映或显示的帧或图像的数量，即每秒中需要播放多少张画面。修改"FPS"后的数字即可修改帧频，若勾选"缩放帧间距"复选框，则时间轴中动画的持续时间会保持不变，否则时间轴中动画的帧数会保持不变。

1.4.2 设置场景显示

场景是制作Animate动画的场所，为了能更加方便地制作动画，需要随时对场景显示进行放大、缩小、移动等操作。在Animate CC 2020中对场景显示进行操作的方法有以下5种。

● 单击场景右上角的下拉列表框右侧的■按钮，在弹出的下拉列表框中选择相应的显示比例，窗口将按选择的比例显示。图1-37所示为选择"50%"选项后的效果。

图1-37

● 在工具箱中选择"缩放工具"🔍，将鼠标指针移动到场景中，单击鼠标左键可将场景放大。在工具箱下方的选项区域中单击"缩小"图标，将鼠标指针移动到场景中，单击鼠标左键可缩小场景显示，如图1-38所示。

图1-38

● 在制作动画的过程中，如果需要将图形的某个部分放大编辑，则可以在工具箱中选择"缩放工具"🔍，将鼠标指针移动到需要放大的图形上方，按住鼠标左键不放，在场景中拖曳鼠标框选需要放大的图形部分，释放鼠标左键，如图1-39所示。

技巧

将鼠标指针移动至场景中，按住【Ctrl+Shift】组合键不放，然后滑动鼠标滚轮，也可以放大或缩小场景显示。

图1-39

● 将鼠标指针移动至场景中，按住键盘上的空格键不放，鼠标指针将变为 🖐 形状，此时拖曳鼠标可移动场景。

● 当场景被放大后，如果需要编辑的图形部分在显示窗口中无法查看，则在工具箱中选择"手形工具" 🖐 ，将鼠标指针移动到场景中，当鼠标指针变为 🖐 形状时，按住鼠标左键不放并拖曳鼠标，可以移动场景。

1.4.3　面板的调整

在Animate中制作动画时，经常会使用多个不同的面板。在使用这些面板的过程中，可能会因为打开的面板太多而影响界面的整洁，此时可以对面板进行调整。

1. 展开和折叠面板

在默认情况下，Animate的很多面板都呈折叠状态，如果需要把折叠的面板全部展示出来，则可单击面板右上方的"展开面板"按钮 ◄◄ 展开面板。当面板展开后，该按钮将变为"折叠为图标"按钮 ◄◄ ，单击该按钮可折叠面板，如图1-40所示。

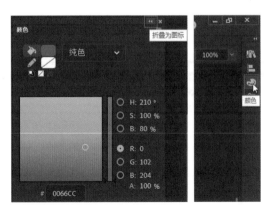

图1-40

2. 移动面板

在Animate中不仅可以对面板进行展开和折叠操作，还能随意移动面板的位置。其方法为：将鼠标指针移动至面板的名称上，按住鼠标左键不放并拖曳鼠标，移动该面板，该面板将随意停放在任意位置，如图1-41所示。

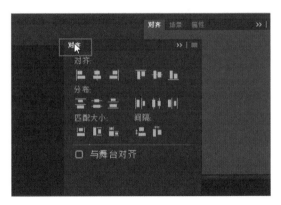

图1-41

如果需要将移动后的面板吸附到其他面板上，则可选择面板，按住鼠标左键不放拖曳鼠标至其他面板的边缘上，当该边缘出现蓝色框线时，再释放鼠标左键，该面板将吸附于其他面板的旁边，如图1-42所示。

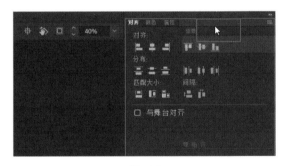

图1-42

1.5　使用标尺、网格和辅助线

在制作Animate动画的过程中，可以使用Animate提供的辅助工具，如标尺、网格、辅助线等精确编辑动画对象。

1.5.1　标尺

在默认情况下，标尺处于关闭状态，当启用标尺后，标尺会显示在场景的左侧和上侧，分别用于显示场景中指定元素的高度和宽度。

1. 显示标尺

要使用标尺，首先需要将其显示出来。其方法为：选择【视图】/【标尺】命令，或按【Ctrl+Alt+Shift+R】组合键。当标尺被显示出来后，选择场景中的元素，在左侧和上侧的标尺上分别出现两条线，用于显示元素的高度和宽度，如图1-43所示。

图1-43

2. 设置标尺的度量单位

在默认情况下，标尺的默认单位为像素，用户可以选择【修改】/【文档】命令，在打开的"文档设置"对话框中更改标尺的单位，如图1-44所示。

图1-44

1.5.2 网格

网格是指舞台上横竖交错的网状图案。在制作动画时，网格能帮助设计者定位图形位置，快速绘制图形。

● 显示网格：选择【视图】/【网格】/【显示网格】命令，或按【Ctrl+'】组合键显示出网格。

● 设置网格：在默认情况下，网格是间隔10像素的灰色线条，用户可根据需要设置网格。其方法为：选择【视图】/【网格】/【编辑网格】命令，在打开的"网格"对话框中设置网格的颜色、显示状态、间距等，如图1-45所示。

图1-45

1.5.3 辅助线

辅助线与网格类似，是一种横竖交错的线条，不仅可以在文档中辅助定位元素的位置，还可以根据需要设置辅助线显示的数量以及位置。因此与网格相比，辅助线更加人性化。

● 添加辅助线：要显示辅助线，首先需要将标尺打开，然后移动鼠标指针至标尺上，按住鼠标左键不放并拖曳鼠标，添加一条辅助线，辅助线可停放在场景中的任意位置，如图1-46所示。

图1-46

● 显示/隐藏辅助线：选择【视图】/【辅助线】/【显示辅助线】命令，或按【Ctrl+;】组合键，可显示或隐藏辅助线。

● 锁定辅助线：由于辅助线可随意拖曳，因此在创建好辅助线后，为了避免不慎移动辅助线，可将其锁定。其方法为：选择【视图】/【辅助线】/【锁定辅助线】命令。

● 编辑辅助线：在默认情况下，辅助线是淡蓝色的线条，若需要设置辅助线的颜色，则可选择【视图】/【辅助线】/【编辑辅助线】命令，在打开的"辅助线"对话框（见图1-47）中单击颜色色块，在打开的"色板"面板中设置辅助线的颜色。

图1-47

● 删除和清除辅助线：当不再需要某一条辅助线时，可将辅助线拖曳至场景外并删除。除了这种方式外，还可以选择【视图】/【辅助线】/【清除辅助线】命令，一次性删除所有辅助线。

需要注意的是，Animate动画制作完成后，显示的标尺和辅助线都不会出现在最终的动画效果中。

1.6 综合实训：制作深林行走动画

本实训将制作深林行走动画，帮助大家进一步熟悉和掌握Animate文档的打开、关闭操作，以及导入素材、设置场景的方法。

1.6.1 实训要求

本实训提供一个"猫"动画和一张场景图片，现在需要将素材制作为深林行走动画。要求在场景图片中将"猫"动画体现出来，使其形成猫行走的动画效果。

扫码看效果

1.6.2 实训思路

通过分析提供的素材，得知需要先打开带有动画效果的素材，然后将背景素材插入动画效果中，先调整背景素材的大小，然后调整动画素材的位置，以提升画面的美观度。

本实训完成后的参考效果如图1-48所示。

图1-48

1.6.3 制作要点

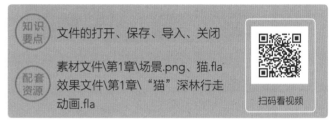

知识要点　文件的打开、保存、导入、关闭

配套资源　素材文件\第1章\场景.png、猫.fla
效果文件\第1章\"猫"深林行走动画.fla

扫码看视频

完成本实训包括打开文件、导入素材、调整素材位置和保存文件4个部分，其主要操作步骤如下。

1 启动Animate CC 2020，打开"猫.fla"素材文件。

2 将"场景.png"素材导入舞台中，设置其"宽"为"750"，"高"为"400"，让其占据整个舞台，如图1-49所示。

图1-49

3 通过调整素材的排列顺序，将小猫展现出来，并适当调整其位置和大小，效果如图1-50所示。

图1-50

4 保存动画文件并设置文件名称为"'猫'深林行走动画"，然后退出Animate CC 2020程序。

巩固练习

1. 根据模板新建动画文件

使用"HTML5 Canvas"类别下的"动画示例"模板新建一个动画文件，调整动画尺寸大小，并保存为"大象.fla"，参考效果如图1-51所示。

效果文件\第1章\大象.fla

图1-51

2. 调整宇宙动画尺寸

现有一个"宇宙.fla"动画文件，尺寸大小为800像素×600像素，动画场景的四周有很多空白区域，需要去掉空白区域，并将画面尺寸调整为1 024像素×768像素，参考效果如图1-52所示。

素材文件\第1章\宇宙.fla
效果文件\第1章\宇宙.fla

图1-52

技能提升

对于动画设计者来说，除了本章所学的基础知识外，了解像素和分辨率、位图和矢量图，以及Animate动画文件类型等知识，将有助于后面章节的学习和动画的制作。

1. 像素和分辨率

像素是图像的计算单位。把位图放大数倍，会发现位图其实是由许多色彩相近的小方点组成的，这些小方点就是构成位图图像的最小单位——像素。分辨率分为很多种，如表现显示精度的显示分辨率、表现打印精度的打印分辨率、表现拍摄质量的数码相机分辨率和表现图像质量的图像分辨率等。其中图像分辨率是指图像中存储的信息量，通常是以每英寸的像素数或以每厘米的像素数来衡量的。

通常来说，图像分辨率越高，所包含的像素就越多，图像就越清晰，印刷质量就越好，同时文件占用的存储空间也越多。

2. 位图和矢量图

动画的制作自然少不了图像的参与。在Animate中，图像主要分为位图和矢量图两种。

● 位图：位图也称为点阵图像，是由像素的单个点组成的，这些点可以进行不同的排列和染色以构成图形。位图色彩丰富，可以完美地表现复杂的图像，如平常见到的各种照片等都是位图。当放大位图时，图像将会失真，影响观感，同时可以看见构成整个图像的无数单个方块（像素），如图1-53所示。

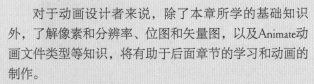

图1-53

● 矢量图：矢量图是根据几何特性来绘制图形，矢量可以是一个点或一条线，矢量图只能靠软件生成，文件占用空间较小。矢量图的颜色没有位图丰富，光影变化较弱，因此在表现复杂的场景时效果不如位图。当放大矢量图时，图像不会失真，文件占用空间也较小，因此适用于图形设计、文字设计和一些标识设计、版式设计等，如图1-54所示。

图1-54

3. Animate动画文件类型

Animate提供了多种动画文件类型，以应对各种不同的播放环境，主要有HTML5 Canvas、WebGL、ActionScript 3.0、AIR for Desktop、AIR for Android和AIR for iOS 5种。各种动画文件类型的区别如表1-1所示。

学习笔记

表 1-1　Animate 动画文件类型的区别

动画文件类型	脚本语言	运行环境	发布后的文件格式
HTML5 Canvas	JavaScript、createJS 库	跨平台，支持 HTML5 的浏览器	html、js、png 等
WebGL	JavaScript	跨平台，网页服务器、浏览器	html、js、png 等
ActionScript 3.0	ActionScript 3.0	跨平台，FlashPlayer	swf
AIR for Desktop	ActionScript 3.0、AIR 库	Windows 操作系统，需安装	exe
AIR for Android	ActionScript 3.0、AIR 库	Android 操作系统，需安装	apk
AIR for iOS	ActionScript 3.0、AIR 库	iOS 操作系统，需安装	ipa

在使用Animate的过程中，新建的文档大多是ActionScript 3.0文档，它是一种以ActionScript 3.0为脚本语言对动画进行编辑的文档，而ActionScript 2.0文档则是一种以ActionScript 2.0为脚本语言的文档。除了脚本语言的不同，还包括其他多种类型的文档，如AIR文档适用于开发AIR的桌面应用程序，AIR for Android文档适用于在安卓手机上开发应用程序，AIR for iOS文档适用于在iPhone和iPad上开发应用程序，Flash Lite 4文档适用于开发可在Flash Lite 4平台上播放的Flash。这些文档都有各自不同的作用，可以根据需要进行选择。例如，WebGL类型的动画必须放置在网页服务器中，在本地不能直接播放；AIR for Desktop、AIR for Android、AIR for iOS这3种文档必须安装在对应的操作系统中，主要用来制作多媒体应用程序，如无特别需要一般也不会选择；HTML5 Canvas类型文档采用的是目前较流行的网页动画技术——HTML5。

第 2 章

绘制与填充图形

本章导读

图形是动画设计的基础，在Animate中使用绘图工具可以绘制出各种动画设计需要的图形素材，如线条、形状等，并为图形填充颜色，提升图形的美观度。这些图形还可以自由组合和编辑，生成复杂且美观的图像素材，如人物、花朵、草地、图案等。

知识目标

< 了解绘制线条图形的方法
< 掌握绘制形状图形的方法
< 掌握编辑图形的常见方法
< 掌握修改图形和填充图形的方法

能力目标

< 能够制作App游戏图标
< 能够绘制"大象乐园"图标
< 能够绘制H5页面
< 能够制作开屏海报
< 能够绘制邀请函
< 能够绘制网站登录页

情感目标

< 提升绘图的想象力
< 提升绘图的创作力

2.1 绘制线条图形

绘制和编辑线条图形是绘制图形的基础，使用线条绘制工具可绘制任意长度和角度的直线、曲线和弧线。Animate中常用的线条绘制工具包括线条工具、铅笔工具、钢笔工具和画笔工具4种。

2.1.1 使用线条工具

"线条工具" ✐主要用于绘制直线等线条图形。其绘制方法为：在工具箱中选择"线条工具" ✐，在"属性"面板中设置线条的笔触颜色、笔触大小、样式、宽等参数后，在舞台中单击确定起始点，按住鼠标左键不放拖曳鼠标可以绘制出不同线条，如图2-1所示。

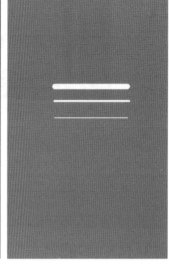

图2-1

下面介绍"属性"面板中各选项的含义。

● "对象绘图模式"按钮■：打开或关闭对象绘图模式是确定两条线条相交时能否对线条进行拆分的关键。在正常绘图模式下，绘制两条相交的线条后，使用"选择工具" ▶ 选择绘制的线条，可发现线条已经自动拆分，此时分别对已拆分的线条进行编辑，如图2-2所示。单击"对象绘图模式"按钮■后，绘制的线条将作为整体进行显示，不会自动拆分，如图2-3所示。

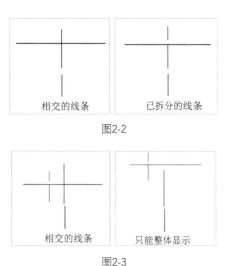

图2-2

图2-3

● 笔触：笔触主要用于设置线条的颜色。单击"笔触"前的色块，将打开"色板"面板，如图2-4所示。在"色板"面板中可设置线条的颜色，若默认色板不能满足设计需求，则单击右上角的■按钮，打开"颜色选择器"对话框，在该对话框中输入具体的颜色值。

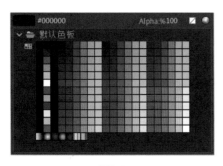

图2-4

● 笔触大小：主要用于设置线条粗细。拖曳"笔触"后面的滑块或在其后的文本框中输入具体数值，可改变线条粗细，如图2-5所示。

图2-5

● 样式：主要用于设置线条的样式，单击右侧的下拉按钮▼，在打开的下拉列表框中可选择预设的常用线条类型，如实线、虚线、点状线、锯齿线等，如图2-6所示。单击右侧样式后面的"样式选项"按钮⋯，打开的下拉列表框中列出了"笔触样式""画笔库"两个选项，在其中可设置笔触样式和其他画笔样式，如图2-7所示。

图2-6

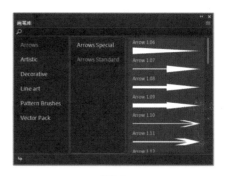

图2-7

● 宽：主要用于设置线条的宽度样式。在默认情况下，使用"线条工具" ✏ 绘制的线条各部分的宽度是相同的。单击"宽"栏右侧的下拉按钮▼，在其下拉列表框中可选择7种宽度样式，使用这些样式可绘制笔触大小不均匀的线条。图2-8所示为使用"宽度配置文件4"绘制的效果。

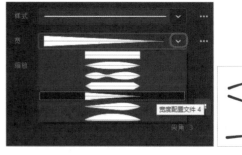

图2-8

● 缩放：主要用于设置缩放笔触的方式。其中，"一般"表示始终缩放粗细，也是Animate的默认设置；"水平"表示水平缩放对象时，不缩放粗细；"垂直"表示垂直缩放对象时，不缩放粗细；"无"表示从不缩放粗细。

● 提示：勾选"提示"复选框，可启动笔触提示功能，防止出现模糊的垂直线或水平线。

● 端点 ▣▣▣：端点主要分为平头端点、圆角端点、矩形端点3种类型，如图2-9所示。

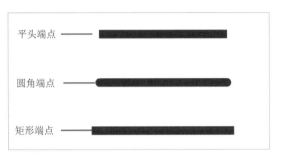

图2-9

● 连接 ▣▣▣：连接是指设置两条线条的相接处，也就是拐角的端点形状，主要分为尖角连接、斜角连接、圆角连接3种形式。选择尖角连接时，可在其左下角的文本框中输入尖角的数值（1~3），便于调整效果，如图2-10所示。

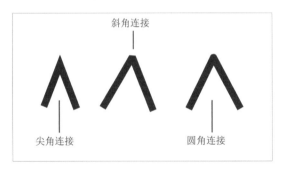

图2-10

技巧

若需要绘制特殊角度的直线，则选择"线条工具" ✎后，在按住【Shift】键的同时，向左或向右拖曳鼠标，绘制出水平线段；向上或向下拖曳，绘制出垂直线段；斜向拖曳，绘制出 45°角的斜线。

2.1.2　使用铅笔工具

与"线条工具" ✎相比，使用"铅笔工具" ✎绘制的线条更加灵活，不仅可以绘制直线，还可以绘制曲线。"铅笔工具" ✎的使用方法与"线条工具" ✎基本相同，在"属性"面板中设置铅笔工具的参数后，在舞台上单击鼠标左键确定起始位置，然后拖曳鼠标，即可进行绘制，完成后释放鼠标左键。图2-11所示为使用铅笔工具绘制的图形效果。

图2-11

选择"铅笔工具" ✎后，在"属性"面板中单击"铅笔模式"按钮 S，打开的下拉列表框中列出了铅笔的3种绘图模式，如图2-12所示。选择不同的绘图模式，将出现不同的绘图效果。

图2-12

● 伸直：选择"伸直"选项后，绘制的线条是比较规则的状态，常用于绘制一些相对较规则的几何图形。

● 平滑：选择"平滑"选项后，"属性"面板中的"平滑"选项将被激活。对平滑值进行适当调整后，再拖曳鼠标绘制线条，绘制的线条是流畅自然的状态，常用于绘制一些相对较柔和、细致的图形。

● 墨水：选择"墨水"选项后，绘制的线条将完全反映鼠标指针的路径，就像用笔划过的痕迹一样。

除了使用"铅笔工具" ✎绘制基本的形状外，还可以设置笔触样式，美化绘图效果。其方法为：在"属性"面板中单击"样式"栏右侧的"样式选项"按钮 ⋯，在打开的下拉列表框中选择"编辑笔触样式"选项，打开"笔触样式"对话框，如图2-13所示。

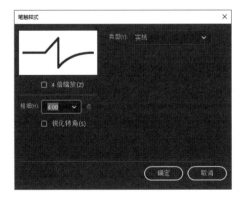

图2-13

- 类型：主要用于设置线型。选择具体的线型后，会显示不同的选项，方便用户进一步设置各种线型的属性。
- 4倍缩放：用于将预览区域放大4倍，便于用户观看设置属性后的效果。
- 粗细：用于设置线条宽度，其单位为"点"。
- 锐化转角：用于使绘制线条的转角部分更加尖锐。

2.1.3 使用钢笔工具组

Animate中的钢笔工具组主要包括钢笔工具、添加锚点工具、删除锚点工具和转换锚点工具。

1. 钢笔工具

"钢笔工具" ✎ 是以贝塞尔曲线的方式绘制和编辑图形的，主要用于绘制精确的路径，如直线或平滑流畅的曲线。图2-14所示为使用钢笔工具绘制的Logo形状效果。

图2-14

下面讲解钢笔工具的使用方法。

- 绘制直线：选择"钢笔工具" ✎，在图像中依次单击鼠标左键产生锚点，此时在生成的锚点之间将出现直线线条，如图2-15所示。

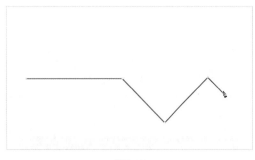

图2-15

技巧

绘制直线时只能单击鼠标左键，不能拖曳，否则会绘制出曲线。另外，在绘制直线时按住【Shift】键，可以绘制水平、垂直和以45°为增量的直线。

- 绘制曲线线段：选择"钢笔工具" ✎，在图像上单击

并拖曳鼠标，生成带控制柄的锚点，继续单击并拖曳鼠标，创建第2个锚点，如图2-16所示。在拖曳过程中可调整控制柄的方向和长度，控制路径的走向，绘制出光滑的曲线。

图2-16

- 绘制曲线转折线段：选择"钢笔工具" ✎，在图像上单击并拖曳鼠标绘制一条曲线段，将鼠标指针放在最后一个锚点上，按住【Shift】键，单击鼠标左键，可以删除一侧的控制柄，继续在其他位置单击鼠标左键，创建由曲线转化为直线的线段（注意不要拖曳），如图2-17所示。

图2-17

技巧

结束一段开放式路径的绘制主要有3种方式：第1种是按住【Ctrl】键（转换为直接选择工具），在画面空白处单击；第2种是选择其他工具；第3种是直接按【Esc】键。

2. 添加锚点工具

当需要对路径段添加锚点时，在工具箱中选择"添加锚点工具" ✎，将鼠标指针移动到路径上，当鼠标指针变为 ✎₊ 形状时，单击鼠标左键，可在单击处添加一个锚点，如图2-18所示。

图2-18

3. 删除锚点工具

当需要删除路径上的锚点时，选择"删除锚点工具" 🖊，将鼠标指针移动到需要删除的路径锚点上，当鼠标指针呈 🖊_形状时，单击鼠标左键，将该锚点删除，如图2-19所示。

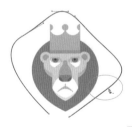

图2-19

4. 转换锚点工具

在绘制路径时，有时会因为路径的锚点类型不同而影响路径形状，而转换锚点工具主要用于转换锚点类型，从而调整路径形状。选择"转换锚点工具" 🖊，将鼠标指针移动到需要调整的锚点上，当鼠标指针呈 🖊形状时，单击鼠标左键，将不带方向线的转角点转换为带有独立方向线的转角点，如图2-20所示。

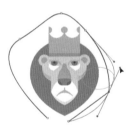

图2-20

📷 范例说明

"原始人求生"是一款求生类游戏，主要以荒野求生为设计点。现需要为该游戏设计一款圆形的手机App图标，体现游戏主题，向用户展示品牌形象。为了保证设计的图标能够清晰地展现效果，要求图标尺寸大小为600像素×600像素，设计元素包含原始人卡通形象。

📋 操作步骤

1 启动Animate CC 2020，选择【文件】/【新建】命令，打开"新建文档"对话框，在右侧的"详细信息"栏中设置"宽"和"高"均为"600"，单击 创建 按钮，如图2-21所示。

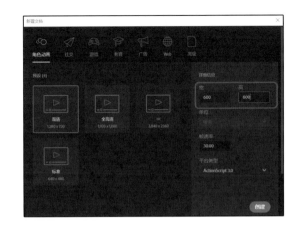

图2-21

2 在工具箱中选择"椭圆工具" ⬭，在"属性"面板中单击"填充"栏前的色块，打开"色板"面板，设置

椭圆颜色为"#0000FF"，单击"笔触"栏前的颜色框，在打开的"色板"面板中单击右上角的◪按钮，取消颜色显示，如图2-22所示。

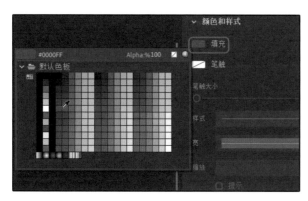

图2-22

3 在舞台上按住【Shift】键不放，拖曳鼠标绘制正圆，完成后使用"选择工具"▶选择绘制的正圆，在右侧的"属性"面板中，设置"宽"和"高"均为"300"，并将圆移动到舞台的中间，如图2-23所示。

图2-23

4 选择"线条工具"✏，在"属性"栏中设置笔触颜色为"#000000"，"笔触大小"为"1"，在圆的右侧单击鼠标左键确定起始点，按住【Shift】键不放，拖曳鼠标绘制竖线，如图2-24所示。

5 继续使用"线条工具"✏绘制整个形象的轮廓。为了操作方便，可对带弧线的区域以斜线的方式连接，注意绘制时线条与线条间要完全重合，避免造成后期无法填色，如图2-25所示。

6 选择"选择工具"▶，将鼠标指针移动到斜线的中间，当鼠标指针变为▶形状时，向上拖曳鼠标，让斜线随着鼠标的拖曳变为弧线，如图2-26所示。

7 选择"椭圆工具"⬤，在"属性"面板中设置"填充"为"#000000"，取消"笔触"的颜色显示，在图形的右上角绘制67像素×67像素的正圆，用作人物的发髻，如

图2-27所示。

图2-24

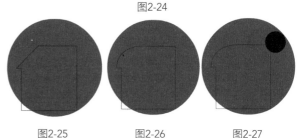

图2-25　　　　图2-26　　　　图2-27

8 选择"钢笔工具"✒，在左侧的端点上单击，确定起始点，按住【Shift】键不放，向右拖曳鼠标绘制直线，然后向上拖曳鼠标确定下一个端点，并按住鼠标左键不放绘制弧线，使用相同的方法绘制发髻轮廓，如图2-28所示。

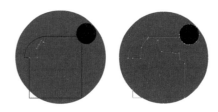

图2-28

9 再次选择"椭圆工具"⬤，在发髻线的右下方绘制正圆线框，作为人物的耳朵，如图2-29所示。

图2-29

10 选择"线条工具"，在人物的中间上方单击鼠标左键，确定起始点，按住【Shift】键不放绘制直线。选择"选择工具"，将鼠标指针移动到直线的中间，当鼠标指针变为形状时，向上拖曳鼠标，让直线随着鼠标的拖曳变为弧线，完成眉毛的绘制，如图2-30所示。

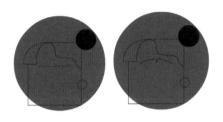

图2-30

11 使用相同的方法，使用"线条工具"、"选择工具"绘制眉毛、眼睛和衣服部分。完成后选择眉毛，在右侧的"属性"面板中设置"笔触大小"为"6"，效果如图2-31所示。

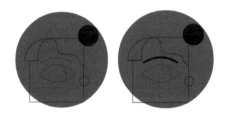

图2-31

12 使用"选择工具"，按住【Shift】键不放，依次选择人物耳朵与脸部多余的线段，按【Delete】键删除，完成耳朵的绘制，如图2-32所示。

图2-32

13 选择"颜料桶工具"，在"属性"面板中单击"填充"栏前的色块，打开"色板"面板，设置颜色为"#000000"，然后在人物的头部单击，填充头发颜色，如图2-33所示。

14 再次选择"颜料桶工具"，设置"颜色"为"#996600"，然后在人物的脸部单击，填充脸部颜色，使用相同的方法填充游戏人物其他部分的颜色，如图2-34所示。

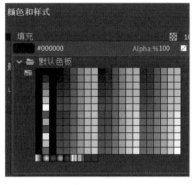

图2-33

图2-34

15 由于整个游戏卡通人物是由轮廓线组合而成的，所以为了提升整个游戏人物的美观度，可选择"选择工具"，按住【Shift】键不放，依次单击人物的轮廓线，按【Delete】键删除，效果如图2-35所示。

图2-35

16 选择"椭圆工具"，在"属性"面板中单击"填充"栏前的色块，取消颜色显示，设置"笔触"颜色为"#990000"，"笔触大小"为"5"，然后在耳朵处绘制49像素×51像素的椭圆环，作为耳环，如图2-36所示。

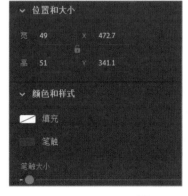

图2-36

17 为了制作耳环的佩戴效果，可将耳环与耳朵的交叉部分删除。选择"线条工具" ✏️，沿着耳朵的中间位置绘制一条斜线，用于将耳环截断，方便后期删除交叉部分。选择斜线，以及斜线与耳环的交叉部分，按【Delete】键删除，效果如图2-37所示。

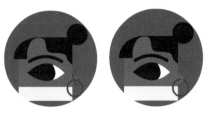

图2-37

18 按【Ctrl+Alt+S】组合键打开"缩放和旋转"对话框，设置"旋转"为"31"，如图2-38所示。单击 确定 按钮，调整耳环的位置。

19 按【Ctrl+S】组合键保存图形文件，完成本例的制作，效果如图2-39所示。

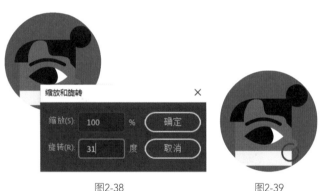

图2-38　　　　　　图2-39

小测　制作茶叶店铺 Logo

配套资源 \ 效果文件 \ 第2章 \ 茶叶店铺 Logo.fla

本例将为某茶叶店铺制作店铺 Logo，要求体现出茶香四溢的特点。可使用椭圆工具、线条工具完成制作，参考效果如图 2-40 所示。

图2-40

2.1.4　使用画笔工具组

画笔工具组主要包括画笔工具、传统画笔工具和流畅画笔工具。

1. 画笔工具

"画笔工具" ✏️主要用来辅助"钢笔工具" ✒️完成角色的绘制，常用于绘制线稿。图2-41所示为使用画笔工具绘制的线稿效果。其使用方法为：选择"画笔工具" ✏️，在舞台上单击鼠标左键，然后按住鼠标左键不放并拖曳鼠标随意绘制图形，最后释放鼠标左键完成绘制。

图2-41

选择"画笔工具" ✏️后，在"属性"面板中除了"对象绘制模式""画笔模式"外，还包括"绘制为填充色""使用倾斜""使用压力"3种模式，如图2-42所示。

图2-42

● 绘制为填充色：单击"绘制为填充色"按钮 ▣，绘制后的图形不再是线条，而是填充区域，如图2-43所示。

● 使用倾斜：单击"使用倾斜"按钮 ✐，下方的"宽"列表将变为"斜度感应"。在绘制形状时，将根据绘制笔触的轻重程度自动调整线条形态。

● 使用压力：单击"使用压力"按钮 ✐，下方的"宽"列表将变为"使用压力"。在绘制形状时，可通过画笔压力调整笔触效果。

使用画笔工具绘制　　　　　效果转换为填充区域

图2-43

2. 传统画笔工具

"传统画笔工具" 能绘制不同画笔形状的图形效果，其使用方法与画笔工具的使用方法基本相同。选择"传统画笔工具" ，其"属性"面板的"传统画笔选项"栏中包含"画笔类型"按钮 和"大小"选项，可用于设置画笔的形状和大小。设置不同画笔形状后绘制的笔触效果如图2-44所示。

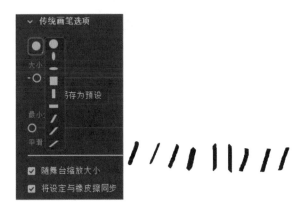

图2-44

"传统画笔工具" 还提供了5种画笔模式供用户选择，如图2-45所示。

图2-45

- "标准绘画"模式：该模式绘制的图形会直接覆盖下面图形的笔触和填充。
- "颜料填充"模式：该模式绘制的图形将只会覆盖填充，而不会覆盖笔触。
- "后面绘画"模式：该模式绘制的图形将会呈现在其他图形的后方。
- "颜料选择"模式：该模式只能在选择颜色后，在选择的颜色内部进行绘制，而不能在笔触和外部舞台进行绘制。
- "内部绘画"模式：该模式只能在内部填充上绘图（对线条无影响）。如果在图形外绘制颜色，则不会显示绘制的颜色，该填充不会影响任何现有的填充区域。

应用不同模式绘制出的图形效果如图2-46所示。

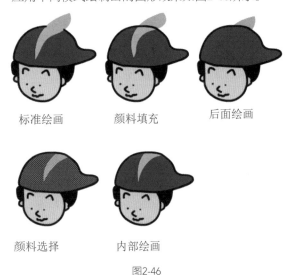

标准绘画　　　　颜料填充　　　　后面绘画

颜料选择　　　　内部绘画

图2-46

3. 流畅画笔工具

"流畅画笔工具" 属于Animate CC 2020新增的画笔工具，该工具不但具有传统画笔工具的特性，还新增了用于配置线条样式的选项，使绘制的效果更加连贯、美观。图2-47所示为使用流畅画笔工具绘制的人物图形效果。

图2-47

"流畅画笔工具" 的 "流畅画笔选项" 除了可设置常用的大小、锥度、角度和圆度外，还提供了 "稳定器" "曲线平滑" "速度" "压力" 选项，方便用户绘制与编辑图像。

● 稳定器：在绘制笔触时可避免轻微的波动和变化。

● 曲线平滑：有助于减少在绘制笔触后生成的总体锚点数量。

● 速度：根据线条的绘制速度确定笔触的外观。

● 压力：根据画笔的压力调整笔触。

技巧

在使用画笔工具的过程中，除了使用 "画笔工具" 绘制形状外，还可以使用艺术画笔来美化整个效果。其具体操作方法为：在工具箱中选择 "画笔工具" ，在 "属性" 面板中的 "样式" 栏右侧单击 ••• 按钮，在打开的下拉列表框中选择 "画笔库" 选项，打开 "画笔库" 面板，在其中可查看和选择预设样式，使用艺术画笔进行绘制。

范例 制作山水画鉴赏邀请函

知识要点　画笔工具、传统画笔工具、流畅画笔工具、椭圆工具

配套资源　效果文件\第2章\邀请函.fla

扫码看视频

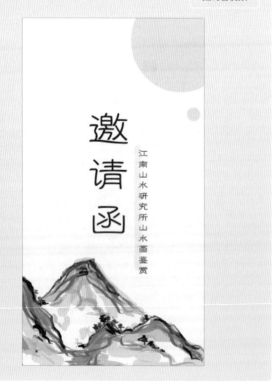

范例说明

邀请函是邀请亲朋好友或知名人士、专家等参加某项活动时所发出的请约性书信。江南山水研究所将开展山水画鉴赏活动，现需要为该鉴赏活动制作邀请函，在设计时使用不同的画笔将绵延的山脉、坚挺的小树以水墨画的形式体现出来，以此展现邀请函的主题。另外，中间的文字区域需要体现邀请函的承办方。

操作步骤

1 启动Animate CC 2020，选择【文件】/【新建】命令，打开 "新建文档" 对话框，在右侧的 "详细信息" 栏中设置 "宽" "高" 分别为 "1080" "1920"，单击 创建 按钮。

2 选择 "选择工具" ▶，在右侧的 "属性" 面板中单击 "舞台" 右侧的色块，在打开的 "色板" 面板中设置舞台颜色为 "#F7F7F7"，如图2-48所示。

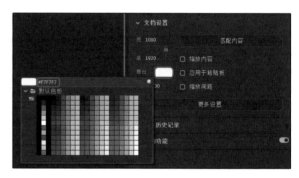

图2-48

3 选择 "画笔工具" ✍，在 "属性" 面板中单击 "画笔模式" 按钮，在打开的下拉列表框中选择 "墨水" 选项，设置 "笔触" 为 "#4B4F52"，"笔触大小" 为 "7"，"宽" 为第二个画笔效果，绘制山脉的轮廓线，如图2-49所示。

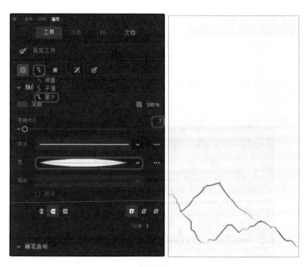

图2-49

4 在工具箱中选择"传统画笔工具" ，在"属性"面板中单击"画笔模式"按钮 ，在打开的下拉列表框中选择"内部绘画"选项，单击"画笔类型"按钮 ，在打开的下拉列表框中选择第2种画笔类型，设置"大小""最小大小""平滑"分别为"16""3""75"，然后在山脉的上方绘制颜色较深的山脉轮廓线，如图2-50所示。

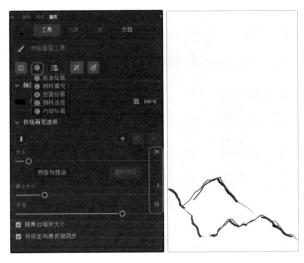

图2-50

5 选择"流畅画笔工具" ，在"属性"面板中设置"填充""大小""稳定器""曲线平滑""圆度""角度""锥度""速度""压力"分别为"100%""15""32""4""22""4""39""0""50"，然后在山脉的中间区域绘制颜色较浅的线条，如图2-51所示。

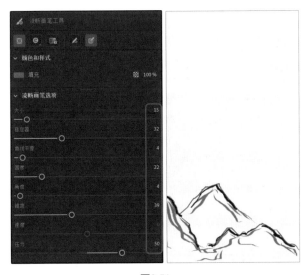

图2-51

6 选择"画笔工具" ，在"属性"面板中单击"样式选项"按钮 ，在打开的下拉列表框中选择"画笔库"选项，打开"画笔库"面板，在左侧的列表中选择"Vector

Pack"选项，在右侧的列表中双击图2-52所示画笔样式，将选择的画笔样式添加到画笔的"样式"下拉列表框中。

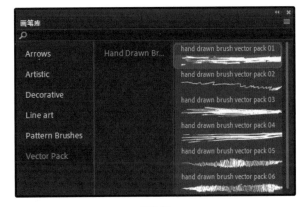

图2-52

7 返回"属性"面板，设置"笔触""不透明度""笔触大小""宽"分别为"#333333""50%""41""宽度配置文件6"，然后绘制山脉轮廓线，如图2-53所示。

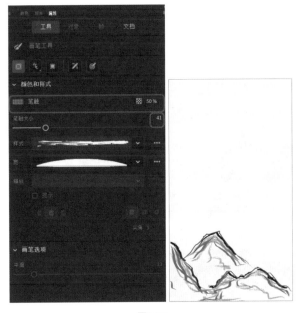

图2-53

8 使用相同的方法，使用"传统画笔工具" 绘制山脉浅色部分，绘制时可调整颜色的不透明度，使整个山脉呈现出颜色叠加的效果，如图2-54所示。

9 继续使用"传统画笔工具" 绘制山脉中的树木。选择"椭圆工具" ，设置"填充"为"#999999"，然后在右上角绘制正圆，如图2-55所示。

10 选择"选择工具" ，在圆的右下方确定一点，按住鼠标左键不放，向上拖曳鼠标框选圆多余的区域，按【Delete】键删除圆多余的部分，使用相同的方法删除圆其他多余的部分，如图2-56所示。

图2-54

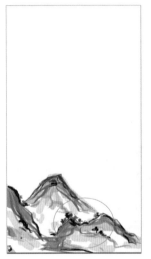

图2-55

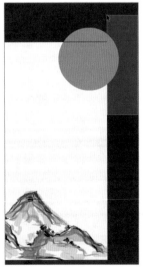

图2-56

11 选择"文本工具" T，在右侧的"属性"面板中设置"字体"为"方正铁筋隶书简体"，"大小"为"220 pt"，然后在舞台的中间输入"邀请函"文字。使用相同的方法在文字的右侧输入其他文字，并设置"大小"为"50 pt"。

12 使用"线条工具" ／ 和"椭圆工具" ◎ 绘制其他形状，并调整各个形状的颜色，如图2-57所示。

图2-57

13 完成后，按【Ctrl+S】组合键，打开"另存为"对话框，设置文件的保存位置和名称，完成邀请函的制作。

2.2 绘制形状图形

无论是在生活中，还是在各类动画作品中，矩形、圆形、多边形等都是比较常见的图形。Animate主要提供了5种形状工具，可以使用这些工具快速绘制矩形、圆形、多边形以及部分特殊形状。

2.2.1 使用矩形工具和基本矩形工具

"矩形工具" ■ 和"基本矩形工具" ▣ 用于绘制矩形图形，其中使用"矩形工具" ■ 绘制出来的矩形边框和填充内容是分离的，可以单独对部分边框和填充内容进行设置，而使用"基本矩形工具" ▣ 绘制的矩形是一个整体，不能分离或单独设置。

绘制矩形时，不但可以设置笔触大小和样式，还可以设置矩形的边角半径来修改矩形的形状。图2-58所示为使用矩形工具绘制的按钮效果。其绘制方法为：选择"矩形工具"□和"基本矩形工具"□，在"属性"面板中设置笔触和填充颜色后，直接在舞台中拖曳鼠标绘制矩形。

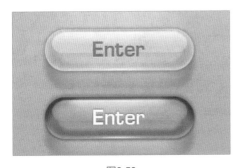

图2-58

下面讲解使用矩形工具绘制不同矩形的方法。

● 绘制矩形和正方形：在"属性"面板中选择"矩形工具"□和"基本矩形工具"□，在舞台中拖曳鼠标可绘制出矩形，按住【Shift】键拖曳鼠标可绘制出正方形，如图2-59所示。

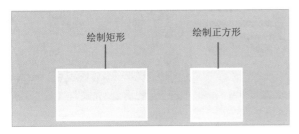

图2-59

● 绘制圆角矩形和倒圆角矩形：选择"矩形工具"□和"基本矩形工具"□，在"属性"面板中将"矩形边角半径"设置为正值，可以绘制出圆角矩形，将"矩形边角半径"设置为负值，可以绘制出倒圆角矩形，如图2-60所示。

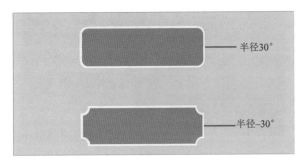

图2-60

● 绘制半径值不同的圆角矩形：选择"矩形工具"□和"基本矩形工具"□，在"属性"面板中单击"单个矩形边角

半径"按钮□，4个"矩形边角半径"文本框被激活，此时可以将4个边角半径设置为不同的值，如图2-61所示。

图2-61

范例　制作网站登录页

知识要点　线条工具、钢笔工具、矩形工具

配套资源　素材文件\第2章\进入页面背景.jpg
　　　　　效果文件\第2章\网站登录页.fla

扫码看视频

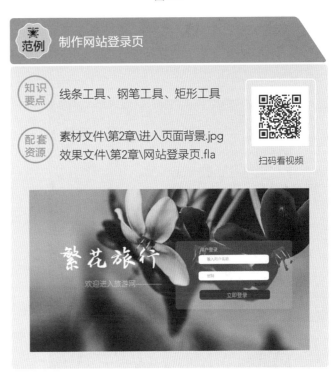

范例说明

在网站中登录账号往往是通过网站登录页面。"繁花旅行网"为了方便用户快速登录账号，提升用户与网站之间的黏性，将制作登录页面。制作时可在网站的背景上以盛开的花朵图片作为背景，迎合网站名称；在展现登录信息时，可采用传统矩形框进行展现，并在网站登录页左侧体现出网站名称，加深用户对网站的记忆。

操作步骤

1 启动Animate CC 2020，选择【文件】/【新建】命令，打开"新建文档"对话框，在右侧的"详细信息"栏中设置"宽""高"分别为"1920""1080"，单击［创建］按钮。

31

2 选择"进入页面背景.jpg"素材文件，将其拖曳到舞台中，调整图片背景的位置，效果如图2-62所示。

图2-62

3 选择"矩形工具" ▣，在"属性"面板中设置"填充"为"#FFFFFF"，"不透明度"为"20%"，取消笔触，设置"矩形边角半径"为"20"，如图2-63所示。

图2-63

4 在舞台的右侧绘制800像素×450像素的圆角矩形，如图2-64所示。

图2-64

5 在"属性"面板中将不透明度设置为"100%"，在矩形的中间绘制两个480像素×60像素的圆角矩形，如图2-65所示。

图2-65

6 选择"基本矩形工具" ▣，在圆角矩形的下方绘制矩形，在"属性"面板中设置"宽"和"高"分别为"480""65"，设置"填充"为"#294E3C"，"矩形边角半径"为"20"，效果如图2-66所示。

图2-66

7 选择"文本工具" ▣，在右侧的"属性"面板中设置"字体"为"方正字迹 吕建德字体"，大小为"180 pt"。然后在舞台的左侧输入"繁花旅行"文字，效果如图2-67所示。

图2-67

8 再次选择"文本工具" ▣，在右侧的"属性"面板中设置"字体"为"思源黑体 CN"。然后在舞台中输入图2-68所示文字，并根据页面的整体效果修改颜色。

图2-68

9 完成后，按【Ctrl+S】组合键保存文件，完成网站登录页的制作。

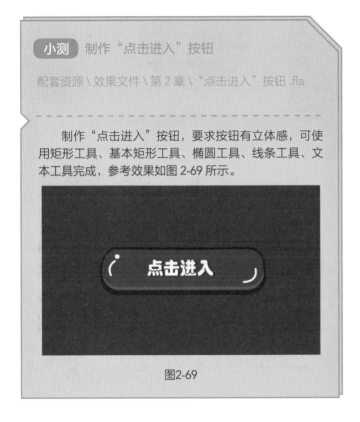

小测 制作"点击进入"按钮

配套资源\效果文件\第 2 章\"点击进入"按钮 .fla

制作"点击进入"按钮，要求按钮有立体感，可使用矩形工具、基本矩形工具、椭圆工具、线条工具、文本工具完成，参考效果如图 2-69 所示。

图2-69

2.2.2 使用椭圆工具和基本椭圆工具

"椭圆工具" ◎和"基本椭圆工具" ◎用于绘制椭圆、正圆、圆环、扇形等图形。其中使用"椭圆工具" ◎绘制出来的形状，边框和填充内容是分离的，可以单独对部分边框或填充内容进行设置。而"基本椭圆工具" ◎绘制的形状是一个整体，不能分离或单独进行设置，可以重新对"开始角度""结束角度""内径"等属性进行调整。图2-70所示为使用"椭圆工具" ◎和"基本椭圆工具" ◎绘制的图标效果。

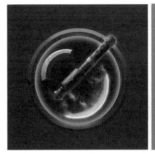

图2-70

下面讲解"椭圆工具" ◎和"基本椭圆工具" ◎的使用方法。

● 绘制椭圆和正圆：选择"椭圆工具" ◎和"基本椭圆工具" ◎，在舞台中拖曳鼠标可绘制出椭圆，按住【Shift】键拖曳鼠标可绘制出正圆，如图2-71所示。

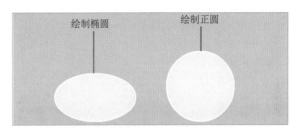

图2-71

● 绘制扇形：选择"椭圆工具" ◎和"基本椭圆工具" ◎后，在"属性"面板中设置"开始角度"和"结束角度"，再拖曳鼠标可绘制出扇形，如图2-72所示。

图2-72

● 绘制圆环：选择"椭圆工具" ◎和"基本椭圆工具" ◎后，在"属性"面板中设置"内径"，然后拖曳鼠标可绘制出圆环，如图2-73所示。

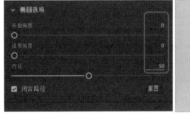

图2-73

● 绘制圆弧：选择"椭圆工具" ◎ 和"基本椭圆工具" ◎ 后，在"属性"面板中设置椭圆的"开始角度"和"结束角度"，并取消勾选"闭合路径"复选框，然后拖曳鼠标可绘制出圆弧，如图2-74所示。

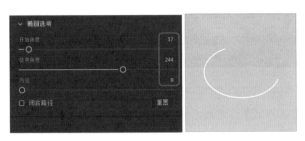

图2-74

设置椭圆"开始角度"和"结束角度"时，若开始值大于结束值，可绘制出内角大于180°的扇形；若开始值小于结束值，可绘制出内角小于180°的扇形；当两者相等时，则可绘制出椭圆。

范例 制作"大象乐园"图标

知识要点　线条工具、椭圆工具、基本椭圆工具、文本工具

配套资源　效果文件\第2章\"大象乐园"图标.fla

扫码看视频

范例说明

"大象乐园"为了迎合旅游业的发展趋势，需要设计一款符合大象乐园的图标，要求大小为155像素×155像素。为了迎合乐园主题，在设计"大象乐园"图标时，可以直接采用大象形象作为图标图案元素，并且风格应可爱、简练，使其符合儿童的审美，然后在图标右侧加上"大象乐园"文字，以突出主题。

操作步骤

1 启动Animate CC 2020，选择【文件】/【新建】命令，打开"新建文档"对话框，在右侧的"详细信息"栏中设置"宽"和"高"分别为"300""300"，单击 创建 按钮。

2 将舞台颜色设置为"#000000"，然后选择"椭圆工具" ◎ ，在舞台左侧按住【Shift】键不放，拖曳鼠标绘制155像素×155像素的正圆，如图2-75所示。

图2-75

3 再次选择"椭圆工具" ◎ ，在右侧的"属性"面板中设置"开始角度"为"271"，"结束角度"为"135"，"内径"为"76"，然后在白色正圆右侧绘制圆环，作为大象的鼻子，如图2-76所示。

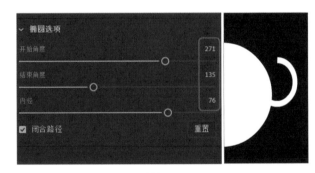

图2-76

4 选择"基本椭圆工具" ◎ ，在白色正圆的上方绘制圆，选择绘制的圆，在"属性"面板中取消填充，设置"笔触"为"#000000"，"笔触大小"为"4"，"宽"为"宽度配置文件1"，"开始角度"为"50"，"结束角度"为"250"，取消勾选"闭合路径"复选框，然后调整弧线的位置，如图2-77所示。

5 选择"选择工具" ▶ ，将鼠标指针移动到象鼻的左侧，向上拖曳鼠标可调整象鼻的宽度，向左拖曳鼠标可调整整个象鼻的弧度，使用相同的方法，调整象鼻的其他部分，效果如图2-78所示。

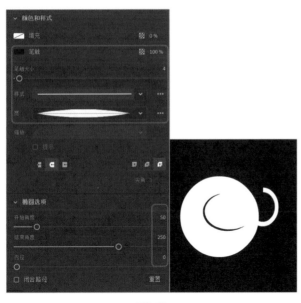

图2-77

图2-78

6　选择"线条工具" ，在"属性"面板中设置"笔触大小"为"5"，然后在大象的下方绘制垂直竖线和水平横线，用于区分大象的肚子区域。选择"颜料桶工具" ，在"属性"面板中设置"填充"为"#000000"，单击两条直线相交的区域填充颜色，如图2-79所示。

7　再次选择"选择工具" ，调整象鼻下方轮廓效果。选择"椭圆工具" ，按住【Shift】键不放，在大象右上角绘制正圆，作为大象的眼睛，如图2-80所示。

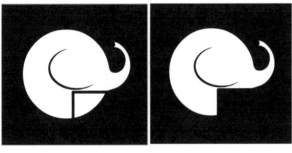

图2-79

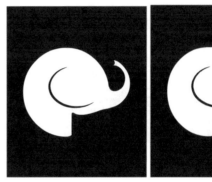

图2-80

8　选择"基本椭圆工具" ，在大象脚部的上方绘制圆，选择绘制的圆，在"属性"面板中设置"填充"为"#000000"，"开始角度"为"180"，勾选"闭合路径"复选框，作为大象的脚趾轮廓，然后在圆的右侧绘制两个不同大小的半圆，使脚趾更加形象，效果如图2-81所示。

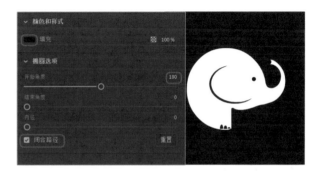

图2-81

9　选择"线条工具" ，在"属性"面板中设置"笔触大小"为"2"，"宽"为"宽度配置文件1"，然后在鼻子处绘制一条斜线，作为象牙，如图2-82所示。

10　选择"文本工具" ，在右侧的"属性"面板中设置"字体"为"汉仪黑棋体简"，"文本颜色"为"#FFFFFF"。然后在舞台中输入"大象乐园"文字，调整文字大小，并将其移动到大象右下角处，效果如图2-83所示。

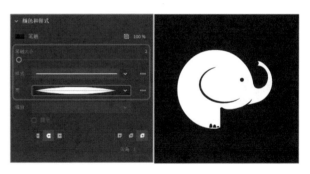

图2-82

图2-83

11 完成后，按【Ctrl+S】组合键，打开"另存为"对话框，设置文件的保存位置和名称，完成大象乐园图标的制作。

2.2.3 使用多角星形工具

"多角星形工具" ◎多用于绘制几何多边形和星形图形，并可以设置图形的边数以及星形图形顶点的大小。下面讲解使用多角星形工具绘制各种多角形的方法。

● 绘制多边形：选择"多角星形工具" ◎，在"属性"面板的"样式"下拉列表框中选择"多边形"选项，在"边数"文本框中输入多边形的边数，在舞台中拖曳鼠标绘制出多边形，如图2-84所示。

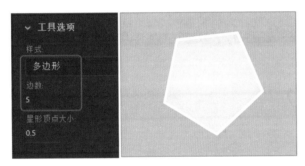

图2-84

● 绘制星形：在"属性"面板的"样式"下拉列表框中选择"星形"选项，然后设置"边数"和"星形顶点大小"，再拖曳鼠标绘制出星形，如图2-85所示。

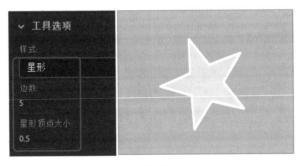

图2-85

技巧

多角星形工具的边数和星形顶点大小不能随意设置，其取值范围分别为 3 ~ 32、0.00 ~ 1.00。

2.3 选择图形

在编辑Animate动画时，经常要选取画面中的对象，以便进行编辑操作。Animate CC 2020提供了多种选取工具，如选择工具、部分选取工具、套索工具、魔术棒工具等，使用这些工具可提升动画的美观度。

2.3.1 使用选择工具

使用"选择工具" ▶可以选择任意对象，包括矢量图、元件、位图等。选择对象后，还可以移动对象。

在工具箱中选择"选择工具" ▶，将鼠标指针移动到舞台中需要选择的对象上，当鼠标指针变为✥形状时，单击鼠标左键即可选择对象；若按住鼠标左键不放并拖曳鼠标，到目标位置后释放鼠标左键，则可移动选择的对象，如图2-86所示。

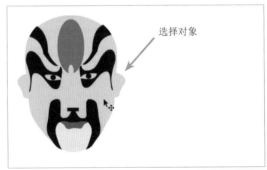

选择对象

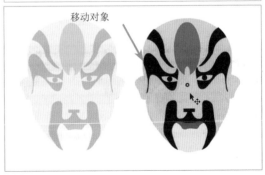

移动对象

图2-86

2.3.2 使用部分选取工具

"部分选取工具" ▶用于编辑图形的形状，主要有移动节点和调整节点控制柄两种编辑方式。

● 移动节点：使用"部分选取工具" ▶单击要编辑的图形，该图形将显示边缘路径和节点，选择某个节点后，按住鼠标左键不放并拖曳鼠标，可移动该节点的位置，如图2-87所示。

移动节点

图2-87

● 调整节点控制柄：使用"部分选取工具" ▶选择某个节点后，该节点会显示出两条控制柄，拖曳控制柄可以调整节点两侧曲线的形状，如图2-88所示。

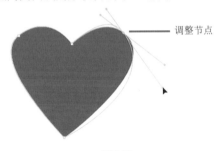

调整节点

图2-88

范例说明

一个完整的动画大多由不同的场景组合而成，而好的场景能增强整个动画的吸引力，加深用户对该动画的印象。下面制作一款儿童动画中的场景，为了提升整个场景的美观度，将在场景左上角区域添加太阳图像。

操作步骤

1 启动Animate CC 2020，选择【文件】/【新建】命令，打开"新建文档"对话框，在右侧的"详细信息"栏中设置"宽"和"高"分别为"1280""720"，单击 创建 按钮。

2 选择"场景.png"素材文件，将其拖曳到舞台中，选择"任意变形工具" ▣，可发现添加的素材周围已出现调整点，按住【Shift】键不放，拖曳四周的调整点，可等比例放大图像，拖曳四周中间的调整点，可调整背景的大小，效果如图2-89所示。

图2-89

3 在"时间轴"面板中单击"新建图层"按钮 ，可发现在"图层_1"的上方已新建了"图层_2"，如图2-90所示。

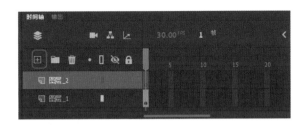

图2-90

4 选择"太阳.png"素材文件，将其拖曳到舞台中，然后使用"任意变形工具" ▣调整整个太阳的大小，效果如图2-91所示。

5 使用"选择工具" ▶选择"太阳"素材，当鼠标指针变为 形状时，按住鼠标左键不放并向上拖曳鼠标，到目标位置后释放鼠标左键完成移动操作，如图2-92所示。

图2-91

图2-92

6 完成后，按【Ctrl+S】组合键，打开"另存为"对话框，设置文件的保存位置和名称，完成动画场景的制作，如图2-93所示。

图2-93

2.3.3 使用套索工具

使用"套索工具" 🔗可以选择任意形状的图像。其使用方法为：选择"套索工具" 🔗，将鼠标指针移动至图形上

方，当鼠标指针变为 🔗形状时，按住鼠标左键不放，在需要选择图像的四周拖曳鼠标。完成后释放鼠标左键，选择鼠标所绘制的区域，此时可对该区域的图像进行移动和复制等多种操作，如图2-94所示。

技巧

由于位图、元件、组合图形等是一个整体，因此不能使用"套索工具" 🔗对其进行任意形状的选择，使用该工具只能选择矢量图形或被分离的图形。对于位图、元件、组合图形等，要使用"套索工具" 🔗抠取图像，需要先按【Ctrl+B】组合键分离图像。

图2-94

2.3.4 使用魔术棒工具

使用"套索工具" 🔗选择图像时，因为是手动拖曳，所以精度不会太高，而为了能精确地选择出所需图像，可以使用"魔术棒工具" 🪄。其使用方法为：选择"魔术棒工具" 🪄，在右侧的"属性"面板中设置阈值（用于设置选取范围内颜色与单击处像素颜色的相近程度，数值和容差的范围成正比）和平滑模式，然后单击需要选取的图像，该工具将自动识别图像的边缘，以达到精确选择的目的，如图2-95所示。

图2-95

知识
要点　魔术棒工具、任意变形工具、选择工具

配套
资源　素材文件\第2章\海报背景.png、月亮.jpg
效果文件\第2章\中秋节H5页面.fla

扫码看视频

范例说明

　　"融创玖园"是一家房地产公司，为了提升企业形象，增强企业品牌的亲和力，需要在中秋节来临之际进行节日营销。现需要制作一款中秋节H5页面，尺寸大小为1080像素×2300像素。制作时，为了提升制作效率，可直接利用提供的原有海报设计素材作为背景，通过圆月图像和文案，体现中秋节"团圆"的主题，提升用户对该企业的好感度。

扫码看效果

操作步骤

1　启动Animate CC 2020，选择【文件】/【新建】命令，打开"新建文档"对话框，在右侧的"详细信息"栏中设置"宽"和"高"分别为"1080""2300"，单击 创建 按钮。

2　选择"海报背景.png"素材文件，将其拖曳到舞台中，选择"任意变形工具" ，调整背景的大小和位置，效果如图2-96所示。

3　在"时间轴"面板中单击"新建图层"按钮 新建图层，然后选择"月亮.jpg"素材文件，并将其拖曳到舞台左侧的空白处，按【Ctrl+B】组合键分离图像，如图2-97所示。

图2-96　　　　　　　　　图2-97

4　在工具箱中选择"魔术棒工具" ，在"属性"面板中设置"阈值"为"60"，"平滑"为"平滑"，单击左侧的月亮形状，完成图像的抠取，如图2-98所示。

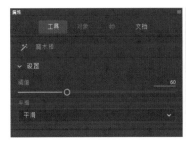

图2-98

5　选择"选择工具" ，选择"月亮"，按住鼠标左键不放并拖曳到背景的右侧，释放鼠标左键完成移动操作，然后使用"任意变形工具" 调整整个月亮的大小和位置，效果如图2-99所示。

6　选择"选择工具" ，框选月亮舞台外侧部分，使其呈选择状态，如图2-100所示。

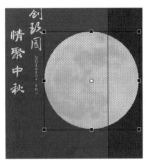

图2-99　　　　　　　　　图2-100

7 按【Delete】键删除选择的多余区域，使用相同的方法删除多余的素材内容，完成后按【Ctrl+S】组合键，打开"另存为"对话框，设置文件的保存位置和名称，完成H5页面的制作，效果如图2-101所示。

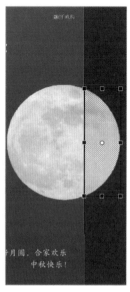

图2-101

中秋节又称拜月节，是我国的传统节日。中秋节以月之圆兆人之团圆，为寄托思念故乡、思念亲人之情，祈盼丰收之感。中秋节自古有祭月、赏月、吃月饼、玩花灯、赏桂花、饮桂花酒等民俗，在设计与中秋节相关的海报、H5页面、广告等内容时，可在其中添加祭月、赏月、吃月饼、玩花灯等场景，也可在其中体现亲情、团圆、思恋之情，这样更容易引起消费者的共鸣，增强宣传和推广的效果。

设计素养

2.3.5　使用多边形工具

"多边形工具" 常用于选择建筑、汽车等有明显直线边缘的图像。选择"多边形工具" 后，每单击一次鼠标左键就会确定一点，当鼠标指针移动到起始点后，将形成一个多边形范围，该范围即为选择范围，如图2-102所示。

图2-102

2.4　修改图形

为了使相同素材在一个动画中呈现多种效果，需要对图形进行修改。Animate CC 2020提供了多种修改图形的工具，如橡皮擦工具、任意变形工具、宽度工具等，使用这些工具能增强动画的画面呈现效果，提升画面的美观度。

2.4.1　使用橡皮擦工具

"橡皮擦工具" 主要用于擦除对象或对象的部分区域。其使用方法为：在工具箱中选择"橡皮擦工具" ，在需要擦除的图形区域按住鼠标左键拖曳可完成对图形的擦除操作，效果如图2-103所示。

图2-103

选择"橡皮擦工具" 后，单击"属性"面板中的"橡皮擦类型"按钮 ，在打开的下拉列表框中可以选择橡皮擦的形状，拖曳"大小"滑块可调整橡皮擦的大小，若需要特殊的橡皮擦效果，则可单击"橡皮擦模式"按钮 ，其中列出了5种擦除模式，如图2-104所示。

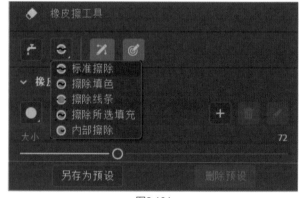

图2-104

● 标准擦除：标准擦除主要用于擦除同一图层的线

条、填充、文字。选择该模式擦除图形前后的对比效果如图2-105所示。

图2-105

● 擦除填色：擦除填色主要用于擦除填充区域，其他部分（如边框线）不受影响。选择该模式擦除图形前后的对比效果如图2-106所示。

图2-106

● 擦除线条：擦除线条仅擦除图形的线条部分，而不影响填充部分。选择该模式擦除图形前后的对比效果如图2-107所示。

图2-107

技巧

由于导出的位图和文字不是矢量图形，因此不能直接擦除，需要先按【Ctrl+B】组合键分离成矢量图形，再使用"橡皮擦工具" ◙进行擦除。

● 擦除所选填充：擦除所选填充仅擦除已经选择的填充部分，而不影响其他未选择的部分。选择该模式擦除图形前后的对比效果如图2-108所示。

图2-108

● 内部擦除：内部擦除仅擦除填充区域内容，当从外往内擦除时，不会擦除填充区域。选择该模式擦除图形前后的对比效果如图2-109所示。

图2-109

技巧

若需要擦除舞台中的所有对象，则可选择"橡皮擦工具" ◙，在"属性"面板中单击"水龙头"按钮 ，将鼠标指针移动到舞台中需要快速擦除的区域，此时鼠标指针变为 形状，单击选择对象，可将其快速擦除。

2.4.2 使用任意变形工具

"任意变形工具" 是一种用于控制对象变形的工具。使用该工具可以对选择的图形进行旋转、倾斜、缩放、翻转、扭曲和封套等操作，并能直观地看到对象的变化效果。

● 旋转：使用"任意变形工具" 选择需要变形的图形后，将鼠标指针移动到要旋转图形四周的控制点上，当鼠标指针变为 形状时，按住鼠标左键不放并拖曳鼠标，可旋转图形，如图2-110所示。

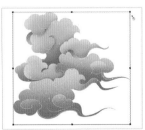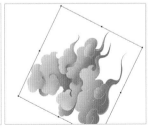

图2-110

● 倾斜：使用"任意变形工具" 选择图形后，将鼠标指针移动到要倾斜图形的水平或垂直边缘上，当鼠标指针变为 形状时，按住鼠标左键不放并拖曳鼠标，可使图形倾斜，如图2-111所示。

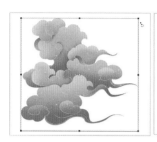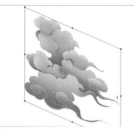

图2-111

● 缩放：使用"任意变形工具" 选择图形后，将鼠标指针移动到要缩放图形四角的任意一个控制点上，当鼠标指针变为 形状时，按住鼠标左键不放并拖曳鼠标，可缩放图形，如图2-112所示。

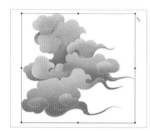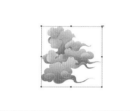

图2-112

● 翻转：使用"任意变形工具" 选择图形后，将鼠标指针移动到图形水平或垂直平面的任意一个控制点上，当鼠标指针变为↔或↕形状时，按住鼠标左键不放并拖曳鼠标至图形另一侧，可翻转图形，如图2-113所示。

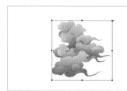

图2-113

 范例 制作童趣森林开屏动画场景

 知识要点　选择工具、任意变形工具

 配套资源　素材文件\第2章\童趣\
效果文件\第2章\童趣森林.fla

扫码看视频

范例说明

"童趣森林"App是一款开发儿童智力的小游戏，主要通过点击儿童搬运货物来提高儿童的动手能力。现在需要为"童趣森林"App制作开屏动画场景，该动画场景以森林为主要场景，可在其中添加儿童搬运货物的整个流程，让游戏效果更加直观，并在中间添加"童趣森林"文字，起到点题的作用。

 操作步骤

1 选择【文件】/【新建】命令，在打开的"新建文档"对话框中设置"宽"和"高"分别为"800""500"，单击 按钮。

2 选择【文件】/【导入】/【导入到库】命令，在打开的"导入到库"对话框中选择"童趣"文件夹中的所有文件，单击 打开(O) 按钮，如图2-114所示。

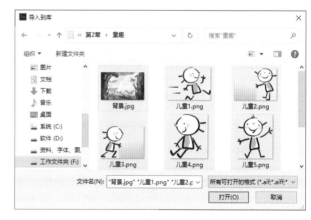

图2-114

3 按【Ctrl+L】组合键，打开"库"面板。选择"背景"图像，并将其拖曳到舞台中，如图2-115所示。

4 在"库"面板中将"儿童1"图像移动到舞台中。选择"任意变形工具" ，选中舞台中的"儿童1"图

像。将鼠标指针移动到图像左上角，当鼠标指针变为↖形状时，按住【Shift】键向下拖曳鼠标，将图像缩小，如图2-116所示。

图2-115

图2-116

5 将"儿童5"图像移动到舞台上方，缩小图像。按【Ctrl+T】组合键打开"变形"面板，选择"儿童5"图像，在"变形"面板中设置"旋转"为"155.8°"，然后使用"选择工具"▶调整"儿童1"和"儿童5"图像的位置，如图2-117所示。

图2-117

6 将"儿童6～儿童8"图像移动到舞台中，并对其进行缩小和旋转操作。使用相同的方法将"儿童2～儿童4"图像移动到舞台中，并调整其大小。使用"选择工具"▶将它们移动到地面上和树叶上，效果如图2-118所示。

图2-118

7 选择舞台中的所有儿童图像，按【Ctrl+G】组合键群组图像。选择"文本工具"T，在舞台中间单击，然后输入"童趣森林"文本，并设置"字体"为"方正行楷简体"，"大小"为"35pt"，完成童趣森林开屏动画的制作并保存，效果如图2-119所示。

图2-119

2.4.3 宽度工具

"宽度工具"▶主要用于编辑线段。与"钢笔工具"相比，使用"宽度工具"▶可更加方便地修改笔触的粗细度，创建颇具特色的笔触。其使用方法为：在工具箱中选择"宽度工具"▶，将鼠标指针移动到需要修改的线段上，此时鼠标指针变为▶形状，选择需要改变的线段，可发现线段的中间将出现一段路径，在路径上单击鼠标左键确定一点后，按住鼠标左键不放并拖曳鼠标，可调整线段宽度，如图2-120所示。

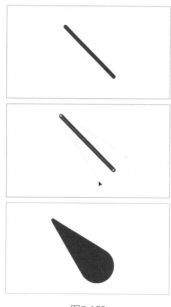

图2-120

2.5 填充图形

动画具有色彩才能使动画效果更加富有层次感，也才能提升视觉冲击力和美观度，因此绘制图形后，还需要为其填充合适的色彩。通常Animate中填充图形的工具主要包括颜料桶工具、滴管工具、墨水瓶工具、渐变工具等。

2.5.1 使用颜料桶工具

"颜料桶工具" ⬛是最常用的填色工具，其用法比较简单，只需在选择"颜料桶工具" ⬛后，在"属性"面板中设置填充颜色，再将鼠标指针移动到图形中需要填色的区域，单击鼠标左键即可填充所选颜色。但需要注意的是，该工具只能对封闭的区域填充颜色。图2-121所示为使用"颜料桶工具" ⬛填充前后的效果。

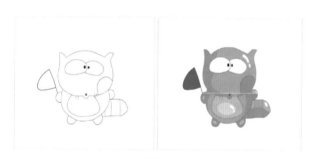

图2-121

选择"颜料桶工具" ⬛后，在"属性"面板中的选项区域会出现两个按钮，其中"空隙大小"按钮⬛用于设置外围矢量线缺口的大小对填充颜色时的影响程度，包括不封闭空隙、封闭小空隙、封闭中等空隙和封闭大空隙4个选项。"锁定填充"按钮⬛只能应用于渐变填充，单击该按钮后，将锁定渐变填充的中心位置，而不会随鼠标指针的位置移动。

● 不封闭空隙：选择该选项后，在使用"颜料桶工具" ⬛填充颜色时，只有完全封闭的区域才能被填充颜色，如图2-122所示。

图2-122

● 封闭小空隙：选择该选项后，在使用"颜料桶工具"填充颜色时，如果所填充区域不是完全封闭的，但是空隙很小，则Animate会将其判断为完全封闭并进行填充，如图2-123所示。

图2-123

● 封闭中等空隙：选择该选项后，在使用"颜料桶工具"填充颜色时，可以忽略比封闭小空隙大一些的空隙，并对其进行填充，如图2-124所示。

图2-124

● 封闭大空隙：选择该选项后，即使线条之间还有一段距离，用"颜料桶工具"也可以填充线条内部的区域，如图2-125所示。

图2-125

2.5.2 使用滴管工具

在Animate中，用户还可以使用"滴管工具" 将一个图形的笔触颜色或填充颜色复制到其他图形中。"滴管工具" 的使用方法为：在工具箱中选择"滴管工具" ，单击图形的边框或填充区域，吸取其笔触颜色或填充颜色，再单击需要填充的图形的边框或填充区域进行填充，如图2-126所示。

原图　　　　　确定吸取颜色

单击填充区域　　　　　效果

图2-126

技巧

"滴管工具" 除了可以用于填色外，还可以吸取外部引入的位图图形，并将其填充到其他图形中。在吸取前，先选择位图图形，按【Ctrl+B】组合键将位图图形打散，然后选择"滴管工具" ，将鼠标指针移动到位图上，此时鼠标指针变为 形状，单击鼠标左键吸取图形样本，此时鼠标指针变为 形状，在需要填充的图形上再次单击鼠标左键，图形将被填充。

2.5.3 使用墨水瓶工具

"墨水瓶工具" 用于修改图形边框的颜色、粗细、样式等属性，其使用方法与"颜料桶工具" 的使用方法类似。只需在工具箱中选择"墨水瓶工具" ，在"属性"面板中设置"笔触""宽""样式"等属性，然后在图形内部或矢量线条上单击鼠标左键，修改图形边框，如图2-127所示。

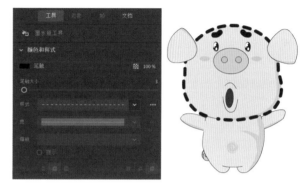

图2-127

2.5.4 渐变填充

渐变填充是一种特殊的填充模式，在"颜色"面板或"样本"面板中设置颜色选项，然后使用"颜料桶工具" 在指定区域填充渐变颜色。在进行渐变填充前，需要先了解"颜色"面板和"样本"面板。

1."颜色"面板

"颜色"面板可以用于设置绘图工具的笔触和填充颜色，也可以用于设置当前所选图形的边框和填充颜色。选择【窗口】/【颜色】命令，打开"颜色"面板，如图2-128所示。该面板中各选项的作用如下。

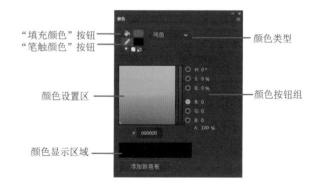

图2-128

● "填充颜色"按钮 ：单击该按钮，可以在"颜色设置区"中对填充颜色进行设置。单击其后的色块，在打开的"色板"面板中可以选择填充颜色。

● "笔触颜色" 按钮：单击该按钮，可以在"颜色设置区"中对笔触颜色进行设置。单击其后的色块，在打开的"色板"面板中可以选择笔触颜色。

● "黑白" 按钮：单击该按钮，可将笔触颜色设置为黑色，填充颜色设置为白色。

● "无色" 按钮：单击该按钮，可将笔触颜色或填充颜色设置为无边框或无填充。

● "交换颜色" 按钮：单击该按钮，可交换笔触颜色和填充颜色。

● 颜色类型：在该下拉列表框中可以修改笔触颜色和填充颜色的颜色类型。

● 颜色设置区：在其中单击鼠标左键，可设置笔触颜色或填充颜色。

● H、S、B：在该栏中选中某个单选项，再修改其后的数字，可以修改颜色的色相、饱和度和亮度。

● R、G、B：在该栏中选中某个单选项，再修改其后的数字，可以修改颜色的红色、绿色和蓝色的色度值。

● A：用于设置填充颜色的不透明度（Alpha）。

● #：在该文本框中输入颜色的十六进制值为当前笔触或填充设置对应的颜色。

● 颜色显示区域：为笔触或填充设置好颜色后，该区域将呈现出预览颜色效果。

● "添加到色板" 按钮 ：单击该按钮，可以将当前颜色添加到"色板"面板中。

2. "样本" 面板

在Animate中除可以使用"颜色"面板为笔触和填充设置颜色外，还可以使用"样本"面板设置渐变颜色。选择【窗口】/【样本】命令，打开"样本"面板，其下方显示了常用的渐变颜色，选择需要的渐变颜色后即可填充颜色，如图2-129所示。

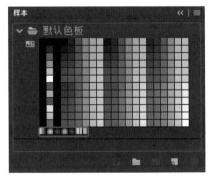

图2-129

3. 填充与调整渐变效果

渐变主要分为线性渐变和径向渐变两种类型，选择不同的渐变类型并设置渐变颜色后，可先使用"颜料桶工具"填充渐变颜色，再使用"渐变变形工具"调整渐变效果。

（1）线性渐变

线性渐变是沿着一根轴线改变颜色的渐变方式，在"颜色"面板的"颜色类型"下拉列表框中选择"线性渐变"选项后，"颜色"面板中将显示用于设置线性渐变的选项，如图2-130所示。

图2-130

技巧

在颜色显示区域的下方有两个色块，可用于调整渐变颜色和位置，还可在颜色显示区域单击鼠标左键，增加新的色块，以丰富渐变颜色的层次。

为图形应用线性渐变填充后，可在"属性"面板中选择"渐变变形工具"，单击应用渐变填充的图形，在该图形上会显示两条细线（用于显示线性渐变的范围）和3个控制点。各控制点的作用如下。

● 控制点：拖曳该控制点可以调整线性渐变的范围，如图2-131所示。

图2-131

● 控制点：拖曳该控制点可以调整线性渐变的旋转方向，如图2-132所示。

● 控制点：拖曳该控制点可以调整线性渐变的位置，如图2-133所示。

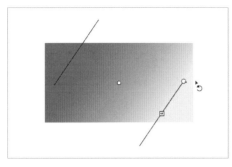

图2-132

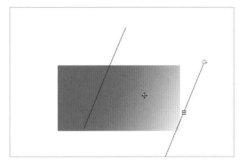

图2-133

（2）径向渐变

径向渐变是一种从中心点向外改变颜色的渐变方式，可以制作边缘有光晕的柔和效果。在"颜色"面板的"颜色类型"下拉列表框中选择"径向渐变"选项后，"颜色"面板中将显示用于设置径向渐变的选项，如图2-134所示。

图2-134

为图形应用径向渐变后，使用"渐变变形工具" ■ 单击该图形，该图形上会显示一个圆（用于显示径向渐变的范围）和5个控制点。各控制点的作用如下。

● ▽控制点：拖曳该控制点可以调整渐变中心的偏移位置，如图2-135所示。

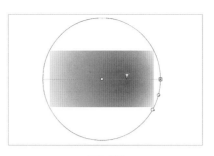

图2-135

● ○控制点：拖曳该控制点可以调整渐变范围的中心位置，如图2-136所示。

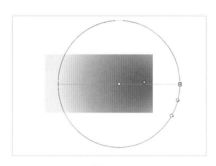

图2-136

● ⊟控制点：拖曳该控制点可以拉伸或压缩渐变范围，如图2-137所示。

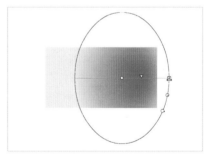

图2-137

● ⊘控制点：拖曳该控制点可以放大或缩小渐变范围，如图2-138所示。

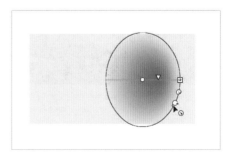

图2-138

● ✪控制点：拖曳该控制点可以调整渐变的旋转方向，如图2-139所示。

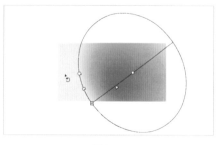

图2-139

范例说明

夏至是我国的传统节气之一，标志着夏天的到来。夏至即将来临，某App考虑制作夏至开屏海报，以宣传我国传统节日，让更多用户了解该节气，同时也提高用户对该App的关注度。要求尺寸为1 080像素×1 920像素，在设计时，以渐变的湖蓝色为海报背景，以开放的荷花、坐在荷叶上吃西瓜的小孩等元素烘托夏至氛围，以文字表明海报主题。

操作步骤

1 启动Animate CC 2020，选择【文件】/【新建】命令，打开"新建文档"对话框，在右侧的"详细信息"栏中设置"宽"和"高"分别为"1080""1920"，单击 创建 按钮。

2 选择"矩形工具" ▣，在"属性"面板中取消笔触，然后在舞台中绘制1 080像素×1 920像素的矩形，选择该矩形，打开"颜色"面板，在"颜色类型"下拉列表框中选择"线性渐变"选项，单击颜色显示区域的第1个滑块，设置颜色为"#1187A4"，单击第2个滑块，设置颜色为"#0F1A26"，效果如图2-140所示。

图2-140

3 选择"渐变变形工具" ▣，单击填充了渐变色的矩形，此时矩形四周出现3个控制点，沿顺时针方向拖曳✪控制点，调整渐变方向，如图2-141所示。

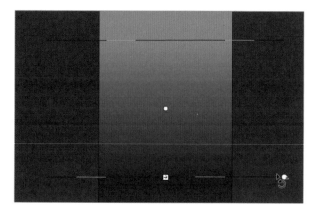

图2-141

4 选择"钢笔工具" ✐，在"属性"面板中设置"笔触"为"#000000"，"笔触大小"为"1"，在右上角绘制荷叶形状，如图2-142所示。

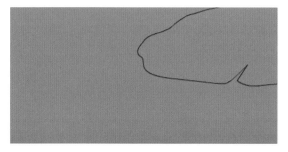

图2-142

5 打开"颜色"面板，在"颜色类型"下拉列表框中选择"径向渐变"选项，取消笔触颜色，单击颜色显示区域的第1个滑块，设置颜色为"#4B7D23"，单击第2个滑块，设置颜色为"#D9FE51"，使用"颜料桶工具" ⬥单击荷叶形状填充渐变色，效果如图2-143所示。

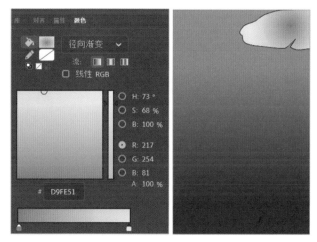

图2-143

6 选择"渐变变形工具" ▣，单击填充了渐变色的形状，此时矩形四周出现5个控制点，分别拖曳▽控制点、⟳控制点、⟲控制点、○控制点调整渐变方向和位置，如图2-144所示。

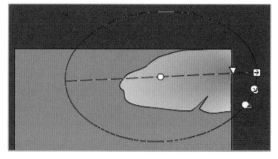

图2-144

7 选择"线条工具" ✐，在"属性"面板中设置"笔触"为"#437310"，"笔触大小"为"3"，"宽"为"宽度配置文件1"，然后绘制荷叶的纹理，如图2-145所示。

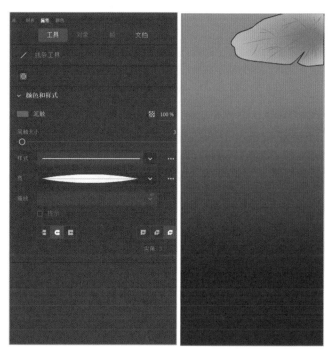

图2-145

8 选择"选择工具" ▸，依次选择荷叶的轮廓线，按【Delete】键删除。打开"夏至素材.fla"素材文件，选择所有素材，按【Ctrl+C】组合键复制素材，切换到海报所在舞台，按【Ctrl+V】组合键粘贴素材，然后调整各个素材的位置，如图2-146所示。完成后保存图像。

图2-146

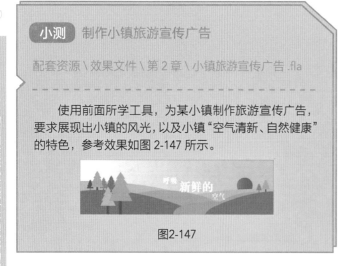

小测 制作小镇旅游宣传广告

配套资源 \ 效果文件 \ 第2章 \ 小镇旅游宣传广告 .fla

使用前面所学工具，为某小镇制作旅游宣传广告，要求展现出小镇的风光，以及小镇"空气清新、自然健康"的特色，参考效果如图 2-147 所示。

图2-147

2.6 综合实训：制作"5·20"微博广告

微博广告主要借助热点事件、节日、品牌、产品等进行广告设计，并将广告发布到微博平台，以吸引用户关注和点击。

2.6.1 实训要求

墨韵是一家家居企业，近期需要开展"5·20让爱说出口"的营销活动，以提升企业的影响力和产品销量。现需要以"5·20让爱说出口"为主题制作一则1125像素×2600像素的微博广告，方便进行微博宣传。要求该广告要体现企业名称和"爱"的活动主题，视觉效果美观、突出，同时还需要对活动名称、时间和内容进行美化与展现。

2.6.2 实训思路

（1）为了快速吸引用户注意力，本实训在设计中可将主题文字作为焦点文字，然后标明活动商家、活动内容和活动形式，使用户快速了解活动内容。

（2）本实训广告的文案可以结合广告的主题文字进行提炼，然后排列展示，主要包括大标题（企业名称）、标语（活动名称）等，力求简明易懂，与图片相配合，体现出较强的说服力和艺术感染力。

（3）色彩在广告设计中具有装饰性和提高展现力的作用，使作品具有视觉冲击力，有利于传达信息诉求。本实训的微博广告可考虑采用表达爱意的常用色系红色系为主色调，以体现出"爱"的活动主题。

（4）结合运用本章所学的形状工具、线条工具、色彩工具，以及修改与编辑工具，绘制具有动感的形状图形，并划分出版面的上中下区域进行展现，以提升画面的美观度。

本实训完成后的参考效果如图2-148所示。

图2-148

2.6.3 制作要点

知识要点 线条工具、填充工具、形状工具

配套资源 素材文件\第2章\微博广告素材.fla
效果文件\第2章\"5·20"微博广告.fla

扫码看视频

本实训主要包括制作背景、输入文字两个部分，其主要操作步骤如下。

1 新建1125像素×2600像素的舞台，并将其以"'5·20'微博广告"为名保存。

2 在舞台中绘制矩形并进行"线性渐变"填充，填充后可适当调整渐变方向。

3 绘制正圆图形，并添加"线性渐变"填充，再通过复制操作得到两个相同的圆形，然后调整复制圆形的渐变方向，并对圆形设置Alpha值，得到不同效果的圆形。

4 绘制矩形，并进行渐变填充和设置Alpha值，再在矩形上方绘制其他颜色的圆形，选择超出舞台的圆形，删除多余的图形部分。

5 将"微博广告素材.fla"素材文件中的素材复制到"5·20"微博广告中,并进行适当调整。

6 添加广告文本,完成制作。

巩固练习

1. 绘制卡通场景

本练习将绘制一个卡通场景,要求线条简洁,画面生动有趣,参考效果如图2-149所示。

配套资源 素材文件\第2章\卡通场景.fla
效果文件\第2章\卡通场景.fla

图2-149

2. 为"荷塘月色"填色

本练习将通过"颜色"面板、"样本"面板以及"颜料桶工具"为"荷塘月色"填色,参考效果如图2-150所示。

配套资源 素材文件\第2章\荷塘月色.fla
效果文件\第2章\荷塘月色.fla

图2-150

技能提升

本章主要介绍了图形的绘制与填充。在填充图形时,颜色的选择至关重要,而认识颜色是进行填色的基础,可让整个填色过程更加得心应手。下面介绍颜色的相关基础知识。

计算机的颜色采用RGB颜色系统,也就是每种颜色采用红、绿、蓝3种分量。每个颜色分量的取值范围为0~255,一共有256种分量可供选择。计算机所能表示的颜色有256×256×256=16 777 216种,这也是16M色的由来。在Animate中,与颜色相关的概念有RGB颜色模式、Alpha值、十六进制颜色值等。

● RGB颜色模式:在RGB颜色模式下,每种颜色都由红、绿、蓝三原色组成,可以通过3个0~255的数字来表示一种颜色。如红色的R、G、B值分别为255、0、0;绿色的R、G、B值分别为0、255、0;蓝色的R、G、B值分别为0、0、255。

● Alpha值:Alpha值表示实心填充的不透明度和渐变填充的当前所选滑块的不透明度。如果Alpha值为0%,则创建的填充不可见(完全透明);如果Alpha值为100%,则创建的填充完全不透明;如果Alpha值为0%~100%(不含),则创建的填充会呈现出不同程度的透明效果。

● 十六进制颜色值:十六进制颜色值是一个6位十六进制数,用来表示一种RGB颜色,其中前两位表示红色(R),中间两位表示绿色(G),最后两位表示蓝色(B)。例如,#FF9966颜色的红色为#FF(255),绿色为#99(153),蓝色为#66(102)。

第 **3** 章

编辑动画对象

3.1 编辑对象形状

编辑动画对象除了可以使用第2章介绍的"任意变形工具" ▣ 对对象进行扭曲、封套、缩放、旋转和倾斜操作外，还可以在【修改】/【变形】命令中选择不同的命令，对动画对象进行编辑，该方法更加便捷。

3.1.1 扭曲对象

扭曲对象是将对象的某些部分挤压在一起而将其他部分向外拉伸，从而更改图形。其操作方法为：选择需要编辑的对象，选择【修改】/【变形】/【扭曲】命令，或右击，在弹出的快捷菜单中选择【变形】/【扭曲】命令，激活扭曲功能后，拖曳对象边框上的控制点进行扭曲变形，如图3-1所示。

图3-1

3.1.2 封套对象

封套对象可以对动画对象进行变形，使其变为新的形态。其操作方法为：选择需要编辑的对象，选择【修改】/【变形】/【封套】命令，或右击，在弹出的快捷菜单中选择【变形】/【封套】命令，激活封套功能。此时，对象的每个控制点两侧都会显示出一个控制柄，拖曳控制柄可弯曲或扭曲对象，如图3-2所示。

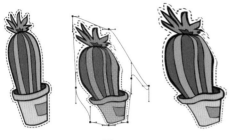

图3-2

3.1.3 缩放对象

缩放对象时，可以沿水平、垂直方向或同时沿两个方向放大或缩小对象。其操作方法为：选择需要编辑的对象，选择【修改】/【变形】/【缩放】命令，或右击，在弹出的快捷菜单中选择【变形】/【缩放】命令，激活缩放功能。将鼠标指针移动至四周的控制点上，当鼠标指针变为水平↔、垂直↕、倾斜的双向箭头↖时，按住【Shift】键不放并拖曳双向箭头可等比例放大和缩小对象，按住【Alt】键不放拖曳双向箭头可在不改变顶点的同时缩放对象，如图3-3所示。

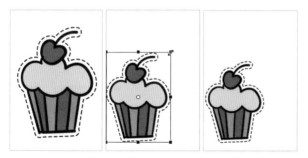

图3-3

3.1.4 旋转与倾斜对象

使用旋转与倾斜功能可以将选中对象向各个方向旋转和倾斜。其操作方法为：选择需要编辑的对象，选择【修改】/【变形】/【旋转与倾斜】命令，或右击，在弹出的快捷菜单中选择【变形】/【旋转与倾斜】命令，激活旋转与倾斜功能。此时，对象进行的操作主要有以下3种。

● 旋转对象：将鼠标指针移动至4个角的控制点上，当鼠标指针变为↻形状时按住鼠标左键不放并拖曳鼠标，可使对象沿着旋转中心旋转，如图3-4所示。

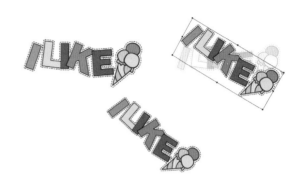

图3-4

● 移动旋转中心点：在默认情况下，旋转中心点就在对象中心点上，要移动旋转中心点，只需单击选中中心点，然后拖曳中心点到其他位置，当需要旋转对象时，可发现对象沿着移动后的中心点旋转，如图3-5所示。

图3-5

● 倾斜对象：将鼠标指针移动至4条边的控制点上，当鼠标指针变为➡形状或⬆形状时，按住鼠标左键不放并拖曳鼠标，可倾斜对象，如图3-6所示。

图3-6

3.1.5 缩放与旋转对象

使用缩放与旋转功能打开"缩放和旋转"对话框，在其中可进行旋转与缩放操作。其操作方法为：选择需要编辑的对象，选择【修改】/【变形】/【缩放与旋转】命令，或右击，在弹出的快捷菜单中选择【变形】/【缩放与旋转】命令，打开"缩放和旋转"对话框，在其中可设置缩放、旋转参数，完成后单击 确定 按钮，效果如图3-7所示。

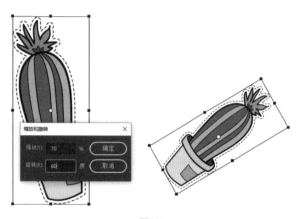

图3-7

范例 制作公益宣传广告

知识要点 绘制对象、缩放对象、旋转对象、旋转与倾斜对象

配套资源 效果文件\第3章\公益宣传海报背景.png
效果文件\第3章\公益宣传广告.fla

扫码看视频

范例说明

为了弘扬我国的文明礼仪和传统文化，提倡健康的生活习惯，现需要设计以"公筷公勺健康分餐"为主题的公益宣传广告。要求广告尺寸为1150像素×2268像素，便于在不同App中宣传；色彩以红色为主色，使广告更加醒目；图形以饭碗和一双筷子为主，再在周围添加宣传文字，直观地体现主题。

操作步骤

1 启动Animate CC 2020，选择【文件】/【新建】命令，打开"新建文档"对话框，在右侧的"详细信息"栏中设置"宽"和"高"分别为"1150""2268"，单击 创建 按钮。

2 选择【文件】/【导入】/【导入到舞台】命令，打开"导入"对话框，选择需要导入的文件，这里选择"公益宣传海报背景.png"素材文件，单击 打开(O) 按钮，如图3-8所示。

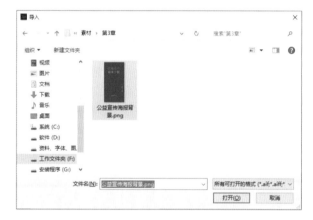

图3-8

3 选择打开的素材文件，再选择"选择工具" ，调整导入素材的位置。

4 为了避免时常移动背景图层，可先重命名该背景图层，然后将其锁定。在"时间轴"面板上方双击"图层1"，使其呈可编辑状态，然后输入"背景"文字，便于后期识别，单击上方的"锁定或解除锁定所有图层"按钮 ，锁定背景图层，如图3-9所示。

图3-9

5 由于背景被锁定，不能在上方编辑，因此在绘制图形前，需要先新建图层。在"时间轴"面板上方单击"新建图层"按钮回，将自动新建"图层_2"，如图3-10所示。

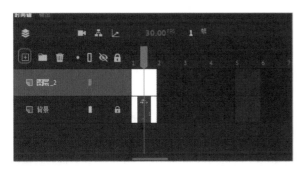

图3-10

6 在工具箱中选择"椭圆工具"◉，在"属性"面板中设置"填充"为"#D17366"，按住【Shift】键不放，在海报中间绘制775像素×775像素的正圆，如图3-11所示。

7 选择"选择工具"▶，按住鼠标左键不放并拖曳鼠标框选正圆的上半部分，按【Delete】键删除框选区域，如图3-12所示。

图3-11　　　　　　　　图3-12

8 新建图层，再次选择"椭圆工具"◉，在"属性"面板中设置"填充"为"#761217"，然后在正圆的上方绘制775像素×195像素的椭圆，如图3-13所示。

9 新建图层，选择绘制的椭圆，按【Ctrl+C】组合键复制椭圆，切换到新的图层，按【Ctrl+V】组合键粘贴椭圆，打开"属性"面板，将"填充"修改为"#EEE7E1"，如图3-14所示。

图3-13　　　　　　　　图3-14

10 选择复制的椭圆，在其上右击，在弹出的快捷菜单中选择【变形】/【封套】命令，此时椭圆四周出现控制点，使用"选择工具"▶拖曳各个控制点，使其形成米饭的形状，如图3-15所示。

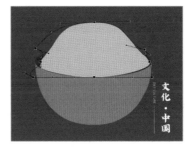

图3-15

11 使用"部分选取工具"▶单击米饭形状，使其以路径方式显示，拖曳锚点再次调整米饭形状的轮廓，若需要添加锚点，则可选择"添加锚点工具"✎，在需要添加锚点处单击添加锚点，然后调整整个路径，如图3-16所示。

图3-16

12 选择米饭形状，按【Ctrl+C】组合键复制米饭形状，新建图层，按【Ctrl+V】组合键粘贴米饭形状。选择复制的形状，在其上右击，在弹出的快捷菜单中选择【变形】/【任意变形】命令，缩放形状并调整位置，使整个米饭形状更加形象，使用相同的方法再次复制形状，调整整个米饭的轮廓位置，如图3-17所示。

图3-17

13 为了使米饭图形更加生动形象，可先新建图层，选择"钢笔工具" ✏，在米饭形状的上方绘制形状，作为米饭的高光部分，并设置"填充"为"#F5F3F1"，如图3-18所示。

14 复制米饭高光部分，在其上右击，在弹出的快捷菜单中选择【变形】/【缩放和旋转】命令，打开"缩放和旋转"对话框，设置"缩放"为"60"，"旋转"为"45"，单击 确定 按钮，如图3-19所示。

图3-18

图3-19

15 选择旋转后的形状，在其上右击，在弹出的快捷菜单中选择【变形】/【封套】命令，此时四周出现控制点，使用"选择工具" ▶ 拖曳各个控制点，调

整复制的形状，效果如图3-20所示。

16 选择"椭圆工具" ⬭，在"属性"面板中设置"填充"为"#F5F3F1"，然后在米饭形状上绘制不同大小的圆，增加米饭的形象感，效果如图3-21所示。

图3-20

图3-21

17 选择"线条工具" ╱，在"属性"面板中设置"笔触"为"#300715"，"笔触大小"为"30"，然后在图像中绘制一条直线，作为筷子，效果如图3-22所示。

图3-22

18 选择该直线，选择【修改】/【变形】/【旋转与倾斜】命令，使直线呈可编辑状态，拖曳直线四周的控制点旋转直线，使其插入米饭中，效果如图3-23所示。

19 复制直线，再次旋转与倾斜复制后的直线，并调整两条直线的位置，使其更加符合筷子的插入效果，如图3-24所示。

图3-23

图3-24

20 选择"宽度工具"，选择绘制的筷子，将鼠标指针移动到筷子的顶部，单击鼠标左键确定一点后，按住鼠标左键不放并向外拖曳鼠标，使其形成带弧度的形状。

21 将鼠标指针移动到筷子的底部，在右侧单击鼠标左键确定一点后，按住鼠标左键不放并向左拖曳鼠标，缩小筷子形状，如图3-25所示。

图3-25

22 使用相同的方法调整另一根筷子，由于调整宽度时筷子的粗细发生变化，所以可再次设置"笔触大小"为"35"，并重新调整筷子的位置，如图3-26所示。

23 再次选择"线条工具"，在"属性"面板中设置"笔触"为"#F1CCAC"，"笔触大小"为

"5"，"宽"为"宽度配置文件1"，在筷子的上方绘制一条斜线，作为筷子的高光，如图3-27所示。

图3-26   图3-27

24 选择"钢笔工具"，在饭碗形状的左侧绘制形状，并设置"填充"为"#F3A691"，作为饭碗的光源部分，效果如图3-28所示。

25 选择"钢笔工具"，在光源的上方绘制形状，并设置"填充"为"#FEFBFA"，作为饭碗的高光部分，效果如图3-29所示。

图3-28   图3-29

26 选择"线条工具"，在"属性"面板中设置"笔触"为"#761217"，"笔触大小"为"18"，在饭碗的底部绘制一条直线，然后选择"选择工具"，将鼠标指针移动到直线的中间，按住鼠标左键不放并向下拖曳鼠标使其形成弧度，作为饭碗的暗部，如图3-30所示。

图3-30

27 选择"矩形工具" ▥，在直线的下方绘制"填充"为"#D17366"的矩形，然后使用"选择工具" ▸调整矩形的弧度，如图3-31所示。

28 使用相同的方法在矩形的左侧绘制"填充"为"#F3A691"的矩形，作为高光，效果如图3-32所示。

图3-31 　　　　　图3-32

29 完成后按【Ctrl+S】组合键保存图像。

公益宣传广告属于非商业性广告，是不以营利为目的而为社会提供免费服务的广告活动，其主题可以是防火防盗、卫生交通、环境保护等，是我国传递社会价值观的主要途径之一。在进行公益广告设计时，需要展现出公益广告的以下特点。

● 直观性：直观的形象能使用户对公益广告所承载的信息一目了然。

● 生动性：公益广告在本质上是一种感性的表现形式，因此生动的公益广告设计更能引起用户内心深处的情感体验，使整个公益广告更加生动。

● 艺术性：为了引起用户情感上的共鸣，挖掘出不同的视觉感受，在设计公益广告时，可以采用独特的视角，直观地展现公益内容。

● 文化性：在设计公益广告时，也需要有效传达公益广告宣传的思想观念、价值取向和人文精神，使用户快速了解公益内容，从而达到宣传推广的目的。

设计素养

3.2 调整对象位置

使用绘图工具绘制图形对象后，往往需要再次调整对象的位置、排列顺序等，才能更加贴合设计要求。调整对象位置可以使用翻转对象、合并对象、组合与分离对象、排列与对齐对象等功能来完成。

3.2.1 翻转对象

使用"翻转"功能可以水平或垂直翻转所选对象。其操作方法为：选择对象后，选择【修改】/【变形】/【垂直翻转】或【水平翻转】命令，或右击，在弹出的快捷菜单中选择【变形】/【垂直翻转】或【水平翻转】命令，对选择的对象进行翻转，如图3-33和图3-34所示。

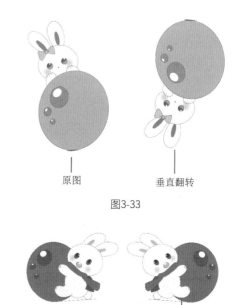

原图 　　　　　 垂直翻转

图3-33

原图 　　　　　 水平翻转

图3-34

3.2.2 合并对象

使用"合并对象"功能可将在对象绘制模式下绘制的图形合并。其操作方法为：选择对象后，选择【修改】/【合并对象】命令，在弹出的子菜单中包括"联合""交集""打孔""裁切"4个命令，具体介绍如下。

● 联合：选择该命令，可将两个或多个图形合成单个图形。联合后的图形将删除图形之间不可见的重叠部分，保留可见部分，效果如图3-35所示。

图3-35

● 交集：选择该命令，可使多个单独图形生成交集效果，生成的新图形由图形的重叠部分组成，并使用叠放在最上层图形的填充和笔触，效果如图3-36所示。

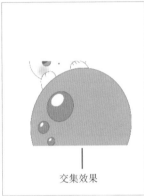

原图　　　　　　　　　交集效果

图3-36

● 打孔：选择该命令，可以在多个重叠的图形中，将被叠放在最上层图形覆盖的部分删除，生成的图形保持为独立对象，不会合并为单个对象，效果如图3-37所示。

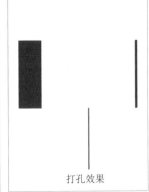

原图　　　　　　　　　打孔效果

图3-37

● 裁切：选择该命令，将由叠放在最上面的图形决定裁切区域的形状，并最终保留与最上面图形重叠的下层图

形，效果如图3-38所示。

原图　　　　　　　　　裁切效果

图3-38

技巧

"交集""打孔""裁切"命令只能用于单个完整的图形，若是分离图形、位图或矢量图形，则可先对其使用"联合"命令联合图形，然后进行相应操作。

3.2.3　组合与分离对象

用户在制作动画的过程中，如果需要对当前舞台中的多个对象进行统一编辑，则可将这些对象组合。当用户需要对组合中的单个对象进行编辑时，可将组合的对象分离，还可仅分离单个对象。

1. 组合对象

组合对象的操作方法为：使用"选择工具" ▶选择要组合的所有对象，选择【修改】/【组合】命令或按【Ctrl+G】组合键，将图形组合成一个整体，如图3-39所示。

图3-39

2. 分离对象

分离对象的操作方法为：使用"选择工具" ▶选择组合后的对象，选择【修改】/【分离】命令或在对象上右击，在弹出的快捷菜单中选择"分离"命令，也可直接按【Ctrl+B】组合键分离图形，如图3-40所示。

图3-40

3.2.4 排列与对齐对象

在Animate中，图形是依照绘制的顺序或出现在舞台中的顺序来叠加排列的。若最后出现在舞台中的图形与之前的图形重叠，则将遮挡之前的图形。用户可根据需要，更改图形的排列顺序，并可设置对象的对齐方式。

1. 排列对象

Animate会根据对象的创建顺序层叠对象，将最新创建的对象放在最上面。改变图形排列顺序的操作很简单，通常包括以下两种方法。

● 置于顶层或底层：选择【修改】/【排列】/【置于顶层】或【置于底层】命令，或在选择的对象上右击，在弹出的快捷菜单中选择【排列】/【置于顶层】或【置于底层】命令，可将选择的对象移动到层叠顺序的最上层或最下层，如图3-41所示。

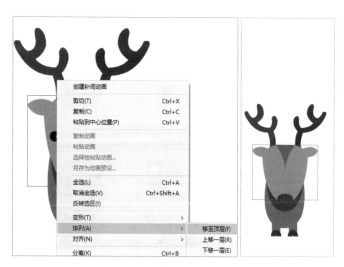

图3-41

● 上移一层或下移一层：选择【修改】/【排列】/【上移一层】或【下移一层】命令，或在其上右击，在弹出的快捷菜单中选择【排列】/【上移一层】或【下移一层】命令，可将选择的内容在层叠顺序中向上或向下移动一层，如图3-42所示。

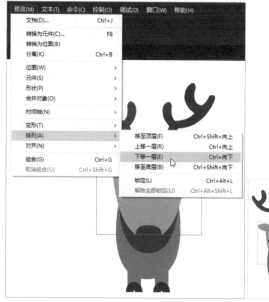

图3-42

2. 对齐对象

使用"对齐"面板可以帮助用户沿水平或垂直轴对齐所选对象，也可以指定对齐对象的边缘或中心。其操作方法为：选择要对齐的对象，选择【修改】/【对齐】命令，或按【Ctrl+K】组合键，打开"对齐"面板进行对齐操作。"对齐"面板如图3-43所示。

图3-43

● 对齐：使选择的对象在某方向上对齐，包括"左对齐""水平居中对齐""右对齐""顶对齐""垂直居中对齐""底对齐"。

● 分布：使选择的对象在水平或垂直方向上进行不同的对齐分布，包括"顶部分布""垂直居中分布""底部分布""左侧分布""水平居中分布""右侧分布"。

● 匹配大小：单击"匹配宽度"按钮![icon]，将以所选对象中宽度最大的对象为基准，在水平方向上等尺寸变形；单击"匹配高度"按钮![icon]，将以所选对象中高度最大的对象为基准，在垂直方向上等尺寸变形；单击"匹配宽和高"按钮![icon]，将以所选对象中高和宽最大的对象为基准，在水平和垂直方向上同时等尺寸变形。

● 间隔：单击"垂直平均间隔"按钮![icon]，所选对象将在垂直方向上等间距排列；单击"水平平均间隔"按钮![icon]，所选对象将在水平方向上等间距排列。

● "与舞台对齐"复选框：勾选该复选框，将以整个场景为基准调整对象位置，使所选对象相对于舞台左对齐、右对齐或居中对齐等。如果没有勾选该复选框，则对齐对象时以各对象的相对位置为基准。

范例 制作知乎个人主页封面

知识要点 导入素材、绘制形状、对齐对象、组合对象、合并对象

配套资源 素材文件\第3章\知乎个人主页封面.psd
效果文件\第3章\知乎个人主页封面.fla

扫码看视频

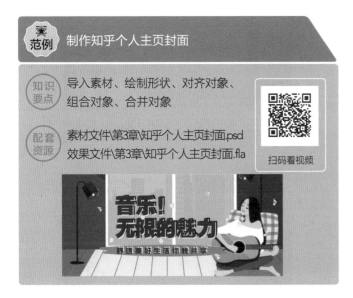

范例说明

知乎是高质量的问答社区和创作者聚集的原创内容平台。个人主页封面是个人在知乎平台展现自己的首要途径和主要窗口。本例将为一名爱好音乐的知乎用户设计个人主页封面，在设计时可通过绘制和编辑形状，展现出夜晚独自弹吉他的场景，体现出悠闲感和对音乐的热爱，同时提升封面的美观度。

操作步骤

1 启动Animate CC 2020，选择【文件】/【新建】命令，打开"新建文档"对话框，在右侧的"详细信息"栏中设置"宽"和"高"分别为"600像素""275像素"，单击![创建]按钮。

2 选择【文件】/【导入】/【导入到库】命令，打开"导入"对话框，选择需要导入的文件，这里选择"知乎

个人主页封面.psd"素材文件，单击![打开(O)]按钮。

3 打开"将'知乎个人主页封面.psd'导入到库"页面，保持默认设置不变，单击![导入]按钮，如图3-44所示。

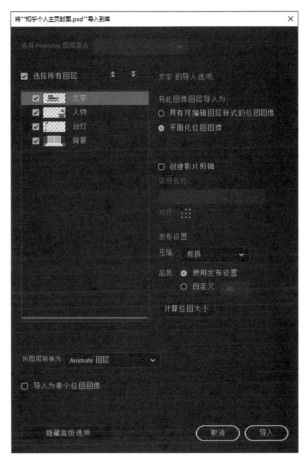

图3-44

4 按【Ctrl+L】组合键打开"库"面板，在打开的"知乎个人主页封面.psd"列表中选择"背景"素材，按住鼠标左键不放，将其拖曳到舞台上方，调整背景位置，如图3-45所示。

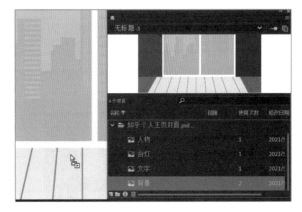

图3-45

5 新建图层，在"库"面板中选择"台灯"素材，按住鼠标左键不放，将其拖曳到背景左侧合适的位置。选择添加的台灯，按住【Alt】键不放，向右拖曳鼠标复制台灯，效果如图3-46所示。

图3-46

6 选择复制的台灯，在其上右击，在弹出的快捷菜单中选择【变形】/【水平翻转】命令，然后使用"选择工具"▶，将翻转后的台灯移动到图像右侧，如图3-47所示。

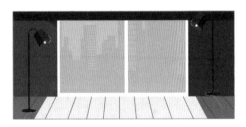

图3-47

7 选择复制的台灯，按【Ctrl+B】组合键分离台灯，然后使用"选择工具"▶框选超出舞台的区域，按【Delete】键删除，如图3-48所示。

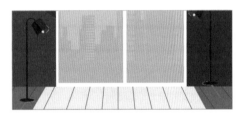

图3-48

8 再次在"库"面板中选择"人物"素材，按住鼠标左键不放，将其拖曳到图像右侧，然后使用"选择工具"▶选择全部素材，选择【修改】/【组合】命令，对素材进行组合，如图3-49所示。

图3-49

9 新建图层，选择"基本椭圆工具"◎，在"属性"面板中设置"填充"为"#FFCC00"，然后在左上角绘制两个60像素×60像素的正圆叠加显示，如图3-50所示。

图3-50

10 按住【Shift】键不放，使用"选择工具"▶依次选择绘制的正圆，然后选择【修改】/【合并对象】/【打孔】命令，制作月亮效果，如图3-51所示。

图3-51

11 选择月亮，在"属性"面板中设置"填充Alpha"为"60°"，效果如图3-52所示。

图3-52

12 再次在"库"面板中选择"文字"素材，按住鼠标左键不放，将其拖曳到图像中，使用"选择工具"▶选择文字和合并后的背景，打开"对齐"面板，单击"垂直中齐"按钮▣，将文字垂直居中对齐，如图3-53所示。

图3-53

13 调整整个页面的封面位置，效果如图3-54所示。按【Ctrl+S】组合键保存图像，并将其命名为"知乎个人主页封面"。

图3-54

3.3 优化对象

在制作动画的过程中，还可对绘制的动画对象进行优化，如对曲线进行优化、将线条转换为填充、扩展填充、柔化填充边缘等，以提升动画对象的美观度。

3.3.1 优化曲线

对曲线进行优化可以让曲线线条变得更加平滑。其优化方法为：选择需要优化的曲线，选择【修改】/【形状】/【优化】命令，或按【Ctrl+Shift+Alt+C】组合键，打开"优化曲线"对话框，在其中设置优化强度，单击 确定 按钮，打开提示对话框，其中显示了优化曲线的条数，单击 确定 按钮完成曲线的优化。优化后的曲线相对于原曲线更加平滑，如图3-55所示。

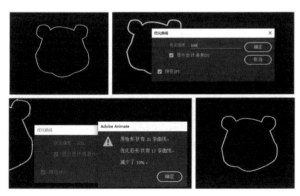

图3-55

"优化曲线"对话框中各选项的含义如下。

● 优化强度：在数值框中输入数值，数值越大，优化效果越明显，注意优化强度的最大值为"100"。

● 显示总计消息：勾选该复选框，在完成优化操作后，将打开提示框，其中显示了优化结果；若取消勾选该复选框，则不会打开提示框。

3.3.2 将线条转换为填充

绘制线条时，线条的粗细是固定的，只能通过设置"笔触大小"来调整，而将线条转换为填充后，绘制的线条将转换为填充色块，更加便于后期编辑。其转换方法为：选择要转换的对象，选择【修改】/【形状】/【将线条转换为填充】命令，将线条转换为填充，此时会发现选择线条的内外侧都有锚点，使用"部分选取工具" ▶ 拖曳锚点，可修改选择线条的形状，如图3-56所示。

图3-56

3.3.3 扩展填充

扩展填充能将填充的颜色向内收缩或向外扩展，增强图形绘制的便捷性。扩展填充方法为：选择要扩展填充的对象，选择【修改】/【形状】/【扩展填充】命令，打开"扩展填充"对话框，在其中设置"距离"和"方向"，单击 确定 按钮即可完成操作，如图3-57所示。

图3-57

"扩展填充"对话框中各选项的含义如下。

● 距离：在数值框中输入数值，设置扩展或收缩的距离，数值越大，填充颜色与轮廓距离越大。

● 扩展：选中该单选项，填充颜色将根据设置的距离向外扩展。图3-58所示为"距离"为"60像素"的扩展效果。

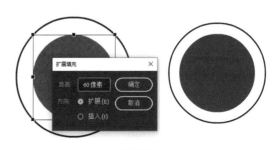

图3-58

● 插入：选中该单选项，填充颜色将根据设置的距离向内扩展。图3-59所示为"距离"为"120像素"的插入效果。

图3-59

3.3.4 柔化填充边缘

柔化填充边缘与扩展填充的功能类似，可以在填充方向上产生多个透明图形。其具体方法为：选择图形，选择【修改】/【形状】/【柔化填充边缘】命令，打开"柔化填充边缘"对话框，在其中设置"距离""步长数""扩展""插入"，单击 确定 按钮完成操作，如图3-60所示。

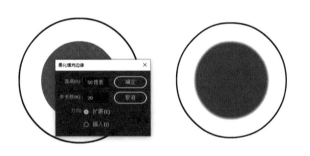

图3-60

实战 制作并优化按钮

知识要点 导入素材、绘制形状、对齐对象、组合对象、合并对象

配套资源 效果文件\第3章\游戏开始按钮.fla

扫码看视频

操作步骤

1 启动Animate CC 2020，选择【文件】/【新建】命令，打开"新建文档"对话框，在右侧的"详细信息"栏中设置"宽"和"高"都为"600"，单击 创建 按钮。

2 在右侧的"属性"面板中设置"舞台颜色"为"#B4B4B4"，选择"基本椭圆工具" ◎，在"属性"面板中设置"填充"为"#a0a0a0"，然后在舞台的中间区域绘制300像素×300像素的正圆，如图3-61所示。

3 选择绘制的正圆，按住【Alt】键不放，向上拖曳鼠标复制正圆，在"属性"面板中修改"填充"为"#700016"，如图3-62所示。

图3-61　　　　　　　　图3-62

4 选择最上方的正圆，按住【Alt】键不放，向上拖曳鼠标复制正圆，然后在"属性"面板中修改"填充"为"#F2EAE6"，选择【修改】/【形状】/【扩展填充】命令，打开"扩展填充"对话框，设置"距离"为"10"，选中"插入"单选项，单击 确定 按钮，完成后调整圆的位置，效果如图3-63所示。

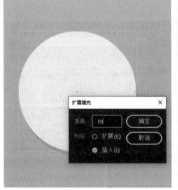 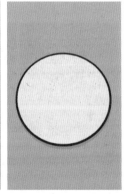

图3-63

5 选择最上方的正圆，选择【修改】/【形状】/【柔化填充边缘】命令，打开"柔化填充边缘"对话框，设置"距离"为"20"，"步长数"为"20"，选中"插入"单选项，单击 确定 按钮，完成柔化操作，效果如图3-64所示。

图3-64

6 再次选择最上方的正圆，复制正圆并修改"填充"为"#FFFFFF"，选择【修改】/【形状】/【扩展填充】命令，打开"扩展填充"对话框，设置"距离"为"20"，选中"插入"单选项，单击 **确定** 按钮，然后调整圆的位置，效果如图3-65所示。

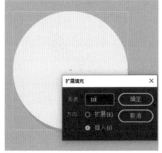

图3-65

7 选择"基本椭圆工具" ⬭，在"属性"面板中设置"填充"为"#F8542F"，然后在舞台的中间区域绘制225像素×225像素的正圆，如图3-66所示。

8 选择最上方的正圆，按【Ctrl+C】组合键和【Ctrl+V】组合键复制和粘贴两个正圆，并将复制的正圆移动到舞台的其他区域，在复制的两个正圆中，选择最下方的正圆，将"填充"修改为"#FF9279"，然后调整两个正圆的位置使其形成叠加效果，如图3-67所示。

图3-66   图3-67

9 使用"选择工具" ▶选择复制的两个正圆，然后选择【修改】/【合并对象】/【打孔】命令，制作半圆效果，使用"选择工具" ▶将其拖曳到按钮的左上角，作为按钮高光，如图3-68所示。

10 使用相同的方法，再次复制圆并修改最下方的圆的"填充"为"#e4431f"，选择两个圆并进行打孔操作，使用"选择工具" ▶将其拖曳到按钮的右下角，作为按钮的阴影，效果如图3-69所示。

图3-68   图3-69

11 由于高光和阴影有重叠部分，所以为了美观可选择投影部分形状，在其上右击，在弹出的快捷菜单中选择【排序】/【下移一层】命令，将其移动到高光下方。

12 选择阴影部分，打开"颜色"面板，在"颜色类型"下拉列表框中选择"线性渐变"选项，设置第1个滑块的颜色为"#E34926"，设置第2个滑块的颜色为"#F8542F"，调整色块的位置，此时可发现阴影部分的过渡效果更加自然，如图3-70所示。

图3-70

13 选择"多角星形工具" ⬢，在"属性"面板中设置"填充"为"#700016"，"边数"为"3"，然后在右侧的舞台中绘制三角形，效果如图3-71所示。

14 选择绘制的三角形，选择【修改】/【形状】/【将线条转换为填充】命令，选择"部分选取工具"▶，单击三角形可发现三角形的四周出现锚点，效果如图3-72所示。

图3-71　　　　　　　图3-72

15 选择"转换锚点工具"▶，在三角形的顶端单击调整平滑度，效果如图3-73所示。

16 复制2个三角形，然后修改复制三角形的"填充"分别为"#ECDDD9""#FFFFFF"，选择复制的三角形，选择【修改】/【形状】/【扩展填充】命令，打开"扩展填充"对话框，设置"距离"分别为"5"和"8"，选中"插入"单选项，单击 确定 按钮，完成后调整三角形的位置使其形成立体效果，如图3-74所示。

图3-73　　　　　　　图3-74

17 按住【Shift】键不放，使用"选择工具"▶依次选择三角形，然后选择"任意变形工具"▣，旋转并缩放三角形，效果如图3-75所示。

18 选择"基本椭圆工具"◉，在"属性"面板中设置"填充"为"#FFFFFF"，然后在按钮上方绘制不同大小的3个圆，如图3-76所示。

图3-75　　　　　　　图3-76

19 按【Ctrl+S】组合键保存图像，并将其命名为"开始按钮"。

3.4 美化对象

美化对象可以使用滤镜来完成。滤镜通过对对象使用一定的规则、添加特殊效果来提升对象的美观度，从而增强动画的吸引力。

3.4.1 添加滤镜

使用滤镜美化对象时，可直接在该对象的"属性"面板的"滤镜"栏中添加需要的滤镜。添加滤镜的方法为：选择要应用滤镜的对象，该对象可以是文本、影片剪辑、按钮。在"属性"面板中单击"滤镜"折叠按钮，在"滤镜"栏中单击"添加滤镜"按钮+，弹出的下拉菜单中列出了常用的滤镜选项，如投影、模糊、发光、斜角、渐变发光、渐变斜角、调整颜色等，在其中选择需要的滤镜，将打开对应的滤镜选项，设置滤镜参数后，即可添加滤镜，如图3-77所示。

图3-77

● 投影：该滤镜可对对象添加投影效果，使对象更加立体。使用该滤镜时，可调整投影的模糊效果、品质、角度、距离和颜色等。图3-78所示为添加投影前后的对比效果。

图3-78

● 模糊：该滤镜可以柔化对象的边缘和细节，使对象变得模糊，而且可以调整模糊的大小及品质。图3-79所示为添加模糊前后的对比效果。

图3-79

● 发光：该滤镜可以为对象的整个边缘添加颜色，以制造出发光的效果，常用于制作霓虹灯文字。使用该滤镜可以调整发光的模糊程度以及发光的颜色。图3-80所示为添加发光前后的对比效果。

图3-80

● 斜角：该滤镜类似于发光滤镜，所不同的是斜角是按照设置的角度和颜色，为图像的两侧分别添加不同的颜色。该滤镜的"类型"下拉列表框中包含内侧、外侧、全部3个选项，分别用于创建内斜角、外斜角和完全斜角。图3-81所示为添加内斜角前后的对比效果。

图3-81

● 渐变发光：该滤镜可在发光表面产生带渐变颜色的发光效果。渐变发光要求选择一种颜色作为渐变的开始颜色，并且所选颜色的Alpha值为"0"，颜色位置无法移动，但可重新设置。图3-82所示为添加渐变发光前后的对比效果。

图3-82

● 渐变斜角：可产生一种类似于浮雕的效果，使对象看起来像从背景上凸起，且斜角表面有渐变颜色。图3-83所示为添加渐变斜角前后的对比效果。

图3-83

● 调整颜色：可分别调整亮度、对比度、色相和饱和度，并根据这3个数值的不同产生颜色变化。图3-84所示为调整亮度和对比度前后的对比效果。

图3-84

3.4.2 禁用和启用滤镜

为对象应用滤镜后，当需要修改对象时，可发现软件运行缓慢，增加加载时间。此时可先禁用滤镜，当需要编辑或使用滤镜时，再启用滤镜。禁用和启用滤镜的方法为：在"滤镜"栏中单击要禁用的滤镜名称，单击"启用或禁用滤镜"按钮■，此时滤镜名称下的内容将被隐藏，其按钮将变

为 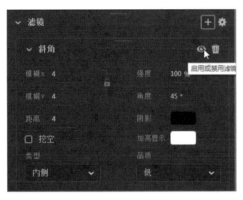 形状，若需要启用，则单击"启用或禁用滤镜"按钮 启用滤镜，如图3-85所示。

图3-85

若需要启用或禁用全部滤镜，则单击"选项"按钮 ，在弹出的下拉菜单中选择"启用全部"或"禁用全部"命令，如图3-86所示。

图3-86

3.4.3 删除滤镜

当不需要使用某个滤镜时，还可将其删除。删除滤镜的方法为：选择需要删除的滤镜，单击滤镜上方的"删除滤镜"按钮 。若需要删除全部滤镜，则单击"选项"按钮 ，

在弹出的下拉菜单中选择"删除全部"命令，如图3-87所示。

图3-87

技巧

在应用滤镜的过程中，如果需要为多个对象添加相同的滤镜效果，则可复制和粘贴滤镜。其操作方法为：选择需要复制的滤镜，单击"选项"按钮 ，在弹出的下拉菜单中选择"复制选定的滤镜"命令，然后选择需要应用滤镜的对象，单击"选项"按钮 ，在弹出的下拉菜单中选择"粘贴滤镜"命令，完成复制和粘贴操作。

范例 美化"新年新规划"公众号推文封面

知识要点 添加滤镜

配套资源 素材文件\第3章\"新年新规划"公众号推文封面.fla
效果文件\第3章\"新年新规划"公众号推文封面.fla

扫码看视频

范例说明

美观的推文封面可提升用户对推文的好感度。"新年新规划"公众号推文封面过于平面化，很难吸引用户注意，

为了提升推文封面的美观度，可为文字和图像添加滤镜效果，使整个推文更加有立体感。

1　打开"'新年新规划'公众号推文封面.fla"素材文件，在"时间轴"面板中选择"人物"所在图层，打开"属性"面板。

2　在"属性"面板的"滤镜"栏中单击"添加滤镜"按钮➕，在打开的列表中选择"投影"选项，如图3-88所示。

图3-88

3　完成滤镜的添加，然后设置"模糊X"为"21"，"模糊Y"为"14"，"距离"为"2"，"强度"为"100%"，"角度"为"45°"，"阴影"为"#000000"，"品质"为"低"，勾选"内阴影"复选框，如图3-89所示。

图3-89

4　在"属性"面板的"滤镜"栏中单击"添加滤镜"按钮➕，在打开的列表中选择"发光"选项。然后设置"强度"为"45%"，"颜色"为"#FFFFFF"，"品质"为"高"，勾选"内发光"复选框，如图3-90所示。

图3-90

5　在"属性"面板的"滤镜"栏中再次单击"添加滤镜"按钮➕，在打开的列表中选择"渐变斜角"选项，在下方的列表中设置"模糊X"为"1"，"模糊Y"为"10"，"距离"为"4"，"类型"为"内侧"，"渐变"为"#FFFFFF～#AD2B2B～#595959"，"品质"为"低"，如图3-91所示。

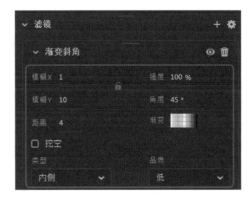

图3-91

6　选择"新年新规划"图层，在"属性"面板的"滤镜"栏中单击"添加滤镜"按钮➕，在打开的列表中选择"斜角"选项，在下方的列表中设置"模糊X"为"6"，"模糊Y"为"2"，"距离"为"4"，"类型"为"内侧"，"阴影"为"#000000"，"加亮显示"为"#FFFFFF"，"品质"为"中"，如图3-92所示。

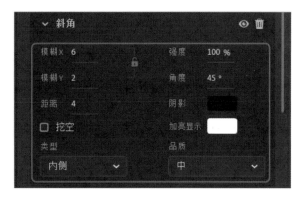

图3-92

7 在"属性"面板的"滤镜"栏中单击"添加滤镜"按钮➕，在打开的列表中选择"发光"选项，在下方的列表中设置"模糊X"为"2"，"模糊Y"为"5"，"颜色"为"#33FF66"，"品质"为"中"，如图3-93所示。

图3-93

8 选择"立即参与"图层，在"属性"面板的"滤镜"栏中单击"添加滤镜"按钮➕，在打开的列表中选择"投影"选项，设置"模糊X"为"21"，"模糊Y"为"18"，"距离"为"7"，"强度"为"55%"，"阴影"为"#B81E2D"，"品质"为"中"，勾选"内阴影"复选框，如图3-94所示。

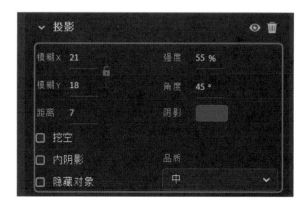

图3-94

9 再次添加"投影"滤镜，在下方的列表中设置"模糊X"为"21"，"模糊Y"为"10"，"距离"为"9"，"强度"为"31%"，"阴影"为"#000000"，"品质"为"低"，如图3-95所示。

10 完成后按【Ctrl+S】组合键保存图像。

图3-95

3.5 综合实训：制作企业Logo

企业Logo相当于企业的"门面"，好的Logo可以宣传企业，加深用户对企业的印象。本实训将使用Animate制作百世网络通信公司的企业Logo，便于宣传该企业。

3.5.1 实训要求

百世网络通信公司是一家互联网公司，企业宗旨为"现代、全球化、联通"。现在需要为其制作1 000像素×750像素的企业Logo，要求Logo要符合企业宗旨，并且要有空间感和科技感。

3.5.2 实训思路

（1）通过对企业性质进行分析，得知该企业为科技型企业。为了体现出科技感，在设计时可考虑以弧形为基础，制作出三维立体空间图案，意为全球联通的通信网络。

（2）在色彩的选择上也要体现出科技感，为了符合企业定位，可采用蓝色和紫色的色彩搭配，紫色的神秘、蓝色的延展使Logo更具科技感。

（3）在设计与制作上，可结合本章所学的编辑对象、调整对象位置、绘制形状图形、为文字添加滤镜效果等操作，提升整个Logo的美观度和设计感。

本实训完成后的参考效果如图3-96所示。

图3-96

3.5.3 制作要点

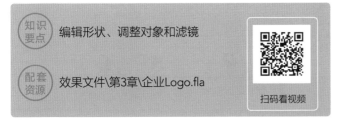

| 知识要点 | 编辑形状、调整对象和滤镜 |
| 配套资源 | 效果文件\第3章\企业Logo.fla |

扫码看视频

完成本实训主要包括绘制和编辑形状、添加滤镜两个部分，其主要操作步骤如下。

1　新建大小为1 000像素×750像素的文件。使用"椭圆工具" 在中间区域绘制正圆，然后绘制两个400像素×400像素且部分区域有交叉的正圆，删除交叉的区域，使其形成弯月效果。

2　选择弯月效果，拖曳复制形状，然后顺时针旋转90°，并将形状移动到图像左侧，修改形状颜色，效果如图3-97所示。

3　选择复制的弯月效果，再次对其进行复制，将其翻转，调整弯月的弧度和效果，然后将弯月移动到图像的左侧。

4　使用"矩形工具" 绘制矩形，将矩形倾斜显示，调整矩形的弧度和效果并移动到图像中，效果如图3-98所示。

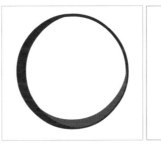　

图3-97　　　　图3-98

5　使用相同的方法，绘制其他矩形并变形。再绘制两个有部分区域交叉的正圆，删除交叉的区域，使其形成弯月效果，然后移动到图像的上方，调整外侧矩形到圆的顶部，使轮廓在图形上方显示，再在中间区域绘制500像素×500像素的正圆，效果如图3-99所示。

6　新建图层，使用"矩形工具" 在形状的下方绘制矩形，并输入"| 百世网络通信 |"文字，效果如图3-100所示。

7　为文字添加"投影"滤镜、"发光"滤镜和"斜角"滤镜。完成后按【Ctrl+S】组合键保存图像。

图3-99　　　　图3-100

1. 制作郊外场景

打开素材文件，调整素材文件中的背景、草地、太阳和云的大小和位置，再复制两朵云，使郊外场景效果更加丰富、美观，参考效果如图3-101所示。

> 配套资源
> 素材文件\第3章\制作郊外场景.fla
> 效果文件\第3章\制作郊外场景.fla

图3-101

2. 编辑天线屋顶动画

打开"天线屋顶"文档，在其中使用任意变形工具对

背景图形进行变形，再通过"变形"面板将变形的矩形复制并旋转3次，并为其设置不同的颜色。最后分离文字，并为文字部分笔画填充白色，参考效果如图3-102所示。

> 配套资源
> 素材文件\第3章\天线屋顶动画.fla
> 效果文件\第3章\天线屋顶动画.fla

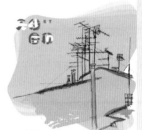

图3-102

在编辑动画对象时，若编辑的对象属于3D对象，则可以使用3D转换工具完成。常用的3D转换工具包括"3D平移工具"和"3D旋转工具"两种，其用法介绍如下。

● 使用"3D平移工具" ↥ 平移对象：使用该工具可控制对象在场景中的位置，尤其是在比较复杂的场景中，当景物有远近之分时，使用该工具能比较精确地得到远近区分的透视效果。"3D平移工具" ■ 的控件有红色和蓝色箭头以及中心的3个小黑点，分别用于控制对象在X轴、Y轴和Z轴上的移动。如果需要精确控制X轴、Y轴、Z轴，则可以在"属性"面板的"3D定位和查看"栏中直接设置"X""Y""Z"三个数值框中的数值，效果如图3-103所示。

● 使用"3D旋转工具" ■ 旋转对象：在场景中旋转对象时，默认情况下只能调整X轴和Y轴上的值，而使用3D旋转工具还可以调整Z轴上的值，使对象产生一种类似三维空间的透视效果。其操作方法为：选择需要旋

转的图形，选择"3D旋转工具" ■ ，此时在图形中心位置出现一个由橙、蓝、绿、红4种颜色组成的圆形控件，拖曳控件即可完成旋转操作，如图3-104所示。

图3-103

图3-104

第 4 章

文本、声音和视频

📖 **本章导读**

在制作动画时，若需要对动画中的某个图形或场景进行说明，则可以添加文本。除此之外，还可以通过添加声音和视频的方式丰富动画的效果，使动画更加生动。

🎓 **知识目标**

< 掌握文本的创建与编辑方法
< 掌握声音的导入与编辑方法
< 掌握视频的导入与编辑方法

🏆 **能力目标**

< 能够制作商品促销胶囊Banner
< 能够为海报添加音效
< 能够制作宣传海报

💗 **情感目标**

< 探索动画文案的编写技能与呈现方式
< 探索声音与视频在动画制作中的意义

4.1 创建与编辑文本

文本是动画的重要组成部分，在动画中添加文本，可以直观地传达设计人员或作品本身想要表达的意图，同时也可以使动画呈现出的视觉效果更加丰富。

4.1.1 输入文本

在Animate中输入文本有以下两种方式。

● 在工具箱中选择"文本工具" **T**，直接在舞台中需要输入文本的地方单击鼠标左键，此时出现一个文本输入框，该文本输入框的宽度会随着输入文本的增加自动延长，如图4-1所示。文本不会自动换行，需手动按【Enter】键换行。

图4-1

● 在工具箱中选择"文本工具" **T**，在舞台中需要输入文本的地方按住鼠标左键不放并拖曳鼠标，确定文本输入框的宽度，当输入的文本超过文本输入框的宽度时，文本会自动换行，如图4-2所示。

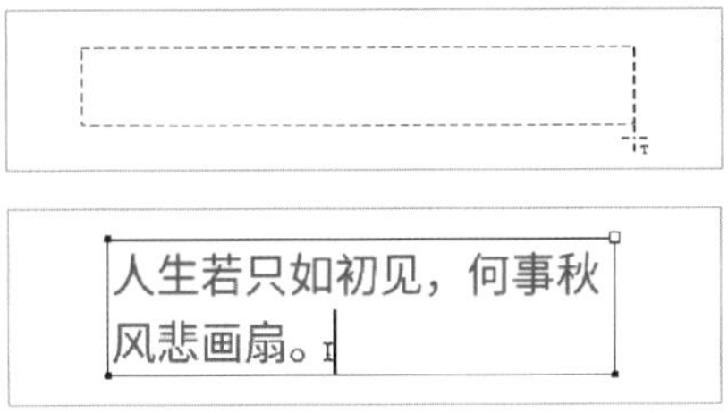

人生若只如初见，何事秋
风悲画扇。

图4-2

4.1.2　文本类型

选择"文本工具"，在右侧的"属性"面板的"实例行为"栏中，可选择创建文本的类型，包括静态文本、动态文本和输入文本3种，如图4-3所示。

图4-3

● 静态文本：静态文本是一种普通文本，在动画播放期间不能编辑与修改，即不能动态更新文本内容。

● 动态文本：动态文本可以通过脚本程序来改变其显示的文本内容。在动画播放过程中，可以输入和修改文本区域的文本内容。

● 输入文本：创建输入文本时会创建一个表单，通过脚本程序来获取用户输入的文本内容（HTML5 Canvas动画类型不支持输入文本）。在动画播放过程中，用户可输入文本，产生交互效果。

4.1.3　创建静态文本

选择"文本工具"，在右侧"属性"面板的"实例行为"栏中选择"静态文本"选项，其对应的"属性"面板如图4-4所示。

其中各主要选项的作用如下。

● "改变文本方向"按钮：单击该按钮可在弹出的列表中设置文本的方向，包括"水平""垂直""垂直，从左向右"3个选项。

● 位置和大小：在"宽"和"高"文本框中输入数据可调整文本框的大小。

● 字体：在该下拉列表框中可设置文本的字体，其中的选项为计算机中安装的字体。

● 大小：用于设置文本字体的大小。

● "字母间距"按钮：单击该按钮可设置文本每个字符的间隔。

● 颜色：用于设置文本的字体颜色。

● "自动调整字距"复选框：勾选该复选框可自动设置字符间距。

● 呈现：单击该下拉按钮，在列表中选择相应的选项，可设置文本的呈现方式。

● "切换上标"按钮：单击该按钮可将选择的文本设置为上标。

● "切换下标"按钮：单击该按钮可将选择的文本设置为下标。

图4-4

● 格式：用于设置段落的对齐方式，包括"左对齐"按钮、"居中对齐"按钮、"右对齐"按钮和"两端对齐"按钮4个按钮。

● 间距：其中"缩进"按钮右侧的数值框用于设置段落的首行缩进，"行距"按钮右侧的数值框用于设置文本的行间距。

● 边距：用于设置段落的缩进。其中"左边距"按钮右侧的数值框用于设置段落的左缩进，"右边距"按钮右侧的数值框用于设置段落的右缩进。

> **技巧**
>
> 若要将文本以粗体和斜体的方式显示，则可先选择文本，然后选择【文本】/【样式】命令，在弹出的子菜单中选择"仿粗体"命令，使文本以粗体的方式显示；选择"仿斜体"命令，可以使文本以斜体的方式显示。

4.1.4　创建动态文本

选择"文本工具"，在右侧"属性"面板的"实例行为"栏中选择"动态文本"选项，可在"属性"面板的"字符"区域设置文本属性,动态文本的属性与静态文本的属性大致相同,如图4-5所示。

图4-5

其他主要选项的作用如下。

● 实例名称:选择"动态文本"选项后,将显示该文本框,在该文本框中输入文本,可设置动态文本的名称。

● "将文本呈现为HTML"按钮 ⟨⟩:选择"动态文本"选项后,将激活该按钮,单击该按钮可指定当前文本框内的内容为HTML内容。

● "在文本周围显示边框"按钮 ▣:单击该按钮将显示文本框的边框和背景。

● 行为:当输入的文本多于一行时,在"行为"下拉列表框中可选择行为选项,包括"单行""多行""多行不换行"3种。"单行"是指文本以单行显示;"多行"是指输入的文本大于设置的文本限制时,将被自动换行;"多行不换行"是指输入的文本为多行时,不会自动换行。

4.1.5　创建输入文本

选择"文本工具" T,在右侧"属性"面板的"实

例行为"栏中选择"输入文本"选项,其"属性"面板如图4-6所示。

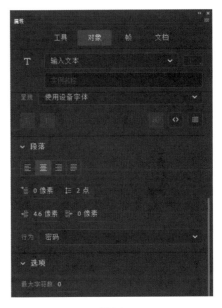

图4-6

在"段落"区域的"行为"下拉列表框中选择"密码"选项,输入的文本将显示为星号,如图4-7所示。

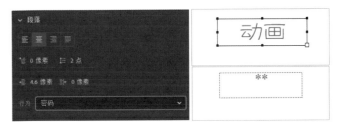

图4-7

在"选项"区域的"最大字符数"选项中可以设置最多能输入多少个字符,其默认值为"0",即不限制输入的字符数;若设置数值,则该数值即为输出SWF影片时显示的最大字符数。

范例　制作"商品促销"胶囊 Banner

知识要点　输入静态文本、添加滤镜、设置文本属性

配套资源　素材文件\第4章\胶囊Banner
背景.png
效果文件\第4章\"商品促销"
胶囊Banner.fla

扫码看视频

范例说明

　　胶囊Banner属于Banner的一种，通常以弹出框的形式展现，常在用户打开某App程序或网页后自动弹到页面中，用于提醒用户点击查看Banner内容。在儿童节即将到来之际，某公司要设计一款整体尺寸为1 200像素×448像素的胶囊Banner，用于商品促销。在设计上，考虑以粉色为主色，并通过儿童、气球等素材展现节日气氛。在文字排版上，胶囊Banner的文字分为两个部分，主要文字区域用于突出主题，次要文字区域用于展现胶囊Banner的具体内容。

操作步骤

1 启动Animate CC 2020，选择【文件】/【新建】命令，打开"新建文档"对话框，在右侧的"详细信息"栏中设置"宽"和"高"分别为"1200""448"，单击 创建 按钮。

2 在右侧的"属性"面板中设置"背景颜色"为"#O6A8D0"。

3 将"胶囊Banner背景.png"素材文件导入舞台中，使用"任意变形工具" 将添加的背景调整至合适的大小和位置，效果如图4-8所示。

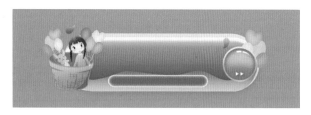

图4-8

4 在"时间轴"面板中单击"新建图层"按钮 新建图层，并将其命名为"标题文字"。

5 选择"文本工具" ，在"属性"面板的"实例行为"栏中选择"静态文本"选项，设置"字体"为"汉仪小麦体简"，"大小"为"95pt"，取消勾选"自动调整字距"复选框，在"选择字距调整量"数字框中输入"-5"，设置"填充"为"#FFFF00"，如图4-9所示。

6 在舞台的中间区域单击鼠标左键，此时出现一个文本输入框，在其中输入"儿童节半价购"文本，该文

本输入框的宽度将随着输入文本的增加自动延长，如图4-10所示。

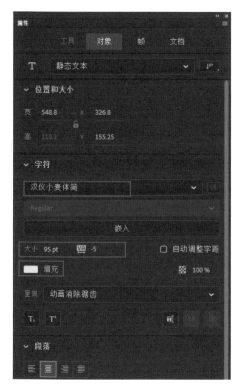

图4-9

图4-10

7 选择"半价购"文本，将"文本颜色"修改为"#FFFFFF"，效果如图4-11所示。

图4-11

8 选择"半价购"文本，选择【文本】/【样式】命令，在弹出的子菜单中选择"仿粗体"命令，将文本加粗，效果如图4-12所示。

图4-12

9 在"属性"面板的"滤镜"栏中单击"添加滤镜"按钮 ➕，在打开的列表中选择"投影"选项，如图4-13所示。

图4-13

10 完成滤镜的添加，然后设置"模糊X"为"2"，"模糊Y"为"0"，"距离"为"4"，"强度"为"104%"，"阴影"为"#66CDFF"，"品质"为"高"，如图4-14所示。

图4-14

11 使用同样的方法添加"发光"滤镜，并设置"强度"为"45%"，"颜色"为"#FFFFFF"，"品质"为"高"，勾选"内发光"复选框，如图4-15所示。

图4-15

12 再次选择"文本工具" T，在"属性"面板中设置"字体"为"方正韵动中黑简体"，"大小"为"31pt"，在舞台中输入"·全场3件7.5折两件6折·"文本，效果如图4-16所示。

图4-16

13 选择"文本工具" T，在"属性"面板中设置"字体"为"方正综艺简体"，"大小"为"50pt"，"填充"为"#FFFFFF"，然后输入"GO"文本，如图4-17所示。

图4-17

14 在"属性"面板的"滤镜"栏中单击"添加滤镜"按钮 ➕，在打开的列表中选择"斜角"选项，在下方的列表中设置"模糊X""模糊Y"均为"0"，"距离"为"−2"，"类型"为"外部"，"阴影"为"#FFFF00"，"加亮显示"为"#0066FF"，"品质"为"高"，如图4-18所示。

图4-18

15 再次单击"添加滤镜"按钮 ➕，在打开的列表中选择"发光"选项，在下方的列表中设置"模糊X"为"0"，"模糊Y"为"9"，"强度"为"100%"，"颜色"为"#F94153"，"品质"为"中"，如图4-19所示。

图4-19

16 按【Ctrl+S】组合键保存图像，最终效果如图4-20所示。

图4-20

胶囊Banner和弹窗广告都属于弹出式广告，通常在打开App程序或网页时出现，其背景大都透明显示。除此之外，两者还存在一定的区别。

● 从尺寸上区分：胶囊Banner的整体尺寸大多为1 200像素×448像素，其中的主要信息区尺寸多为1 200像素×208像素～448像素。而弹窗广告的尺寸有920像素×920像素、960像素×1 080像素两种，不同尺寸对应不同内容。

● 从样式上区分：胶囊Banner没有全屏填充，一般做圆角设计，而弹窗广告则没有相关规定。

● 从设计风格和设计内容上区分：在设计风格上，胶囊Banner的关键信息（如主标、利益点）要突出，整体文字不宜过多，一般为2～3行，配色要清晰明确，一般会搭配比较明确的引导性按钮，通常采用"素材+信息""商品+信息""促销+信息"3种形式。而弹窗广告则分为常规促销、卡片式两种形式，不同形式的弹窗广告设计要求不同。常规促销的设计内容应该在920像素×920像素范围内，其促销信息要明确，内容颜色要醒目。卡片式弹窗广告设计可满足更多弹窗样式需求，如卡片式红包等，其内容信息不以促销为目的，并且更加多样化。

设计素养

4.2 添加与编辑声音

声音是Animate动画的一个重要组成元素，它可以使动画更加完整和生动。下面介绍在Animate中为动画添加与编辑声音的方法。

4.2.1 声音的格式

声音的格式有很多种，从低品质到高品质的格式都有。通常我们在听歌时，接触最多的有MP3、WAV、WMA、AAC等格式。

由于Animate CC 2020最终发布出来的动画格式是HTML5的网页文件，所以在HTML5 Canvas格式下，Animate也只能导入HTML5网页所支持的WAV和MP3格式的声音文件。

● WAV格式：WAV格式是微软和IBM公司共同开发的PC的标准音频格式，这种音频格式将直接保存声音波形的采样数据。因为数据没有经过压缩，所以声音的品质很好，但是WAV格式占用的磁盘空间很大，通常一首5分钟左右的歌曲会占用50MB左右的磁盘空间。

● MP3格式：MP3格式是一种压缩的音频格式。相比于WAV格式文件来说，MP3格式文件更小，通常5分钟左右的歌曲只需占用5～10MB的磁盘空间，这是因为它的比特率只有32～320kbit/s。虽然MP3是一种压缩格式，但它拥有较好的声音质量，加上文件较小，便于在互联网上传输，所以使用广泛。

4.2.2 导入声音

准备好声音素材后就可以在Animate动画中导入声音，一般可将外部的声音先导入"库"面板中。其操作方法为：选择【文件】/【导入】/【导入到库】命令，在打开的"导入到库"对话框中选择要导入的声音文件，单击 打开(O) 按钮，完成导入声音的操作。

导入完成后，打开"库"面板，可发现选择的声音已经添加进去，如图4-21所示。

4.2.3 添加声音

将声音导入库中后，可以在动画中添加声音。一般在Animate动画中添加声音主要通过"时间轴"面板和按钮元件两种方式来实现。

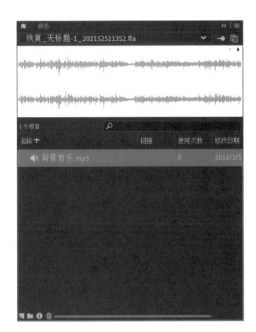

图4-21

1. 在"时间轴"面板中添加声音

为了让动画更具特色，可以在"时间轴"面板中添加一些特殊的音效或背景音乐。其操作方法为：在"时间轴"面板中单击"新建图层"按钮，新建图层。在新建图层中需要添加声音的帧上右击，在弹出的快捷菜单中选择"插入空白关键帧"命令，在"属性"面板的"声音"下拉列表框中选择需要添加的声音，添加声音文件后，在新建图层中可发现添加的声音效果，如图4-22所示。

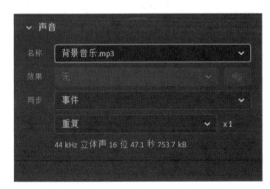

图4-22

2. 在按钮元件上添加声音

在Animate中，可为按钮元件的4种不同状态添加声音，使其在操作时具有更强的互动性。其操作方法为：打开需要添加声音的文档，在"库"面板中双击需要添加声音的按钮元件，进入按钮元件的编辑。将库中的声音文件拖入舞台中，添加声音后的按钮元件的帧的状态如图4-23所示。返回主场景，完成在按钮元件上添加声音的操作。

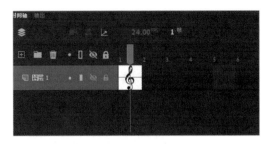

图4-23

4.2.4 修改或删除声音

在"时间轴"面板中添加了声音文件后，若是对添加的声音不满意，还可以通过"属性"面板将声音文件更换为其他的声音或删除。

● 修改声音：将需要修改的声音文件添加到"库"面板中，在"时间轴"面板中选择已添加声音的帧，在"属性"面板的"声音"栏的"名称"下拉列表框中选择更换的声音文件。

● 删除声音：在"时间轴"面板中选择已添加声音的帧，在"属性"面板的"声音"栏的"名称"下拉列表框中选择"无"选项，如图4-24所示。

图4-24

4.2.5 设置声音播放效果

在动画中添加声音后，有时需要对声音播放的效果进行调整，使其与动画效果更贴合。其操作方法为：选择需要的音效，在"属性"面板的"效果"下拉列表框中选择相应的声音播放效果选项，如图4-25所示。

"效果"下拉列表框中各选项的作用如下。

● 无：不使用任何效果。
● 左声道：只在左声道播放音频。
● 右声道：只在右声道播放音频。

图4-25

● **向右淡出**：声音从左声道传到右声道，并逐渐减小其幅度。

● **向左淡出**：声音从右声道传到左声道，并逐渐减小其幅度。

● **淡入**：会在声音的持续时间内逐渐增加其幅度。

● **淡出**：会在声音的持续时间内逐渐减小其幅度。

● **自定义**：自行创建声音效果，并利用"音频编辑"对话框编辑音频。

4.2.6 设置声音同步方式

添加声音后，可以通过"属性"面板中的同步功能对声音和动画的播放过程进行协调，优化动画效果。"属性"面板的"同步"下拉列表框中包含4种模式，如图4-26所示。

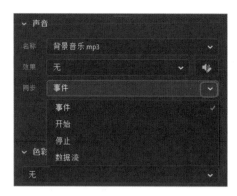

图4-26

● **事件**：选择该模式可以使声音与事件的发生同步开始。当动画播放到声音的开始关键帧时，事件音频开始独立于时间轴播放，即使动画停止，声音也会播放直至完毕。

● **开始**：如果在同一个动画中添加了多个声音文件，

并且它们在时间上某些部分是重合的，则可将声音设置为开始模式。在这种模式下，如果有其他的声音正在播放，则到了该声音开始播放的帧时，会自动取消该声音的播放，只有没有其他的声音在播放时，该声音才会开始播放。

● **停止**：停止模式用于停止播放指定的声音，如果将某个声音设置为停止模式，则当动画播放到该声音开始播放的帧时，该声音和其他正在播放的声音都会在此时停止。

● **数据流**：数据流模式用于在Animate中自动调整动画和音频，使它们同步，主要用于在网络上播放流式音频。在输出动画时，流式音频混合在动画中一起输出。

4.2.7 设置声音播放次数

在图层中选择已添加声音的帧，在"属性"面板的"声音"栏中选择"同步"下拉列表框中的"重复"选项，在其后的数值框中可以设置声音文件的播放次数，如图4-27所示。选择"循环"选项，将一直循环播放声音文件。

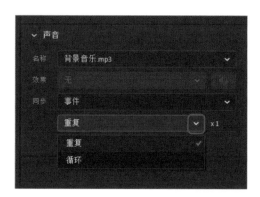

图4-27

4.2.8 剪辑声音

在将声音文件导入Animate后，若不需要部分声音，则可以通过"编辑封套"对话框对声音进行剪辑。其操作方法为：将一个声音文件导入库中，并将导入的声音文件添加到"时间轴"面板中，然后在其中选择插入声音的关键帧，在"属性"面板中单击"编辑声音封套"按钮 🔊，打开"编辑封套"对话框。

在该对话框中拖曳时间轴上左侧的滑块至需要的声音开始位置，再拖曳该对话框中的滚动条至最右侧，然后拖曳右侧滑块至需要的声音结束位置，最后单击 确定 按钮，如图4-28所示。声音被剪辑后，"时间轴"面板中声音的第1帧也会变为左侧滑块所标记的位置。

图4-28

4.2.9 调整音量

在制作动画时，需要根据动画气氛提高或降低音量。调整音量的方法为：在"属性"面板中单击"编辑声音封套"按钮 🔊，打开"编辑封套"对话框，使用鼠标调整左右的音量控制线可提高和降低音量，完成后单击 确定 按钮，如图4-29所示。

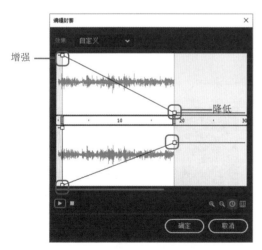

图4-29

> **技巧**
>
> 在"编辑封套"对话框中，要删除音量控制线上多余的控制柄，可将其选中，在按住鼠标左键不放的同时，将控制柄向两边拖出声音波形窗口。

4.2.10 设置声音的属性

双击"库"面板中的声音文件图标，在打开的"声音属性"对话框中显示了声音文件的相关信息，包括文件名、文件路径、创建时间和声音的长度等，如图4-30所示。

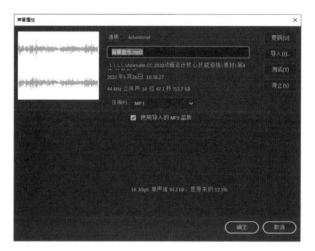

图4-30

如果导入的声音文件在外部进行了修改，则单击 更新(U) 按钮可以更新声音文件，单击 导入(I) 按钮可以重新选择一个声音文件来替换当前的声音文件，单击 测试(T) 按钮和 停止(S) 按钮可以播放和停止播放声音文件。

"压缩"下拉列表框中有"默认"和"MP3"两个选项，选择"默认"选项，将使用"MP3，单声道"格式对声音文件进行压缩；选择"MP3"选项且勾选"使用导入的MP3品质"复选框，将使用MP3文件原先的压缩格式；选择"MP3"选项且取消勾选"使用导入的MP3品质"复选框，将显示详细的压缩选项，并可以手动进行设置，如图4-31所示。

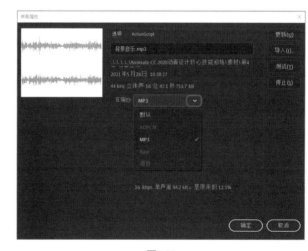

图4-31

技巧

"编辑封套"对话框的"效果"下拉列表框中的选项与"属性"面板的"效果"下拉列表框中的选项相同，可直接进行效果设置。

 实战 为"家装节海报"添加音效

知识要点 添加声音、设置声音效果、设置声音播放方式、编辑声音封套

配套资源 素材文件\第4章\家装节海报.fla、背景音乐.mp3
效果文件\第4章\家装节海报.fla

扫码看视频

操作步骤

1 打开"家装节海报.fla"素材文件，然后选择【文件】/【导入】/【导入到库】命令，在打开的"导入到库"对话框中选择"背景音乐.mp3"素材文件，单击 打开(O) 按钮，如图4-32所示。

图4-32

2 在"时间轴"面板中单击"新建图层"按钮■新建图层，并将其命名为"音乐"，如图4-33所示。

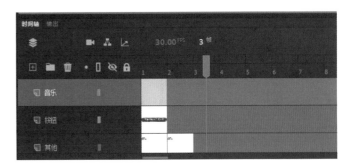

图4-33

3 按【Ctrl+L】组合键打开"库"面板，选择"背景音乐.mp3"选项，按住鼠标左键不放，将其拖曳到舞台中，此时可发现音乐图层中已经添加了音乐，如图4-34所示。

图4-34

4 在"时间轴"面板中选择"音乐"图层，打开"属性"面板，在"效果"下拉列表框中选择"向右淡出"选项，如图4-35所示。

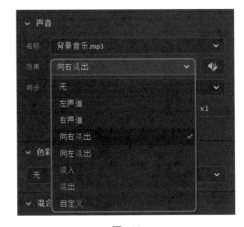

图4-35

5 在"同步"下拉列表框中选择"开始"选项，设置声音同步效果，如图4-36所示。

6 在"声音循环"下拉列表框中选择"循环"选项，设置声音循环效果，如图4-37所示。

图4-36

图4-37

7 在"属性"面板中单击"编辑声音封套"按钮，打
开"编辑封套"对话框，使用鼠标将滑块拖曳到结尾
处，选择上方声音的控制柄，向上拖曳提高音量，然后选择
下方声音的控制柄，向下拖曳降低音量，完成后单击 确定
按钮，如图4-38所示。

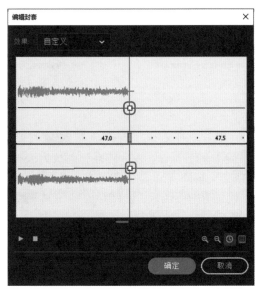

图4-38

8 按【Ctrl+Enter】组合键测试动画，在动画播放的整个
过程中都可听到添加的声音。按【Ctrl+S】组合键保

存文件，完成操作，如图4-39所示。

图4-39

4.3 添加与编辑视频

在Animate中除了可以添加与编辑声音外，还可以添
加与编辑视频。在对视频进行添加和编辑前，需要先
认识视频的格式，然后进行视频的导入和编辑操作。

4.3.1 认识视频的格式

在Animate CC 2020中只能导入HTML5所支持的视频格
式，包括MP4、Ogg、Ogv和WebM 4种。

● MP4：MP4是一套用于音频、视频信息的压缩编码
标准，由国际标准化组织（ISO）和国际电工委员会（IEC）
下属的"动态图像专家组"（Moving Picture Experts Group，
MPEG）制定，主要用于网上视频、光盘、语音发送（视频
电话），以及电视广播等。

● Ogg：Ogg是一种音频压缩格式，可以纳入各式各样
自由和开放原始码的编解码器，包含音频、视频、文本（如
字幕）等内容。

● Ogv：Ogv是HTML5中一个名为Ogg Theora的视频格
式，起源于Ogg容器格式。

● WebM：WebM是一个开放、免费的媒体文件格式。
WebM格式的视频是基于HTML5标准的，其中包括了VP8
影片轨和Ogg Vorbis音轨。WebM旨在为向每个人都开放的网
络开发高质量、开放的视频格式，其重点是解决视频服务这
一核心的网络用户体验。

4.3.2 导入视频

在Animate CC 2020中编辑视频，首先需要导入视频文

件。其操作方法为：选择【文件】/【导入】/【导入视频】命令，打开"选择视频"对话框，选择播放位置和视频文件，然后依次单击 下一步» 按钮，完成视频素材的导入。

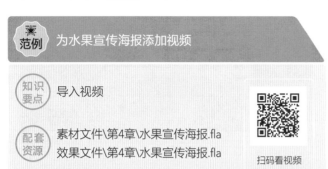

范例　为水果宣传海报添加视频

知识要点　导入视频

配套资源　素材文件\第4章\水果宣传海报.fla
效果文件\第4章\水果宣传海报.fla

扫码看视频

范例说明

　　小李承包了一家果园，正值水果上市时节，为了拓展销售渠道，小李决定在朋友圈中发布水果宣传海报。该海报已制作完成，为了方便用户查看果园信息，需要在海报的下方导入小李拍摄的果园视频，提升整个海报信息的可信度，促使更多用户下单购买。

扫码看效果

操作步骤

1　打开"水果宣传海报.fla"素材文件，选择【文件】/【导入】/【导入视频】命令，打开"导入视频"对话框，在"在您的计算机上："栏下选中"使用播放组件加载外部视频"单选项，单击 浏览 按钮，如图4-40所示。

图4-40

2　打开"打开"对话框，在其中选择"水果视频.mp4"素材文件，单击 打开(O) 按钮，如图4-41所示。

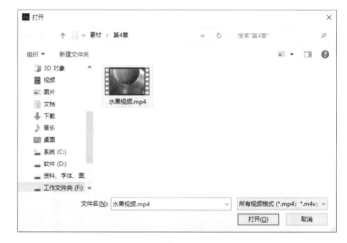

图4-41

3　返回"选择视频"页面，单击 下一步» 按钮。打开"设定外观"页面，在"外观"下拉列表框中选择"SkinUnderAllNoFullNoCaption.swf"选项，单击"颜色"右侧的色块，设置边框颜色为"#FFCC00"，单击 下一步» 按钮，如图4-42所示。

4　打开"完成视频导入"页面，其中展示了视频的相关信息，单击 完成 按钮，如图4-43所示。

5　此时可发现选择的视频已经添加到舞台上方，调整视频的位置和大小，完成后按【Ctrl+Enter】组合键可播放整个视频，效果如图4-44所示。

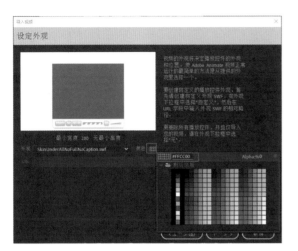

图4-42

图4-43

图4-44

4.3.3　用组件载入外部视频

除了直接导入视频文件外，用户还可以通过添加组件的方法从外部载入视频文件。使用这种方法载入的视频文件可以很方便地进行修改。其操作方法为：选择【窗口】/【组件】命令，或按【Ctrl+F7】组合键，打开"组件"面板。展开"Video"文件夹，在其中双击"FLVPlayback"组件可发现播放器组件已添加到舞台中，如图4-45所示。

图4-45

在舞台中选择插入的播放器组件，在"属性"面板中的"FLVPlayback"选项后单击"显示参数"按钮，打开"组件参数"面板，在左侧选择"source"选项卡，在右侧单击按钮，如图4-46所示。

图4-46

打开"内容路径"对话框，单击按钮，打开"浏览源文件"对话框，在其中选择需要插入的视频文件，单击 打开(O) 按钮。返回"内容路径"对话框，在其中单击 确定按钮，如图4-47所示。播放器组件中将会显示载入的视频文件，并可在组件中播放视频。

图4-47

小测 制作旅游宣传册

配套资源\效果文件\第4章\旅行宣传册.jpg、风景.mp4
配套资源\效果文件\第4章\旅行宣传册.fla

　　为"旅行宣传册"添加视频，要求设计时先导入视频，然后调整视频的位置和大小，方便用户阅读旅行地的具体信息，参考效果如图4-48所示。

图4-48

4.4 综合实训：制作网络招聘广告

网络招聘广告主要是指在网站、微博等新媒体平台上发布的公开招聘广告，是应聘者获得招聘信息的主流渠道。使用Animate可以制作出醒目、有吸引力的网络招聘广告，制作时还可以添加声音、视频等元素，丰富招聘广告的呈现形式和效果。

4.4.1　实训要求

　　墨韵装饰是一家装饰公司，近期需要招聘人员，现要求制作一份网络招聘广告，用于在公司网站和微博中宣传使用。要求整个广告要体现出招聘员工的职位、人数、招聘条件、薪酬条件等基本信息，以及电话、公司地址。本实训已提供招聘广告的背景素材，需要加入文本并排版。

4.4.2　实训思路

　　（1）通过对提供的背景素材进行分析，可以发现整个背景颜色的纯度较高，若是添加的文字不够醒目，则很难将招聘信息凸显出来，因此可以考虑将重点信息以不同颜色的文字突出显示，以吸引用户的注意力。

　　（2）本实训招聘广告的文字内容较多，因此需要提炼后进行排列展示，主要包括大标题（招聘大标题）、正文（招聘信息）、附文（电话和地址）等，力求简明易懂、直观清晰。

　　（3）招聘广告需要用户快速阅读相关信息，所以在正文内容的排版上，可将招聘内容依次对齐，让用户能更加直观地浏览信息。

　　（4）考虑到有可能要进行网上传播，可在招聘广告中添加声音，让其更加突出。

　　本实训完成后的参考效果如图4-49所示。

学习笔记

图4-49

4.4.3 制作要点

 知识要点　文字工具、钢笔工具、任意变形工具、选择工具

 配套资源　素材文件\第4章\招聘广告素材.fla、背景音乐1.wav

效果文件\第4章\招聘广告.fla

 扫码看视频

完成本实训主要包括输入文字、对文字变形、美化文本3个部分，其主要操作步骤如下。

1 打开"招聘广告素材.fla"文件。新建一个图层，使用"文本工具"  输入"诚聘精英"文本，并对文本进行倾斜变形和分离，再调整每个文本的大小，效果如图4-50所示。

2 输入英文"RECRUITMENT"，对文本进行倾斜变形。使用"钢笔工具" 在"RECRUITMENT"文

本下方绘制一个三角形，并填充颜色。

3 选择"诚聘精英"文本、"RECRUITMENT"文本和三角形，按两次【Ctrl+B】组合键将所选内容转换为普通图形，并导入"背景.png"文件，设置图形的"填充类型"为"位图填充"，效果如图4-51所示。

图4-50　　　　　　　　图4-51

4 在中间的蓝色方框中输入文本"加入我们"，然后分离文本，选择"墨水瓶工具" ，依次单击文本中的每一个边缘，为文本添加边框。

5 在浅黄色方框中输入图4-52所示招聘职位的具体信息，在浅黄色方框底部输入电话和地址。

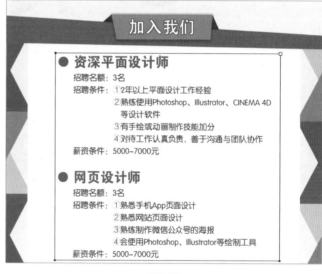

图4-52

6 新建图层并将其命名为"音乐"。将"背景音乐1.wav"素材文件添加到库中，并将其拖曳到舞台上方。

7 在时间轴上选择"音乐"图层，打开"属性"面板，在"效果"下拉列表框中选择"向右淡出"选项，设置声音效果。

8 按【Ctrl+S】组合键保存文件。

学习笔记

巩固练习

1. 制作中秋横幅广告

本练习将制作中秋横幅广告，要求体现出中秋主题，并通过文字展现广告内容，参考效果如图4-53所示。

> 配套
> 资源
> 素材文件\第4章\中秋横幅广告.fla
> 效果文件\第4章\中秋横幅广告.fla

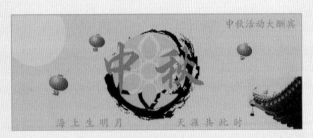

图4-53

2. 制作运动视频动画

本练习将在制作完成后的海报中添加运动视频，方便用户了解冲浪这项运动，参考效果如图4-54所示。

> 配套
> 资源
> 素材文件\第4章\运动视频动画.fla
> 效果文件\第4章\运动视频动画.fla

图4-54

技能提升

在编辑文本、声音和视频的过程中，除了前面所学的知识外，还可以了解快速替换字体、填充文本等操作方法，以及声音的位深和声音的声道等声音的基础知识。

1. 快速替换字体

使用查找和替换功能可以快速将动画文件中的某一种字体替换为另一种字体，或者将所有字体替换为同一种字体。

其操作方法为：按【Ctrl+F】组合键打开"查找和替换"面板，在"搜索"下拉列表框中选择"字体"选项实现字体的替换功能，如图4-55所示。在"查找"下拉列表框中可以选择要查找的字体，如果选择"任何字体"选项，则查找所有的字体。勾选"大小"复选框，将只查找指定大小范围内的字体。在"替换"下拉列表框中可以选择替换后的字体，勾选"大小"复选框，会将查找到的字体替换为指定大小。在"关联"下拉列表框中可以选择查找范围，有"当前帧""当前场景""当

前文档""所有打开的文档"4个选项。

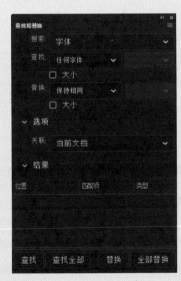

图4-55

2. 文本的渐变填充

在输入文本的过程中，还可以为输入的文本填充渐变颜色。其操作方法为：选择输入的文本，按两次【Ctrl+B】组合键，将文本转换为填充图形，选择【窗口】/【颜色】命令，打开"颜色"面板，单击"填充"按钮 ，在"颜色类型"下拉列表框中选择"线性渐变"或"径向渐变"后，在下方单击滑块设置渐变颜色，文本将根据设置发生变化，如图4-56所示。

3. 声音的位深

位深是指声音文件中每个声音样本的精确程度，也可以说声音的质量主要取决于位深。位深的单位是位，位数越多，声音的精确度越高，音质也就越好。表4-1所示为不同位深的声音品质及用途。

图4-56

学习笔记

表 4-1　位深的声音品质及用途

位深	声音品质	用途
8 位	演讲、背景人声效果	人声或音效
10 位	广播收音机效果	音乐片段
12 位	接近 CD 效果	效果好的音乐片段
16 位	CD 效果	富于变化的声音或要求高的音乐
24 位	专业录音棚效果	制作音频母带

4. 声音的声道

人耳能分辨出声音的方向和距离。为了使声音听起来更自然生动，在声音编辑中就有了声道的概念。声道可以简单地理解为声音的通道，而所谓的立体声都是由两个以上的声道组成的。在制作立体声时，会将声音分为多个声道，再根据需要选择性地对声道进行单个播放、混合播放。

因为每个声道的数据量基本都是相同的，所以声音文件每多一个声道，声音文件的大小将变大一倍。因此，为了Animate的正常发布，Animate中的声音一般都会使用单声道。

第5章

图层与帧

本章导读

在Animate中制作动画的关键是对"时间轴"面板中的图层和帧进行操作，只有在不同的帧或图层中添加不同的内容，将内容组合在一起进行播放，才能产生动画效果。因此，只有掌握了帧和图层的基本操作，才能使动画对象随着帧的播放而运动。

知识目标

< 了解图层的基本操作
< 熟悉帧的使用方法

能力目标

< 能够编辑炫酷海报
< 能够制作动态宣传海报
< 能够制作产品推广H5页面

情感目标

< 养成合理、规范的图层管理习惯，提高动画制作效率
< 认识帧在Animate动画制作中的重要性

5.1 图层的基本操作

图层就像堆叠在一起的多张幻灯片，每个Animate动画至少包含一个图层。在制作动画时，可将动画中的不同元素放置在不同图层上，如制作奔跑动画时，可将奔跑动作分解为多张图像，然后将各个图像放在不同的图层上，方便后期进行动画制作。

5.1.1 图层的类型

Animate中的图层有助于在文档中组织各个元素，便于编辑动画。当一个Animate文档中出现多个图层时，上面图层的内容会覆盖在下面图层的上方，因此可以把图层看作堆叠在彼此上面的多个透明玻璃，而每个玻璃包含不同的内容，可以在一个图层上绘制编辑一个对象，而完全不会影响其他图层中的内容。

Animate中的图层有多种类型，如普通图层、遮罩层、引导层等，不同的图层在"时间轴"面板中的样式也有所不同，如图5-1所示。

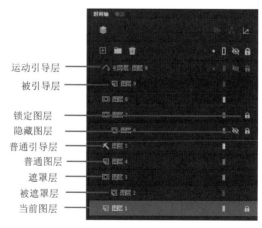

图5-1

Animate中常见的9种图层的作用如下。

● 运动引导层：用于绘制运动轨迹，在该图层中绘制的对象将作为被引导层中对象的运动轨迹。

● 被引导层：该图层中对象的运动轨迹将会被引导层中创建的运动轨迹映像，如创建四处飞舞的蝴蝶时，需要使用引导层创建一个不规则的运动轨迹来引导被引导层中蝴蝶飞舞的轨迹。

● 锁定图层：用于避免在操作元素的过程中发生失误而将图层锁定，当锁定后，该图层为不可编辑状态，且锁定的图层后面会有一个🔒图标。图层被锁定后，并不影响图层本身，对图层进行重命名、移动、复制等操作都不受影响，将图层锁定是锁定该图层中的元素，所以该图层中的元素键将不能被选择和编辑。

● 隐藏图层：单击该按钮，被隐藏的图层所包含的内容也将被隐藏，不会显示在场景中，但是不会影响发布后的Animate动画效果。

● 普通引导层：普通引导层在绘制图形时起辅助作用，用于帮助对象定位，其作用和引导层类似，如果将其他的图层移动到该图层下面，则移动的图层会变为被引导层，该图层会变为引导层。

● 普通图层：普通图层就是无任何特殊效果的图层，它只用于放置对象，也是直接新建图层所得到的图层样式。

● 遮罩层：遮罩层主要用于设定部分显示，创建遮罩层后，浏览动画效果时，被遮罩图层中的对象遮盖的部分将显示出来。

● 被遮罩层：将普通图层转化为遮罩层后，该图层下方的图层将自动变为被遮罩层。被遮罩层中的对象只有被遮罩层中的对象遮盖时才会显示出来。

● 当前图层：如果需要编辑一个图层，首先需要将其选中，被选中的图层会以蓝色背景显示，如果此时图层为未锁定状态，即可对该图层中的内容进行编辑操作。

5.1.2 图层的基本操作

图层的基本操作主要包括新建图层、选择图层、移动图层、重命名图层、查看图层等，这些操作是制作Animate动画至关重要的操作。

1. 新建图层

新建的Animate文档会自动创建一个名为"图层1"的空白图层，若需要更多的图层，则可以直接新建图层。新建图层的方法如下。

● 单击"新建图层"按钮⊞，新建的图层将自动命名为"图层+序号"的形式，如"图层2""图层3"等。

● 将鼠标指针移动到需要创建图层的上方，右击，在弹出的快捷菜单中选择"插入图层"命令，即可插入新的图层。

● 在菜单栏中选择【插入】/【时间轴】/【图层】命令，即可新建一个图层。

2. 选择图层

一个完整的动画一般是由多个图层构成的，有些复杂的动画甚至包含几十个图层，对这些动画进行编辑操作时，尤其需要注意图层的选择。在Animate中选择图层的方法主要有3种。

● 选择单个图层：直接单击需要的图层。

● 选择不连续图层：在按住【Ctrl】键的同时，依次单击需要选择的图层可选择多个不连续图层，如图5-2所示。

图5-2

● 选择连续图层：先选择一个图层，然后在按住【Shift】键的同时单击另一个图层，可选择这两个图层之间的所有图层，即连续图层，如图5-3所示。

图5-3

3. 重命名图层

默认情况下，在Animate中新建的图层将以"图层1""图层2"图层3"的顺序依次自动重命名，这在图层较少时不影响操作，但是如果图层过多，则需要对图层进行重命名，以便在制作Animate动画的过程中能清楚了解每个图层所包含的内容。

重命名图层的方法为：将鼠标指针移动到需要重命名图层的名称上方，双击鼠标左键进入编辑状态，如图5-4所示。然后输入图层的新名称，按【Enter】键确认输入，完成图层的重命名，如图5-5所示。

图5-4　　　　　　　　图5-5

4. 移动图层

移动图层是指调整图层的顺序。其操作方法为：单击并拖曳需要调整顺序的图层（拖曳时将会出现一条线），到目标位置后释放鼠标左键即可完成图层的移动操作，如图5-6所示。

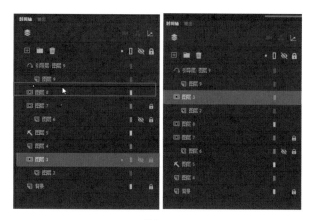

图5-6

5. 复制图层

如果需要复制图层中的所有内容，也可以直接复制图层，这样会把图层所包含的内容一同复制。

● 选择需要复制的图层，在该图层上右击，在弹出的快捷菜单中选择"拷贝图层"命令，在需要粘贴的位置右击，在弹出的快捷菜单中选择"粘贴图层"命令。

● 选择需要复制的图层，在该图层上右击，在弹出的快捷菜单中选择"复制图层"命令，此时会直接把该图层复制到图层区中，而不用再执行粘贴操作。

● 选择需要复制的图层，将其拖曳到"新建图层"按钮 上再释放鼠标左键。

6. 删除图层

在制作动画过程中，如果发现某个图层在动画中无任何意义，那么可将该图层删除。删除图层的方法主要有以下3种。

● 选择一个或多个不需要的图层，单击图层区域中的"删除"按钮 。

● 选择需要删除的图层，右击，在弹出的快捷菜单中选择"删除图层"命令。

● 选择需要删除的图层，将其拖曳到"删除"按钮 上再释放鼠标左键。

> **技巧**
>
> 当图层过多时，若不清楚场景中某个元素的所属图层，则可以直接在场景中选择该对象，此时该对象所属的图层会自动变为当前编辑图层。

5.1.3　设置图层显示状态

不管什么类型的图层，在图层后方都包括4个图标，分别是"突出显示图层""显示图层轮廓""显示和隐藏图层""锁定和解锁图层"，这些图标分别代表了图层的不同显示状态。

1. 突出显示图层

突出显示图层是指为了便于区分图层内容，将按照不同的颜色对图层进行显示。通过这种突出显示图层的方式，可以在图层较多时，快速分辨不同的图层内容。其操作方法为：单击图层区中的"突出显示图层"图标 ，将突出显示所有图层，如图5-7所示。

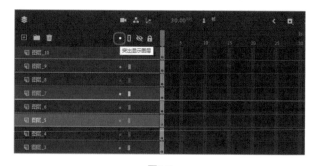

图5-7

若需要突出显示单个图层，则单击该图层后面的 图标即可，如图5-8所示。

图5-8

2. 显示图层轮廓

显示图层轮廓是指将场景中的对象以轮廓线的形式显示。通过这种形式，可以在场景中元素较多时快速分辨不同的元素。其操作方法为：单击图层区中的"将所有图层显示为轮廓"图标 ▣，将显示所有图层的轮廓，如图5-9所示。

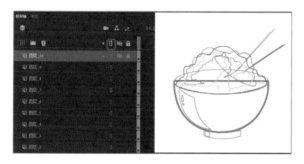

图5-9

若需要显示单个图层轮廓，则单击该图层后面的 ▣图标即可，如图5-10所示。

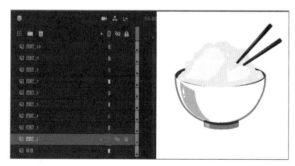

图5-10

3. 显示和隐藏图层

显示和隐藏图层是最常用的图层状态之一，尤其是在制作一个包含多个图层的Animate动画时，就需要隐藏部分图层，以便于编辑不同图层中的各个元素。常见的显示和隐藏图层的方法有以下3种。

● 隐藏所有图层：在图层区中单击"显示或隐藏所有图层"图标 ◉，此时图层区中所有图层后面的 ◉图标变为 ◉

状态，表示图层区中的所有图层都被隐藏，如图5-11所示。

图5-11

● 隐藏单个图层：如果只需要隐藏单个图层，则直接单击该图层后面的 ◉图标，当图标变为 ◉状态时，表示该图层被隐藏，如图5-12所示。

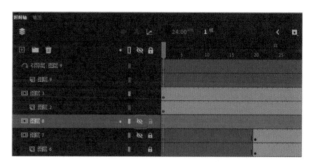

图5-12

● 显示图层：显示图层的操作很简单，只需要再次单击"显示或隐藏所有图层"图标 ◉或单个图层后面的 ◉图标即可。

4. 锁定和解锁图层

锁定和解锁图层与显示和隐藏图层的操作类似，单击图层区中的"锁定或解锁所有图层"图标 🔒，将锁定或解锁所有图层，如图5-13所示。

图5-13

若需要锁定或解锁单个图层，则单击图层后的 🔒图标，所选择图层将被锁定或解锁，如图5-14所示。需要注意，锁定图层后，将不能编辑该图层中的内容，但依然可以对图层本身进行移动、删除、重命名等操作。

Animate CC 动画制作核心技能一本通（移动学习版）

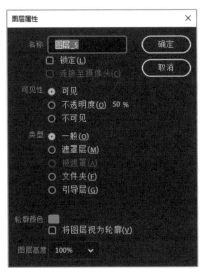

图5-14

5.1.4　修改图层属性

图层有很多种状态，除了可以直接在图层区中对图层进行操作外，也可以在"图层属性"对话框（见图5-15）中修改图层属性。

图5-15

打开"图层属性"对话框的方法有以下3种。

● 在需要修改属性的图层上右击，在弹出的快捷菜单中选择"属性"命令。

● 选择图层后，选择【修改】/【时间轴】/【图层属性】命令。

● 双击图层中的"显示为轮廓"图标，可以打开"图层属性"对话框。

在"图层属性"对话框中可设置图层的所有属性，其中各项的含义如下。

● 名称：直接在该文本框中输入名称，即可修改图层的名称。

● "锁定"复选框：取消勾选该复选框，表示图层为可编辑状态；勾选该复选框，表示图层为锁定状态。

● "可见"和"不可见"单选项：选中"可见"单选项，

表示该图层为显示状态；选中"不可见"单选项，则为隐藏图层。

● "不透明度50%"单选项：选中"不透明度50%"单选项，可设置选中图层的不透明度为"50%"。

● 类型：选中该栏中的单选项可以将图层修改为相应的类型。

● 轮廓颜色：用于设置图层的轮廓颜色，单击该色块，可在弹出的"取色器"中选择轮廓颜色。

● "将图层视为轮廓"复选框：勾选该复选框，可以将图层中的内容以轮廓的形式显示在场景中，并且可以在"轮廓颜色"色块中设置颜色。

● 图层高度：用于设置图层的高度，包括"100%""200%""300%"3种高度。

5.1.5　文件夹的基本操作

将不同的元素分别放置于不同的图层中，有利于对各个元素进行管理，将这些图层有规律地放入图层文件夹中，也可以使图层的组织更加有序。

● 新建文件夹：单击"时间轴"面板中的"新建文件夹"按钮 ，新文件夹将出现在所选图层或文件夹的上方，如图5-16所示。

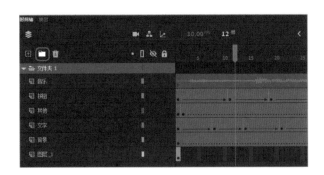

图5-16

● 将图层放入文件夹中：选择需要移动到文件夹中的图层，将其拖曳到文件夹图标上方，释放鼠标左键，即可将图层放入文件夹中，如图5-17所示。

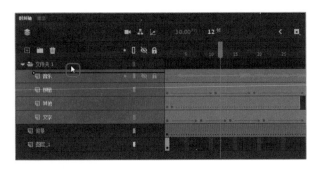

图5-17

● 展开或折叠文件夹：要查看文件夹包含的图层而不影响在舞台中可见的图层，需要展开或折叠该文件夹。其操作方法为：单击该文件夹名称左侧的▶按钮或▼按钮，如图5-18所示。

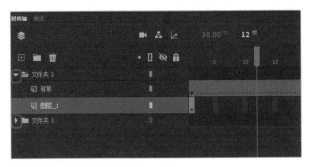

图5-18

● 将图层移出文件夹：展开文件夹后，在其下方选择需要移出的图层，将其拖曳到文件夹外侧，如图5-19所示。

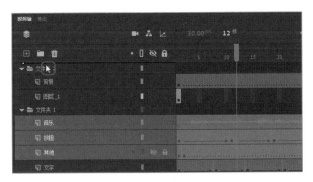

图5-19

实战 编辑和管理海报图层

知识要点 重命名图层、文件夹的操作、突出、显示图层、选择图层、删除图层

配套资源 素材文件\第5章\男装宣传海报.fla
效果文件\第5章\男装宣传海报.fla

扫码看视频

操作步骤

1 打开"男装宣传海报.fla"素材文件，可发现部分文字内容被素材遮挡，不能很好地展现，如图5-20所示。

图5-20

2 在"时间轴"面板中选择最下方的"图层_1"，单击上方的"删除"按钮🗑删除图层，如图5-21所示。

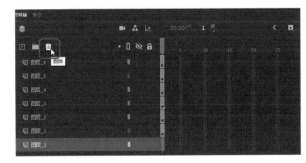

图5-21

3 在"时间轴"面板中选择"图层_1"，双击鼠标左键，进入编辑状态，输入图层的新名称，这里输入"背景"，按【Enter】键确认输入，完成图层的重命名，如图5-22所示。

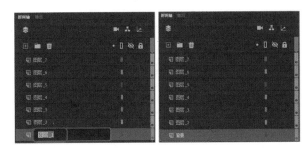

图5-22

4 使用相同的方法对"时间轴"面板中的图层进行重命名，效果如图5-23所示。

5 选择"背景"图层，单击其后的🔒图标，将"背景"图层锁定，如图5-24所示。

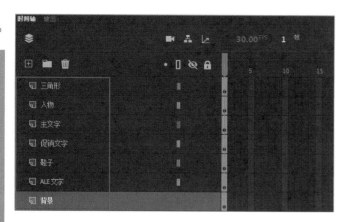

图5-23

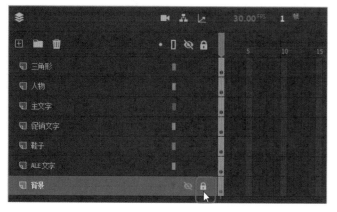

图5-24

6 选择"鞋子"图层，按住鼠标左键不放并向下拖曳，当移动到"背景"图层上方后，释放鼠标左键，完成图层的移动，如图5-25所示。

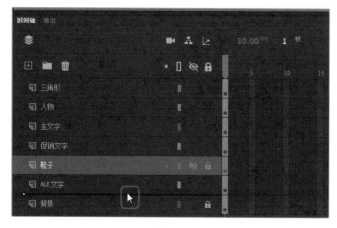

图5-25

7 使用相同的方法调整其他图层的位置，完成后的效果如图5-26所示。

8 为了便于查看图层，可单击图层区中的"突出显示图层"图标■，将所有图层突出显示，如图5-27所示。

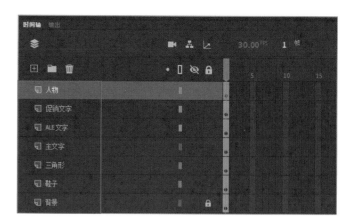

图5-26

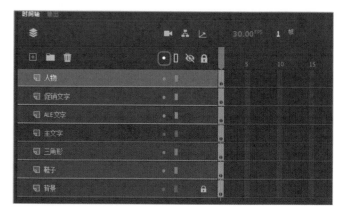

图5-27

9 单击"时间轴"面板中的"新建文件夹"按钮■，在图层的顶部新建文件夹，双击文件夹使其呈可编辑状态，然后输入"文字图层"文字，如图5-28所示。

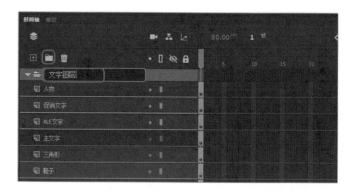

图5-28

10 选择"三角形"图层，按住【Shift】键不放，再选择"促销文字"图层，将选择这两个图层之间的所有图层，按住鼠标左键不放，将图层拖曳到文件夹的上方，可将这些图层全部添加到文件夹中，如图5-29所示。

11 选择"人物"图层，按住鼠标左键不放，将图层移动到文件夹的上方，如图5-30所示。

图5-29

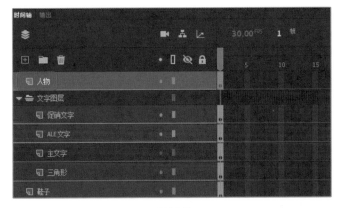

图5-30

12 完成图层的编辑后，按【Ctrl+S】组合键保存图像，完成整个海报的制作，效果如图5-31所示。

图5-31

小测 编辑与管理 Banner 图层

配套资源 \ 素材文件 \ 第 5 章 \ 毕业季 Banner.fla
配套资源 \ 效果文件 \ 第 5 章 \ 毕业季 Banner.fla

对提供的"毕业季 Banner.fla"素材元素（见图 5-32）进行组合和编辑，要求对图层进行重命名，并调整图层的位置，使整个 Banner 完整显示，完成后创建文件夹，并将图层移动到文件夹中，参考效果如图 5-33 所示。

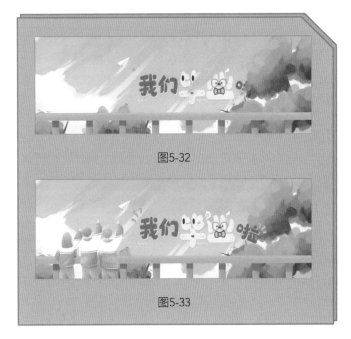

图5-32

图5-33

5.2 帧的基本操作

图层的右侧有很多小方块，每个小方块代表一帧，在同一个图层中可能包含多种类型的帧，了解并掌握帧的使用方法，可为后期的动画制作打下基础。

5.2.1 帧的基本类型

不同类型的帧可以存储不同的内容，这些内容虽然都是静止的，但将连贯的画面依次放置到帧中，再按照顺序依次播放这些帧，便形成了最基本的Animate动画。不同类型的动画，可能会使用多种不同的帧。图5-34所示为"时间轴"面板中各种类型的帧以及相关显示标记，如播放标记、帧编号等。

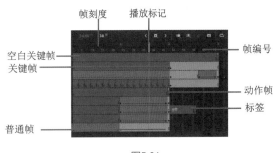

图5-34

● 帧刻度：每一个刻度代表一帧。

● 播放标记：该标记有一条蓝色的指示线，主要有两个作用：一是浏览动画，当播放场景中的动画或拖曳该标记时，场景中的内容会随着标记位置发生变化；二是选择指定的帧，场景中显示的内容为该播放标记停留的位置。

● 帧编号：用于提示当前帧数，每5帧显示一个编号。

● 关键帧：关键帧是指在动画播放过程中，定义了动画关键变化环节的帧。Animate中的关键帧以实心的小黑圆点表示。

● 空白关键帧：空白关键帧，顾名思义就是关键帧中没有任何对象，主要用于在关键帧与关键帧之间形成间隔。空白关键帧在时间轴中以空心的小圆表示，若在空白关键帧中添加内容，则会变为关键帧。

● 动作帧：关键帧或空白关键帧中添加了特定语句的帧即为动作帧，通常这些帧中的语句用于控制Animate动画的播放或交互。

● 标签：选择帧后，在"属性"面板中可设置帧的名称和帧的标签类型。当帧为■状态时，表示标签类型为名称；当帧为■状态时，表示标签类型为注释；当帧为■状态时，表示标签类型为锚记。

● 普通帧：普通帧就是不起关键作用的帧。它在时间轴中以灰色方块表示，起着过滤和延长内容显示的作用。Animate中的普通帧越多，关键帧与关键帧之间的过渡就越缓慢。

5.2.2 认识帧按钮

由于帧有多种类型，所以为了操作方便，可使用"时间轴"面板中的帧按钮，如图5-35所示。使用这些按钮可对帧进行插入、设置外观、编辑等操作。

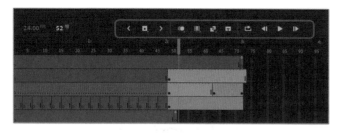

图5-35

各按钮的作用如下。

● "在关键帧向后退至上一个关键帧"按钮■：单击该按钮可将播放标记移动到上一个关键帧。

● "插入关键帧"按钮■：单击该按钮可插入新的关键帧，按住鼠标左键，在弹出的列表中还包括"空白关键帧"

和"帧"两个选项，选择不同的选项将插入不同的关键帧效果。

● "在当前图层上向前进至下一个关键帧"按钮■：单击该按钮可将播放标记移动到下一个关键帧。

● "绘图纸外观"按钮■：单击该按钮，按住鼠标左键，在弹出的列表中有"选定范围""所有帧""锚点标记""高级设置"4个选项，选择不同的选项可对帧进行不同的设置。

● "编辑多个帧"按钮■：单击该按钮，按住鼠标左键，在弹出的列表中有"选定范围""所有帧""标记锚点"3个选项，选择不同的选项可对帧和锚点进行编辑。

● "创建传统补间"按钮■：单击该按钮，按住鼠标左键，在弹出的列表中有"创建传统补间""创建补间动画""创建补间形状"3个选项，选择不同的选项可创建不同类型的动画。

● "帧居中"按钮■：单击该按钮，可以将播放标记所处的帧置于时间轴中心，主要用于在较长的时间轴上快速定位当前帧。

● "循环"按钮■：单击该按钮，再设置帧标记，可以循环播放所标记的帧。

● "后退一帧"按钮■：单击该按钮，可把播放标记转到上一帧。

● "播放"按钮■：单击该按钮，可在时间轴中预览Animate动画效果。

● "前进一帧"按钮■：单击该按钮，可将播放标记转到下一帧。

5.2.3 选择帧

在对帧进行编辑前，需要先选择帧。图5-36所示蓝色区域为选中的帧。为了便于后期快速制作动画，Animate还提供了多种选择帧的方法。

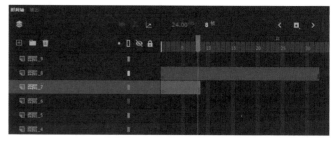

图5-36

● 选择单个帧：使用鼠标单击该帧。

● 选择多个连续的帧：选择一个帧后，在按住【Shift】键的同时，单击其他帧，或者按住鼠标左键不放并拖曳鼠标进行选择。

● 选择多个不连续的帧：按住【Ctrl】键，依次单击选择其他帧。

● 选择整个静态帧范围：双击两个关键帧之间的帧。

● 选择某一图层上的所有帧：单击该图层名称。

● 选择所有帧：选择【编辑】/【时间轴】/【选择所有帧】命令。

5.2.4　插入帧

为了满足动画效果的需要，用户还可以自行选择插入不同类型的帧。下面讲解插入帧常见的3种方法。

● 要插入新帧，可选择【插入】/【时间轴】/【帧】命令或按【F5】键。

● 要插入关键帧，可选择【插入】/【时间轴】/【关键帧】命令或按【F6】键。

● 要插入空白关键帧，可选择【插入】/【时间轴】/【空白关键帧】命令或按【F7】键。

5.2.5　复制帧、粘贴帧

在制作动画时，有时也需要根据实际情况复制帧、粘贴帧。如果只需要复制一帧，则可在按住【Alt】键的同时，将该帧移动到需要复制的位置；若要复制多帧，则可在选择多帧后，右击，在弹出的快捷菜单中选择"复制帧"命令，选择需要粘贴的位置后，右击，在弹出的快捷菜单中选择"粘贴帧"命令，如图5-37所示。

图5-37

5.2.6　删除帧

对于不用的帧，用户可以将其删除。其操作方法为：选择需要删除的帧，右击，在弹出的快捷菜单中选择"删除帧"命令，如图5-38所示。按【Shift+F5】组合键也可删除帧。

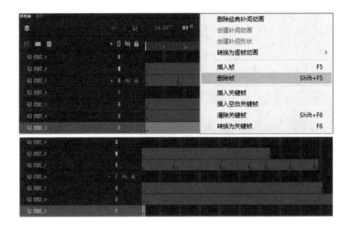

图5-38

5.2.7　移动帧

在编辑动画时，可能会遇到因为帧顺序不对需要移动帧的情况。其操作方法为：选择关键帧或含关键帧的序列，按住鼠标左键将其拖曳到目标位置，如图5-39所示。

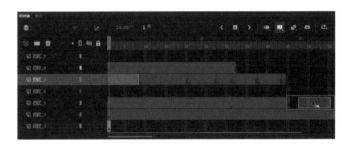

图5-39

5.2.8　转换帧

在Animate中，用户还可以将帧转换为不同的类型，而不需要删除帧之后新建。其操作方法为：在需要转换的帧上右击，在弹出的快捷菜单中选择"转换为关键帧"或"转换为空白关键帧"命令。

另外，若想将关键帧、空白关键帧转换为帧，则可选择需转换的帧，右击，在弹出的快捷菜单中选择"转换为关键帧"命令，如图5-40所示。

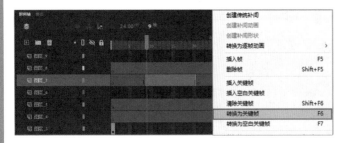

图5-40

5.2.9 翻转帧

通过翻转帧操作，可以翻转所选帧的顺序，如将开头的帧调整到结尾、将结尾的帧调整到开头。其操作方法为：选择含关键帧的帧序列，右击，在弹出的快捷菜单中选择"翻转帧"命令，将该序列的帧顺序颠倒，如图5-41所示。

图5-41

学习笔记

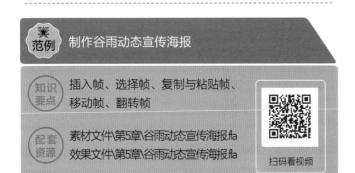

范例 制作谷雨动态宣传海报

| 知识要点 | 插入帧、选择帧、复制与粘贴帧、移动帧、翻转帧 |

| 配套资源 | 素材文件\第5章\谷雨动态宣传海报.fla
效果文件\第5章\谷雨动态宣传海报.fla |

扫码看视频

范例说明

"谷雨"属于二十四节气之一，是中国的传统文化。为了在传播传统文化的同时宣传企业，在制作"传世华府"海报时，可考虑加入一些企业信息，并制作下雨动画，使整个海报更具动态感，效果更加丰富。

扫码看效果

操作步骤

1 打开"谷雨动态宣传海报.fla"素材文件，在"时间轴"面板中选择所有图层，单击"锁定或解除锁定所有图层"按钮 🔒，锁定图层，单击"新建图层"按钮 🔲 新建图层，如图5-42所示。

图5-42

2 选择"线条工具" ✏️，在"属性"面板中设置"笔触"为"#FFFFFF"，"笔触Alpha"为"70%"，"笔触大小"为"9"，"宽"为"宽度配置文件5"，如图5-43所示。

3 在下方的树叶上绘制雨滴，效果如图5-44所示。

图5-43

图5-44

4 选择绘制的雨滴形状，按【F8】键，打开"转换为元件"对话框，在"类型"下拉列表框中选择"图形"选项，单击 确定 按钮，如图5-45所示。

图5-45

5 为了便于后期制作，可先选择除新建图层外的所有图层，按住【Shift】键不放，将鼠标指针移动至第180帧，按【F5】键插入帧，如图5-46所示。

图5-46

6 在新建图层上选择第15帧，按【F6】键插入关键帧，如图5-47所示。

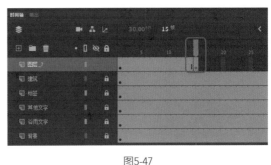

图5-47

7 将播放标记拖曳到第15帧，选择绘制的雨滴元件，将其拖曳到海报的顶部，并使用"任意变形工具" 对形状进行简单调整，效果如图5-48所示。

图5-48

8 按住【Shift】键不放，选择第1帧和第15帧，使第1～第15帧之间的所有帧呈选择状态，右击，在弹出的快捷菜单中选择"创建传统补间"命令，为雨滴创建传统补间，如图5-49所示。

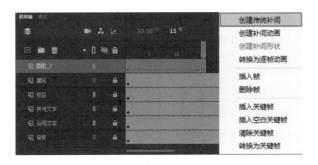

图5-49

9 此时可发现雨滴是自下而上滴落，选择新建图层的全部帧，右击，在弹出的快捷菜单中选择"翻转帧"命令，对帧进行翻转操作，如图5-50所示。

10 选择绘制的雨滴元件，按【F8】键再次将其转换为元件，然后双击元件，使整个雨滴在单独

的图层中显示，以便于后期进行编辑，如图5-51所示。

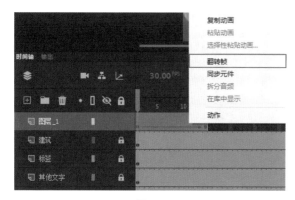

图5-50

图5-51

11 将播放标记拖曳到第60帧，按【F5】键插入新帧，将播放标记拖曳到起始位置，选择绘制的雨滴，按住【Alt】键不放，拖曳雨滴复制雨滴形状，效果如图5-52所示。

12 全部选中复制的雨滴，右击，在弹出的快捷菜单中选择"分散到图层"命令，将雨滴分散到各个图层中，如图5-53所示。

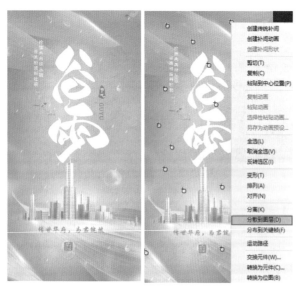

图5-52　　　　　　　　　图5-53

13 为了使雨滴有杂乱落下的效果，可对分散的图层进行调整。在"时间轴"面板中选择需要调整的帧，拖曳起始点和结束点，调整雨滴的开始时间和结束时间，效果如图5-54所示。

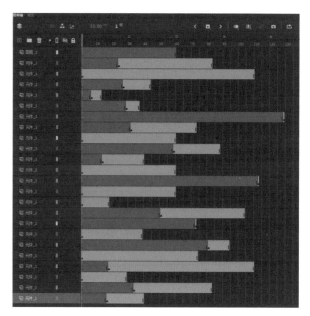

图5-54

14 在第201帧框选所有元件图层，按【F5】键添加帧，使其形成循环雨滴落下效果，如图5-55所示。

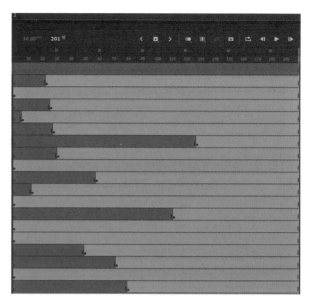

图5-55

15 选择绘图区顶部的"场景1"选项，切换到编辑场景中，单击新建图层的右侧端点，按住鼠标左键不放并向右拖曳到第180帧处，使动画与场景对齐，如图5-56所示。

16 按【Ctrl+Enter】组合键播放谷雨动态宣传海报效果，完成后按【Ctrl+S】组合键保存图像，完成本例的制作。

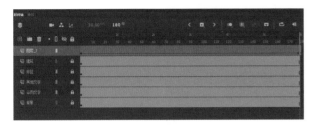

图5-56

5.3 综合实训：制作"口红"产品推广H5页面

产品推广是产品进入市场必经的一个阶段，也是企业针对营销产品常用的推广方式之一。在设计产品推广图时，为了让推广的产品更具特色，可采用H5的形式，将产品、产品功能、促销内容等以动画的形式展现。本实训将为"口红"产品制作推广H5页面，整个页面将促销文字作为动画的设计点，以此增强H5页面的吸引力。

5.3.1 实训要求

本实训提供了用Photoshop制作的口红宣传海报作为素材，要求制作成用于产品推广的H5动态页面，在制作时使每个图层都有单独的名称，并为文字创建动画，使其更具动感，更加符合产品推广需求。

5.3.2 实训思路

（1）通过分析提供的素材，可以发现整个图层过于凌乱，各个图层的名称不够明确。为了便于后期进行动画制作，可先对图层进行整理，如重命名、调整排列方式等。

扫码看效果

（2）从实训要求来看，本产品推广H5页面主要用于产品推广。因此，在进行动画设计时，可为文字设置依次出现的动画效果，提升整个H5页面的趣味性，以此吸引用户浏览。

本实训完成后的参考效果如图5-57所示。

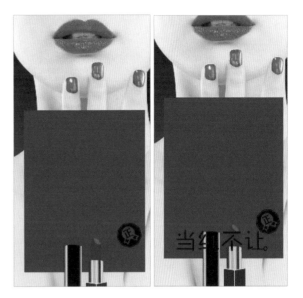

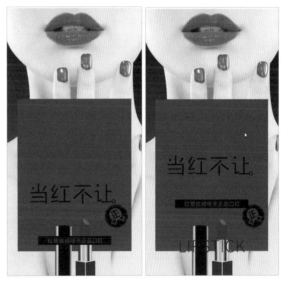

图5-57

5.3.3 制作要点

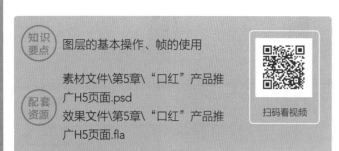

知识要点	图层的基本操作、帧的使用
配套资源	素材文件\第5章\"口红"产品推广H5页面.psd 效果文件\第5章\"口红"产品推广H5页面.fla

扫码看视频

完成本实训主要包括图层的操作、帧的编辑两个部分，其主要操作步骤如下。

1 新建640像素×1240像素的舞台，并将其以"'口红'产品推广H5页面"为名保存。

2 导入"'口红'产品推广H5页面.psd"素材文件，删除"图层_1"。选择"口红素材"图层，输入"背景"文字。

3 选择"椭圆_1"图层，双击该图层，使整个图层呈可编辑状态，输入"当红不让"文字。

4 使用相同的方法，对其他图层进行重命名，并对图层进行移动操作。

5 将"背景"图层锁定，然后在第200帧处创建帧。

6 选择"当红不让"文字，将其转换为图形元件，在第50帧处插入关键帧，创建传统补间。

7 将播放标记拖曳到起始位置处，选择"当红不让"元件，将其拖曳到H5页面下方，确定动画的起始位置，如图5-58所示。

8 将播放标记拖曳到第50帧，选择"当红不让"元件，将其移动到H5页面的中间位置，如图5-59所示。

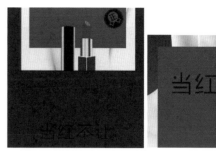

图5-58　　　　　　　图5-59

9 将"红管丝绒哑光正品口红"文字转换为元件，在第40帧处插入关键帧，为路径创建传统补间。

10 将播放标记拖曳到起始位置处，选择"红管丝绒哑光正品口红"元件，将其拖曳到H5页面下方，确定动画的起始位置。

11 将播放标记拖曳到第40帧，选择"红管丝绒哑光正品口红"元件，将其移动到H5页面的中间位置。

12 使用相同的方法为其他文字内容创建传统补间动画。

13 框选需要调整的帧，拖曳到结尾处，使结尾时间相同。将文字拖曳到开始处，调整文字的出现时间。

14 按【Ctrl+Enter】组合键，播放"口红"产品推广H5页面效果，完成后按【Ctrl+S】组合键保存图像。

巩固练习

1. 调整虎牙直播专区Banner

"一起看"专区Banner位于虎牙直播专区的顶部，起着宣传直播间的作用。现需要对已经制作完成的虎牙直播专区Banner的图层进行调整，使整个图层内容更加直观，便于后期进行动画制作，参考效果如图5-60所示。

配套资源	素材文件\第5章\虎牙直播专区Banner.fla 效果文件\第5章\虎牙直播专区Banner.fla

图5-60

2. 制作森林中的猫行走动画

本练习制作森林中的猫行走动画，整个动画以小猫行走为主体，通过编辑图层的不同帧中的内容，形成连贯的行走动画效果，参考效果如图5-61所示。

学习笔记 ▷

图5-61（续）

3. 制作汽车行驶动画

本练习要求制作汽车行驶动画，当用户预览动画时，可以看到汽车在地图上沿公路行驶的过程，在制作时，可为"汽车"元件创建动画，参考效果如图5-62所示。

图5-61

图5-62

在进行图层与帧的操作时，除了前面所学的知识外，还需要掌握分散图层效果、帧频设置等内容，这样才能更便捷地对图层与帧进行操作。

1. 分散图层效果

在制作Animate动画时，如果一个图层的同一帧中放置了多个对象，则会给之后的制作过程带来很多不利之处。

因此，可将同一个图层中的多个对象分别移动至不同的图层中。其操作方法为：分别选择不同的对象，然后剪切至其他图层中。也可以选择"分散到图层"命令，将不同的对象分散到不同的图层中。其操作方法为：在场景中选择对象，右击，在弹出的快捷菜单中选择"分散到图层"命令，即可将该图层中的对象分散到其他新的图层中。

2. 帧频设置

帧频即动画在播放时，每秒钟播放的帧数，帧频越高，播放速度越快。通常来说，一个连贯的动画需要至少每秒12帧，而标准的运动图像速率为每秒24帧，这也是新建Animate文档时默认的帧频。设置帧频通常有以下3种方法。

● 通过"时间轴"面板设置：在"时间轴"面板的"帧速率"数值框中输入需要的帧频。

● 通过"属性"面板设置：选择场景，打开"属性"面板，在"文档设置"栏的"FPS"数值框中输入需要的帧频，如图5-63所示。

● 通过"文档属性"对话框设置：选择【修改】/【文档】命令，打开"文档设置"对话框，在"帧频"数值框中输入需要的帧频，如图5-64所示。

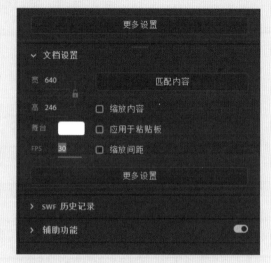

图5-63

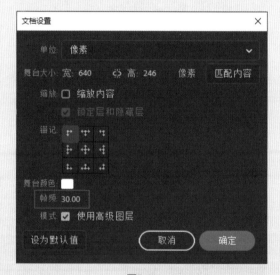

图5-64

第 **6** 章

元件、实例与库

本章导读

在Animate中制作动画时，往往需要重复使用某个素材，这时可以把素材转换成元件，以便多次调用，被调用的素材称为实例。完成元件的转换后，还可以将元件添加到"库"面板中，方便用户使用。

知识目标

< 了解元件的基本操作
< 熟悉实例的基本操作
< 熟悉库的基本操作

能力目标

< 能够制作购物卡片
< 能够制作环保海报
< 能够制作水果标签

情感目标

< 提升管理动画素材的能力，让设计更高效
< 深入理解元件、实例与库的区别及联系

6.1 元件

元件是Animate动画中非常重要的组成部分。在制作动画时，可将元件看作一个一个的"零件"，将这些"零件"拼装起来，便能快速组成完整的动画。

6.1.1 元件的类型

在创建元件时，需要选择元件的类型。元件主要分为影片剪辑元件、按钮元件、图形元件3种。

● 影片剪辑元件：影片剪辑元件拥有独立于主时间轴的多帧时间轴，其中包含交互组件、图形、声音或其他影片剪辑实例。播放动画时，影片剪辑元件也会随着动画进行播放。

● 按钮元件：在按钮元件中可创建用于响应鼠标单击、滑过和其他动作的交互式按钮，包含弹起、指针经过、按下、点击4种状态。在这4种状态的时间轴中都可以插入影片剪辑元件来创建动态按钮，还可以给按钮元件添加脚本程序，使按钮具有交互功能。

● 图形元件：图形元件是制作动画的基本元素之一，用于创建可反复使用的图形或连接到主时间轴的动画片段。图形元件可以是静止的图片，也可以是由多帧组成的动画。图形元件与主时间轴同步运行，但交互式控件和声音在图形元件的动画序列中不起作用。

6.1.2 创建影片剪辑元件

在制作动画的过程中，影片剪辑元件是使用较多的一种元件。其创建方法为：选择【插入】/【新建元件】命令或按【Ctrl+F8】组合键，打开"创建新元件"对话框，在"类型"下

拉列表框中选择"影片剪辑"选项，单击 确定 按钮，完成影片剪辑元件的创建，如图6-1所示。

图6-1

6.1.3　创建按钮元件

按钮元件主要用于制作交互式动画所需的各种按钮。其创建方法为：选择【插入】/【新建元件】命令，打开"创建新元件"对话框，在"类型"下拉列表框中选择"按钮"选项，单击 确定 按钮，如图6-2所示。

图6-2

编辑按钮元件主要是对"时间轴"面板中的4个帧进行编辑，分别是弹起、指针经过、按下、点击，如图6-3所示。

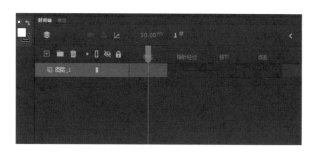

图6-3

● 弹起：弹起是指当按钮未被按下或者有其他的操作时所呈现的状态，是没有进行任何操作时显示的帧。

● 指针经过：如果在弹起帧和指针经过帧中分别添加不同的图像，则当鼠标指针移动到该按钮上时，按钮的外观会自动改变为指针经过帧所包含的图像。

● 按下：按下是指当按钮按下时所呈现的效果。

● 点击：点击帧主要用于设置按钮的反映区域，在点击帧中放置的图片都会在点击后的效果中呈现。

6.1.4　创建图像元件

图像元件的创建方法与其他两种元件的创建方法类似，只需在打开的"创建新元件"对话框的"类型"下拉列表框中选择"图像"选项，单击 确定 按钮，即可完成图像元件的创建。

6.1.5　转换为元件

除了创建元件外，还可以直接在场景中选择已经绘制或导入的图像，然后将其转换为元件。

通常将场景中的对象转换为元件有两种方法：一种是选择需要转换的对象后，按【F8】键，在打开的"转换为元件"对话框中输入元件的名称和设置元件的类型，然后单击 确定 按钮；另一种是选择需要转换的对象后，在元件上右击，在弹出的快捷菜单中选择"转换为元件"命令，在打开的"转换为元件"对话框中设置相应的内容，如图6-4所示。

图6-4

6.1.6　修改元件类型

修改元件类型是在创建元件后，将元件的类型在影片剪辑元件、按钮元件和图像元件间相互转换。其操作方法为：选择【窗口】/【库】命令，在打开的"库"面板的"名称"列表中选择需要修改的元件，右击，在弹出的快捷菜单中选择"属性"命令，如图6-5所示。

在打开的"元件属性"对话框中重新选择元件的类型，单击 确定 按钮，完成元件类型的修改，如图6-6所示。

学习笔记

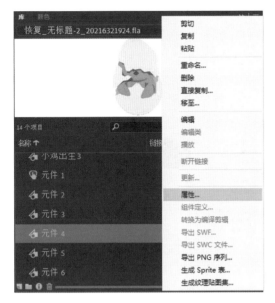

图6-5

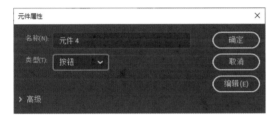

图6-6

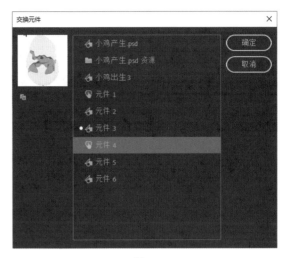

图6-7

6.1.7 编辑元件

创建元件后，除了可以修改元件的类型外，还可以对元件的内容进行编辑，如替换其中的图像或添加其他的图像、动画等。

● 直接编辑：选择"库"面板中的元件，右击，在弹出的快捷菜单中选择"编辑"命令，在打开的窗口中进行编辑。

● 在当前位置编辑：如果将创建的元件应用于场景中，则可在场景中使用鼠标左键双击该元件，或在该元件上右击，在弹出的快捷菜单中选择"在当前位置编辑"命令，在场景的当前位置进行编辑。

6.1.8 交换元件

交换元件是指将元件应用于场景后，将场景中的元件实例通过交换元件的方式替换为其他的元件。其操作方法为：在编辑元件后，右击，在弹出的快捷菜单中选择"交换元件"命令，打开图6-7所示对话框，在其中选择其他的元件，单击 按钮，完成元件的交换。

范例 制作购物卡动画

知识要点 创建按钮元件、创建图形元件、线条工具、矩形工具

配套资源 素材文件\第6章\卡片文字.png、求婚人物形象.png、爱心.psd 效果文件\第6章\购物卡片.fla

扫码看视频

第 6 章

元件、实例与库

109

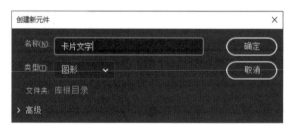

范例说明

　　七夕节即将到来，某旗舰店为了提高店铺的产品销量，将制作以七夕为主题的购物卡，并通过新媒体平台发放给新老顾客。该购物卡要求以红色为主色，大小为190像素×400像素，在素材的选择上，考虑将求婚的场景作为整个购物卡的中心点，以迎合七夕主题，其中爱心区域需要有闪烁动画效果，以提升购物卡的美观度。另外，在下方的按钮上可制作点击效果，便于用户通过点击获取购物卡。

扫码看效果

操作步骤

1 启动Animate CC 2020，选择【文件】/【新建】命令，打开"新建文档"对话框，在右侧的"详细信息"栏中设置"宽"和"高"分别为"190""400"，单击 创建 按钮。

2 按【Ctrl+F8】组合键打开"创建新元件"对话框，在"名称"文本框中输入"卡片文字"，在"类型"下拉列表框中选择"图形"选项，单击 确定 按钮，新建"卡片文字"图形元件，如图6-8所示。

图6-8

3 选择【文件】/【导入】/【导入到舞台】命令，打开"导入"对话框，在其中选择"卡片文字.png"素材文件，单击 打开(O) 按钮，文字素材被导入舞台中，如图6-9所示。

图6-9

4 按【Ctrl+F8】组合键打开"创建新元件"对话框，在"名称"文本框中输入"爱心"，在"类型"下拉列表框中选择"图形"选项，单击 确定 按钮，新建"爱心"图形元件，如图6-10所示。

图6-10

5 选择【文件】/【导入】/【导入到舞台】命令，打开"导入"对话框，在其中选择"爱心.psd"素材文件，单击 打开(O) 按钮，打开"导入到库"对话框，可发现整个素材由多个图层组成，单击 导入 按钮，如图6-11所示。

6 按【Ctrl+F8】组合键打开"创建新元件"对话框，在"名称"文本框中输入"心动"，在"类型"下拉列表框中选择"影片剪辑"选项，单击 确定 按钮，新建"心动"影片剪辑元件，如图6-12所示。

7 按【Ctrl+L】组合键打开"库"面板，将"爱心"图形元件拖曳到舞台中，并放置到适当位置，如图6-13所示。

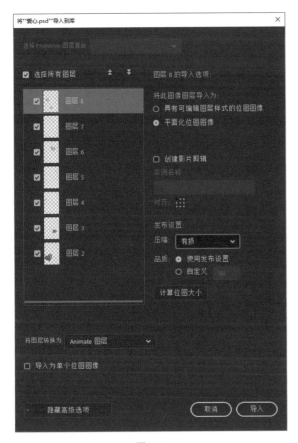

图6-11

图6-12

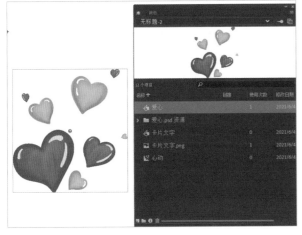

图6-13

8 按住【Ctrl】键不放，依次在"时间轴"面板中的第10帧、第20帧、第30帧处单击，按【F6】键插入关键帧，如图6-14所示。

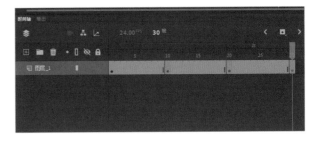

图6-14

9 在"时间轴"面板中选择第10帧，在舞台窗口中选择"爱心"元件，在"属性"面板的"色彩效果"下拉列表框中选择"色调"选项，如图6-15所示。

图6-15

10 在打开的色调栏中设置"着色"为"#FFFFFF"，"色调"为"20%"，其他保持默认设置不变，如图6-16所示。

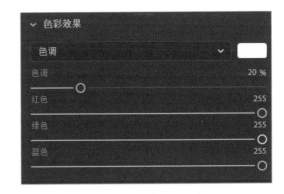

图6-16

11 使用相同的方法依次设置第20帧、第30帧的色调"为"40%""70%"，如图6-17所示。

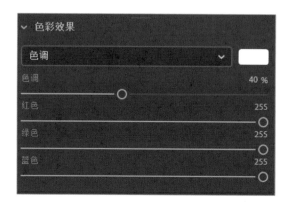

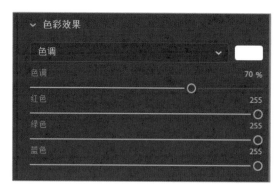

图6-17

12 按住【Shift】键不放，分别单击选中"图层-1"的第1帧和第30帧，然后右击，在弹出的快捷菜单中选择"创建传统补间"命令，创建传统补间动画，如图6-18所示。

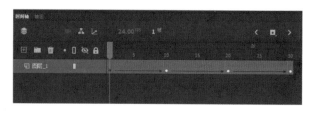

图6-18

13 按【Ctrl+F8】组合键打开"创建新元件"对话框，在"名称"文本框中输入"按钮"，在"类型"下拉列表框中选择"按钮"选项，单击 确定 按钮，新建按钮元件，如图6-19所示。

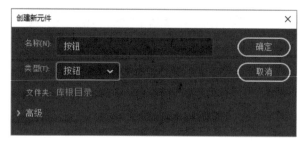

图6-19

14 选择"基本矩形工具" ，在舞台中绘制矩形，然后在"属性"面板中设置"填充"为"#A80301"，"矩形边角半径"为"90"，如图6-20所示。

图6-20

15 选择"图层_1"的"指针经过"帧，按【F6】键插入关键帧，然后选择绘制的圆角矩形，在"属性"面板中设置"填充"为"#FF0066"，如图6-21所示。

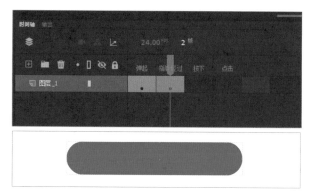

图6-21

16 选择"图层_1"的"按下"帧，按【F6】键插入关键帧，然后选择绘制的圆角矩形，在"属性"面板中设置"填充"为"#660033"，如图6-22所示。

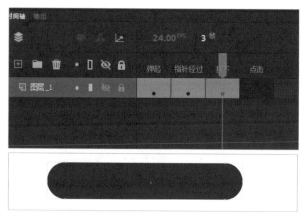

图6-22

17 单击"新建图层"按钮📁新建图层，选择"文本工具"T，在"属性"面板中设置"字体"为"方正大黑简体"，"大小"为"12 pt"，"填充"为"#FFFFFF"，然后在圆角矩形中输入"店铺购物卡"，如图6-23所示。

图6-23

18 单击◄按钮返回场景，单击"新建图层"按钮📁新建图层。选择"基本矩形工具"🔲，在舞台中绘制矩形，然后在"属性"面板中设置"宽"为"190"，"高"为"270"，"填充"为"#A80301"，"矩形边角半径"为"0"，如图6-24所示。

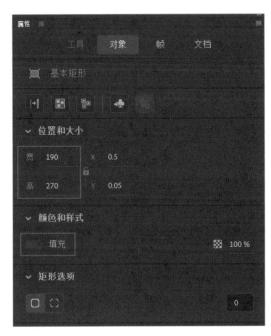

图6-24

19 新建图层，选择【文件】/【导入】/【导入到舞台】命令，打开"导入"对话框，在其中选择"求婚人物形象.png"素材文件，单击 打开(O) 按钮，调整图像的大小和位置，如图6-25所示。

20 新建图层，打开"库"面板，将"心动"元件拖曳到舞台上方，并调整其大小和位置，效果如图6-26所示。

图6-25　　　　　　图6-26

21 新建图层，打开"库"面板，将"卡片文字"元件拖曳到舞台上方，并调整其大小和位置，效果如图6-27所示。

22 新建图层，打开"库"面板，将"按钮"元件拖曳到舞台下方，并调整其大小和位置，效果如图6-28所示。

图6-27　　　　　　图6-28

23 新建图层，选择"文本工具" ，在"属性"面板中设置"字体"为"方正细等线简体"，"大小"为"8 pt"，"字距"为"4"，"填充"为"#A80301"，然后在舞台下方输入"墨韵旗舰店"，如图6-29所示。

24 选择"线条工具" ，在"属性"面板中设置"笔触"为"#A80301"，"不透明度"为"70%"，"笔触大小"为"0.1"，"笔触样式"为"虚线"，然后在文字的左右两侧绘制虚线，效果如图6-30所示。

图6-29　　　　　　　　　图6-30

25 按【Ctrl+Enter】组合键查看整个卡片效果，此时可发现爱心在闪烁，单击按钮时，按钮颜色会发生变化，完成后按【Ctrl+S】组合键保存文件，如图6-31所示。

图6-31

小测　制作生日贺卡

配套资源＼素材文件＼第 6 章＼外部库 .fla
配套资源＼效果文件＼第 6 章＼生日贺卡 .fla

制作一张生日贺卡需要从外部库中导入素材，并将输入的文本转换为元件，参考效果如图 6-32 所示。

图6-32

6.2 实例

实例是位于舞台中或嵌套在另一个元件内的元件副本。在Animate中可以更改实例的颜色、大小、功能等，且实例的更改不会影响其父元件，但编辑元件会更改由该元件创建的所有实例。

6.2.1 创建实例

在"库"面板中选择元件，按住鼠标左键不放，将其拖曳到场景中，然后释放鼠标左键，即可完成实例的创建，如图6-33所示。

技巧

选择元件的实例后，按【Ctrl+B】组合键可以将实例分离。

图6-33

6.2.2 编辑实例

对实例进行编辑，包括设置色彩效果、实例名称、混合模式等操作。若要对实例内容进行更改，则需要进入元件中才能操作，并且该操作会改变所有由该元件创建的实例。

1. 设置实例色彩效果

选择舞台中的实例，打开"属性"面板，在"色彩效果"下拉列表框中包含"无""亮度""色调""高级""Alpha"5个选项，如图6-34所示。其中"无"表示不做任何修改，其他4个选项的功能如下。

图6-34

● 亮度：亮度用于调整实例的亮度，度量范围为黑（–100%）到白（100%）。拖曳"亮度"后的滑块，或在文本框中输入亮度值，可调整实例的亮度，如图6-35所示。

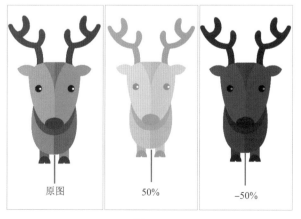

图6-35

● 色调：色调主要用于对实例进行着色操作。选择"色调"选项，可拖曳"红色""绿色""蓝色"栏下方的滑块来选定颜色，也可单击"着色"按钮 ，在打开的下拉列表框中选择要调整的色调颜色，然后拖曳"色调"栏的滑块调整颜色，其中"0"表示没有影响，"100%"表示实例完全变为起始颜色，如图6-36所示。

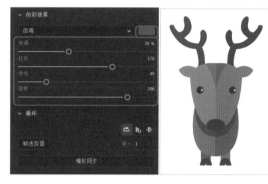

图6-36

● 高级：选择"高级"选项，可调节实例颜色和透明度。"高级"选项包括"Alpha""红色""绿色""蓝色"4个选项，每个选项对应两个调节框，左边的调节框用于减少相应颜色和透明度值，右边的调节框用于增加相应颜色和透明度值，如图6-37所示。

图6-37

● Alpha：选择"Alpha"选项，可调节实例的透明度。其透明度范围为0%～100%，0%表示完全透明，100%表示完全不透明。图6-38所示为Alpha为41%的效果。

图6-38

115

2. 设置实例名称

为了便于后期对某个具体对象进行操作，可为实例设置名称。设置名称时可以使用中文、英文和数字。

实例名称的设置只是针对影片剪辑和按钮元件，图形元件没有实例名称。实例创建完成后，在舞台中选择实例，打开"属性"面板，在实例名称文本框中输入实例名称，如图6-39所示。

图6-39

3. 设置实例混合模式

混合模式是实例的一种属性，通常用于两个或两个以上的对象在重叠时所呈现的效果，可使实例变得更丰富。需要注意的是，混合模式只能运用到影片剪辑实例和按钮实例中，图形实例没有该选项。

设置实例混合模式的操作方法为：选择实例后，在"属性"面板的"显示"栏的"混合"下拉列表框中选择需要的混合模式类型，如图6-40所示。

图6-40

混合模式类型具体介绍如下。

● 一般：保持效果的原始状态，不做更改，如图6-41所示。

● 图层：可以层叠各个影片剪辑，而且不影响其颜色。

● 变暗：将实例中颜色相对背景较亮的部分替换，较暗的部分不变，如图6-42所示。

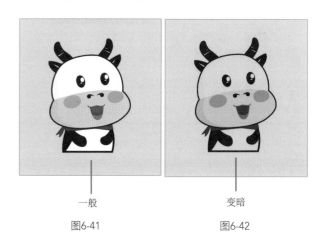

一般　　　　　　　　变暗

图6-41　　　　　　　　图6-42

● 正片叠底：去除实例中白色的部分，使纯白色变为透明，黑色为不透明，灰白色则为半透明，如图6-43所示。

● 变亮：与变暗相反，将实例中颜色相对背景较暗的部分替换，较亮的部分则不变，如图6-44所示。

正片叠底　　　　　　　　变亮

图6-43　　　　　　　　图6-44

● 滤色：与正片叠底相反，去除实例中黑色的部分，使纯黑色变为透明，白色为不透明，灰白色则为半透明，如图6-45所示。

● 叠加：可以复合或过滤颜色，其结果取决于所叠加部分的颜色，如图6-46所示。

● 强光：使实例如同覆盖了一层色调强烈的光，根据实例中不同区域的亮度值，其结果也有所不同，如图6-47所示。

● 增加：将实例中的颜色值与背景图像中的颜色值相

加，通常会使图像变亮，如图6-48所示。

滤色   叠加

图6-45   图6-46

强光   增加

图6-47   图6-48

● 减去：将实例中的颜色值与背景图像中的颜色值相减，通常会使图像变暗，如图6-49所示。

● 差值：用上面图像与下面图像中较亮的部分减去较暗的部分，其结果为，暗色区域将保留下面图像的颜色，白色区域则反转下面图像的颜色，如图6-50所示。

减去   差值

图6-49   图6-50

● 反相：可以使用实例图像反转背景图像，使背景

图像的颜色反转显示，类似于彩色照片的底片，如图6-51所示。

● Alpha：使实例变得透明。

● 擦除：可以删除基准颜色像素，包括背景中的基准颜色像素，如图6-52所示。

反相   擦除

图6-51   图6-52

学习笔记

范例 制作环保海报

知识要点 创建元件、创建实例、编辑实例

配套资源 素材文件\第6章\背景.png、灯泡.png、小文字.png、地球.png、小地球.png、地球1小时.png
效果文件\第6章\家庭用电环保海报.fla

扫码看视频

📷 范例说明

"地球一小时"是世界自然基金会应对全球气候变化所提出的一项全球性节能活动，全球多地以熄灯等方式来参加该活动。本海报是为了迎合该活动而制作的宣传动画海报，整个海报尺寸为1080像素×1920像素。设计时，可将原有的海报内容转换为元件，并进行实例的编辑操作，然后添加闪烁动画效果，提升整个海报的美观度。

扫码看效果

📋 操作步骤

1 启动Animate CC 2020，选择【文件】/【新建】命令，打开"新建文档"对话框，在右侧的"详细信息"栏中设置"宽"和"高"分别为"1080""1920"，"帧频率"为"24"，单击 创建 按钮。

2 选择【文件】/【导入】/【导入到舞台】命令，打开"导入"对话框，在其中选择"背景.png"素材文件，单击 打开(O) 按钮，如图6-53所示。

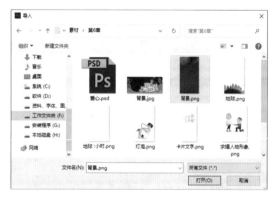

图6-53

3 双击"图层_1"，将其重命名为"背景"，单击其后的🔒按钮，将该图层锁定，如图6-54所示。

4 按【Ctrl+F8】组合键，打开"创建新元件"对话框，在"名称"文本框中输入"地球"，在"类型"下拉列表框中选择"影片剪辑"选项，单击 确定 按钮，新建"地球"影片剪辑元件，如图6-55所示。

图6-54

图6-55

5 选择【文件】/【导入】/【导入到舞台】命令，打开"导入"对话框，在其中选择"地球.png"素材文件，单击 打开(O) 按钮，该素材将被导入舞台中，效果如图6-56所示。

图6-56

6 按【Ctrl+F8】组合键，打开"创建新元件"对话框，在"名称"文本框中输入"灯泡"，在"类型"下拉列表框中选择"影片剪辑"选项，单击 确定 按钮，新建"灯泡"图形元件。

7 按【Ctrl+R】组合键打开"导入"对话框，在其中选择"灯泡.psd"素材文件，单击 打开(O) 按钮，效果如图6-57所示。

图6-57

8 使用相同的方法，依次为"地球1小时.png""小文字.png""小地球.png"素材创建影片剪辑元件。

9 按【Ctrl+F8】组合键打开"创建新元件"对话框，在"名称"文本框中输入"闪烁"，在"类型"下拉列表框中选择"影片剪辑"选项，单击 确定 按钮，新建"闪烁"影片剪辑元件，如图6-58所示。

图6-58

10 为灯泡制作渐变闪烁效果。按【Ctrl+L】组合键打开"库"面板，将创建的"灯泡"元件拖曳到舞台中，并放置到适当位置，新建"闪烁"影片剪辑元件，如图6-59所示。

图6-59

11 打开"属性"面板，在实例名称文本框中输入"灯光闪烁"，如图6-60所示。

图6-60

12 按住【Ctrl】键不放，依次在"时间轴"面板的第15、第30、第45、第60帧单击，按【F6】键插入关键帧，如图6-61所示。

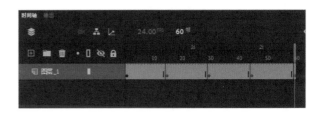

图6-61

13 在"时间轴"面板中选择第15帧，在舞台中选择"灯泡"元件，在"属性"面板的"色彩效果"下拉列表框中选择"色调"选项，单击"着色"按钮 ■，在打开的下拉列表框中设置色调颜色为"#A7FFFF"，拖曳"色调"滑块至"28%"，如图6-62所示。

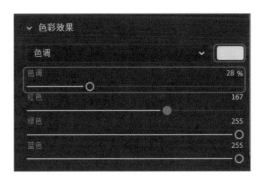

图6-62

14 在"时间轴"面板中选择第45帧，在舞台中选择"灯泡"元件，在"属性"面板的"色彩效果"下拉列表框中选择"高级"选项，设置"Alpha"为"73%"，"绿色"为"59%"，如图6-63所示。

15 在"时间轴"面板中选择第30帧，在舞台中选择"灯泡"元件，按住【Alt】键不放，向右拖曳鼠标复制灯泡，然后将其移动到原灯泡的上方，在"属性"面板的"混合"下拉列表框中选择"滤色"选项，如图6-64所示。

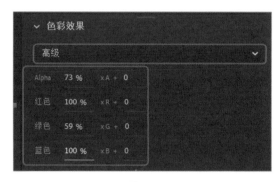

图6-63

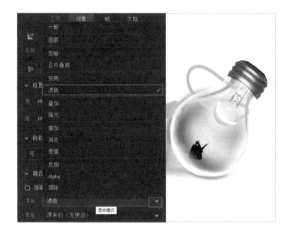

图6-64

16 单击 ← 按钮返回场景，单击"新建图层"按钮 🖽 新建图层。打开"库"面板，将"地球"元件拖曳到背景上方，如图6-65所示。然后在"属性"面板的"实例名称"文本框中输入"地球"文本。

17 再次新建图层，打开"库"面板，将"闪烁"元件拖曳到舞台上方，并调整其大小和位置，效果如图6-66所示。

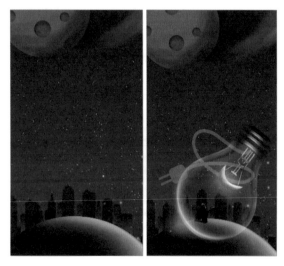

图6-65　　　　　　　图6-66

18 再次新建图层，打开"库"面板，将"地球1小时"元件拖曳到舞台上方，并调整其大小和位置，打开"属性"面板，在"混合"下拉列表框中选择"强光"选项，如图6-67所示。

图6-67

19 为了使文字实例效果更加具有立体感，可为文字添加滤镜效果。在"滤镜"栏中单击"添加滤镜"按钮 ➕，在打开的下拉列表框中选择"发光"选项，在打开的列表中设置"模糊X"为"3"，"模糊Y"为"12"，"强度"为"110%"，"颜色"为"#0000FF"，勾选"内发光"复选框，设置"品质"为"中"，如图6-68所示。

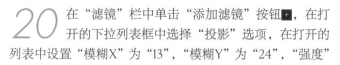

图6-68

20 在"滤镜"栏中单击"添加滤镜"按钮 ➕，在打开的下拉列表框中选择"投影"选项，在打开的列表中设置"模糊X"为"13"，"模糊Y"为"24"，"强度"

为 "31%"，"角度" 为 "44°"，"距离" 为 "15"，勾选 "内阴影" 复选框，设置 "品质" 为 "低"，如图6-69所示。

图6-69

21 在 "滤镜" 栏中单击 "添加滤镜" 按钮，在打开的下拉列表框中选择 "斜角" 选项，在打开的列表中设置 "模糊X" 为 "5"，"模糊Y" 为 "1"，"强度" 为 "90%"，"距离" 为 "4"，"类型" 为 "内侧"，"品质" 为 "低"，其他保持默认设置不变，如图6-70所示。

图6-70

22 再次新建图层，打开 "库" 面板，将 "小文字" 元件拖曳到舞台上方，创建实例。

23 在 "滤镜" 栏中单击 "添加滤镜" 按钮，在打开的下拉列表框中选择 "渐变发光" 选项，在打开的列表中设置 "模糊X" 为 "0"，"模糊Y" 为 "4"，"强度" 为 "100%"，"距离" 为 "2"，"渐变" 为 "透明~#182F64"，"类型" 为 "外侧"，"品质" 为 "高"，如图6-71所示。

图6-71

24 再次新建图层，打开 "库" 面板，将 "小地球" 元件拖曳到舞台上方，创建实例。在 "滤镜" 栏中单击 "添加滤镜" 按钮，在打开的下拉列表框中选择 "投影" 选项，在打开的列表中设置 "模糊X" 为 "10"，"模糊Y" 为 "10"，"强度" 为 "116%"，"角度" 为 "60°"，"距离" 为 "4"，"阴影" 为 "#5869A8"，"品质" 为 "中"，如图6-72所示。

图6-72

25 按【Ctrl+Enter】组合键，查看整个环保海报效果，此时可发现灯泡在闪烁，完成后按【Ctrl+S】组合键保存文件。

技巧

在场景中选择多个元件实例后，可以同时为多个元件实例设置相同的混合模式。

环保主题海报是公益海报的一种，其目的是号召人们保护环境，让人们树立环境保护意识，具有教育性、警示性、宣传性、社会性和公益性等特征。在设计环保主题海报时，设计人员需要通过海报中的图形语言体现对人类生存环境的重视，还应搭配警示文字和图形，使作品体现出环境保护的意识和理念。

设计素养

6.3 库

"库"面板就像是Animate的一个"大仓库"，可以用来存储元件、图像、声音等内容，这些内容可直接从"库"面板中调用。

6.3.1 认识"库"面板

"库"面板主要用于存放和管理动画文件中的素材和元件。选择【窗口】/【库】命令，或按【Ctrl+L】组合键，均可打开"库"面板，如图6-73所示。

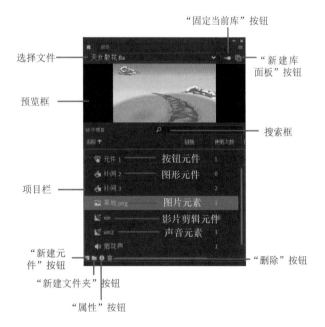

图6-73

● "选择文件"下拉列表框：若在Animate中打开了多个文件，则在"库"面板的"选择文件"下拉列表框中可方便、

快捷地调用其他文件中的元件和素材文件。

● 预览框：在项目栏中选择"库"面板中的项目后，可在预览框中预览，如果选择的项目是声音素材，则已经添加了动画的影片剪辑元件、图形元件会在预览框的右上角出现"播放"按钮▶和"停止"按钮■，单击"播放"按钮▶可以播放声音或预览动画效果，单击"停止"按钮■可停止播放。

● 搜索框：在该文本框中输入名称，可以搜索"库"面板中符合的项目。

● 项目栏：所有的素材、元件、声音、视频等内容都包含在该栏中。

● "新建元件"按钮■：单击可新建元件。

● "新建文件夹"按钮■：当"库"面板中存在很多素材和元件时，可单击该按钮，在"库"面板中新建文件夹，将相互关联的元素和元件放置在同一文件夹中，从而方便管理。

● "属性"按钮■：在"库"面板中选择一个素材或元件后，单击该按钮，打开对应的"属性"面板，在其中可对选择的图像进行调整。

● "删除"按钮■：单击该按钮，或按【Delete】键，均可删除当前选择的文件，也可右击，在弹出的快捷菜单中选择"删除"命令。

● "固定当前库"按钮■：单击该按钮，切换到其他文件后，可发现固定后"库"面板中的元件已引用到其他文件的"库"面板中。单击该按钮后，会由■变为■状态。

● "新建库面板"按钮■：单击该按钮，可新建一个"库"面板，且该新建的面板中将包含当前"库"面板中的所有素材和元件。

6.3.2 新建和管理"库"文件夹

当需要制作复杂动画时，可使用"库"面板中的文件夹功能对库中的文件进行区分和管理。

文件夹的使用比较简单，类似于在"时间轴"面板中使用图层文件夹。单击"库"面板中的"新建文件夹"按钮■，新建一个未命名的文件夹，并输入文件夹名称，如图6-74所示。

若需要将部分文件移动到文件夹中，则只需选择文件后，按住鼠标左键将其拖曳到文件夹中，然后释放鼠标左键，如图6-75所示。也可选择需要移动的文件，右击，在弹出的快捷菜单中选择"移至"命令，打开"移至文件夹"对话框，在其中可新建文件夹和选择现有文件夹移动选择的文件，如图6-76所示。

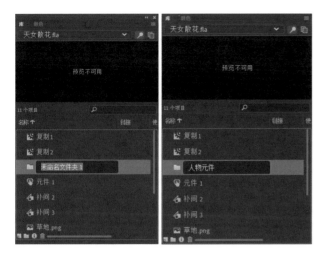

图6-74

图6-75

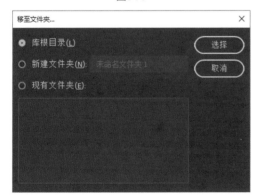

图6-76

6.3.3 导入外部库

外部库是指已经保存好的其他Animate文档中的库。导入外部库可将外部库中的文件应用于当前文档中，这样能方便地调用其他文档中的素材，快速使用现成的元素，有利于

减少动画制作的工作量。

导入外部库的操作方法为：选择【文件】/【导入】/【打开外部库】命令，在打开的"作为库打开"对话框中选择需要的Animate文档，单击 打开(O) 按钮，打开"库"面板，如图6-77所示。

图6-77

技巧

在 Animate 中可同时打开本地库和外部库，不用担心因为打开了外部库而遮挡了文档本身的库，出现使用不便的情况。

范例　制作水果标签

知识要点　导入外部库、新建库文件夹、元件、传统补间动画

配套资源　素材文件\第6章\草莓素材.fla
效果文件\第6章\水果标签.fla

扫码看视频

范例说明

商品标签是贴在商品上的标志及标贴，包括文字、图案和文字图案组合3种形式。本例将为某水果店铺制作600像素×600像素的草莓标签，用于提升商品美观度，同时便于用户识别和查看。在设计该标签时，可采用橙色为底色，以便于显示，并添加水果图案和文字，以便于查看。

扫码看效果

操作步骤

1 启动Animate CC 2020，新建一个600像素×600像素的动画文件，在"属性"面板中设置"舞台颜色"为"#FF6600"，如图6-78所示。

2 选择"基本椭圆工具" ⊚，在"属性"面板中设置"填充"为"#FFFFFF"，在舞台的中间区域绘制345像素×345像素的正圆，如图6-79所示。

图6-78　　　　　　　图6-79

3 按【Ctrl+C】组合键复制图层，按【Ctrl+V】组合键粘贴图层。选择粘贴后的图层，选择【修改】/【形状】/【扩展填充】命令，打开"扩展填充"对话框，设置"距离"为"40像素"，选中"插入"单选项，单击 确定 按钮，如图6-80所示。

4 选择缩放后的圆，修改"填充"为"#FAB95B"，效果如图6-81所示。

图6-80　　　　　　　图6-81

5 选择【文件】/【导入】/【打开外部库】命令，在开的"打开"对话框中选择"草莓素材"文件，单击 打开(O) 按钮，打开外部库，如图6-82所示。

图6-82

6 新建图层，从打开的外部库面板中将"草莓1"影片剪辑元件拖曳到舞台中，调整其大小和位置与舞台一致，如图6-83所示。

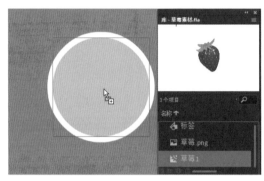

图6-83

7 将"图层_2"锁定，然后选择"图层_1"，从打开的外部库面板中将"标签"元件拖曳到舞台中，并调整其位置和大小，按【Ctrl+↓】组合键将元件排列到圆的下方，效果如图6-84所示。

8 再次添加标签，右击，在弹出的快捷菜单中选择【变形】/【水平翻转】命令，对元件进行翻转，按【Ctrl+↓】组合键将元件排列到圆的下方，效果如图6-85所示。

图6-84　　　　　　　图6-85

9 新建图层，选择"基本矩形工具" ▣，在圆的中间绘制"填充"为"#EF3F61"、大小为426像素×90像素的矩形，如图6-86所示。

10 选择"基本矩形工具" ▣，在矩形的左右两侧分别绘制"填充"为"#A81B4A"、大小为65像素×110像素的矩形，如图6-87所示。

图6-86　　　　　　　　图6-87

11 依次选择绘制的两个矩形，右击，在弹出的快捷菜单中选择【变形】/【扭曲】命令，将右侧的调整点向下拖曳到矩形轮廓处，完成倾斜操作，效果如图6-88所示。

12 选择倾斜后的矩形，按【Ctrl+X】组合键剪切形状，然后选择"图层_1"，按【Ctrl+V】组合键粘贴形状，按【Ctrl+↓】组合键将矩形排列到圆的下方，使其形成立体效果，如图6-89所示。

图6-88　　　　　　　　图6-89

13 新建图层，选择"文本工具" ▣，在"属性"面板中设置"字体"为"方正大黑简体"，大小为"56pt"，"填充"为"#FFFFFF"，然后在矩形中输入"FRESH FRUIT"文字，如图6-90所示。

图6-90

14 为了使水果标签有更丰富的视觉效果，可为文字添加动画。选择文字，按【F8】键打开"转换为元件"对话框，在"名称"文本框中输入"文字"，在"类型"下拉列表框中选择"影片剪辑"选项，单击 确定 按钮，如图6-91所示。

图6-91

15 在"滤镜"栏中单击"添加滤镜"按钮 ➕，在打开的下拉列表框中选择"渐变发光"选项，在打开的列表中设置"模糊X"为"4"，"模糊Y"为"4"，"强度"为"100%"，"距离"为"4"，"渐变"为"透明～#FF6600"，"类型"为"外侧"，"品质"为"低"，效果如图6-92所示。

图6-92

16 双击文字元件，进入单个元件的编辑状态，在"时间轴"面板中的第60帧处单击，按【F6】键创建关键帧，效果如图6-93所示。

图6-93

17 在第30帧双击使整个帧呈选中状态，右击，在弹出的快捷菜单中选择"创建传统补间"命令，创建传统补间动画，如图6-94所示。

18 将播放标记移动到第1帧，选择"任意变形工具" ▣，选择文字，按住【Shift】键不放，拖曳文字的角点缩小文字，如图6-95所示。

图6-94

图6-95

19 按【Ctrl+L】组合键，打开"库"面板，单击"新建文件夹"按钮■，新建文件夹，并在可编辑区域输入"文字动画"文字，如图6-96所示。

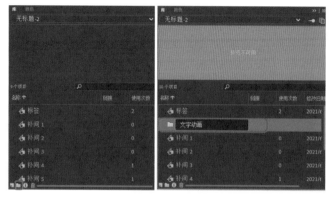

图6-96

20 按住【Ctrl】键不放，依次选择"补间1""补间2""补间3""补间4""补间5""文字"元件，按住鼠标左键不放，将其移动到"文字动画"文件夹中，然后释放鼠标左键，完成动画的移动操作，如图6-97所示。

21 按【Ctrl+Enter】组合键查看整个水果标签效果，完成后按【Ctrl+S】组合键保存文件。

图6-97

小测 制作水蜜桃水果标签

配套资源\效果文件\第6章\水蜜桃标签素材.fla
配套资源\效果文件\第6章\水蜜桃标签.fla

根据提供的元件素材制作水蜜桃标签，要求制作的效果与草莓标签的呈现方式相同，参考效果如图6-98所示。

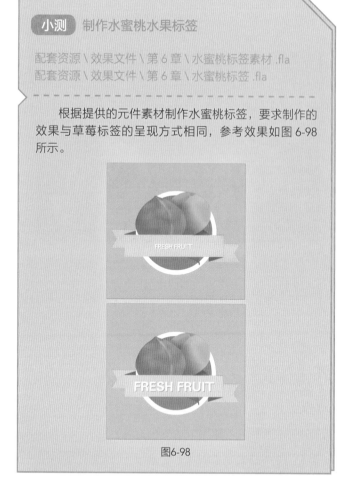

图6-98

6.4 综合实训：制作旅行宣传海报

海报又名"宣传画"，属于户外广告的一种，常分布在街道、影剧院、展览会、商业闹区、车站、码头、公园等公共场所。随着互联网的发展，海报逐渐从线下的张贴展现发展到网络图片的浏览、传播。本实训将制作用于互联网宣传的旅行宣传海报。

6.4.1 实训要求

随着高考的结束，大批高三学生经历了高中3年的紧张学习，常常会选择以旅行的方式放松身心。此时各类旅行网站、旅行社常常会采用宣传海报的形式，对旅行网或旅行地进行宣传。本实训的宣传海报就是专为毕业旅行而设计的，整个海报的尺寸为640像素×1240像素，以便于在各种网络平台进行宣传与传播。

6.4.2 实训思路

（1）本实训海报的主题为"毕业旅行"，因此在设计时，可采用旅行景点图片作为背景，然后添加与旅行有关的文字，并通过"毕业旅行""说走就走""寻找你的诗和远方"等网络热词，吸引更多目标用户浏览该海报。

（2）在动画的设计上，为便于后期调整素材，可先将素材导入库中，并为导入的素材添加元件，然后将元件添加到舞台中形成实例并为实例添加滤镜、颜色等效果。除此之外，还可为文字添加简单的动画，使其有动感，让最终完成的效果不但具有美观性，还具有时尚感。

本实训完成后的参考效果如图6-99所示。

扫码看效果

图6-99

6.4.3 制作要点

知识
要点 帧、元件、库、实例的操作

配套
资源 素材文件\第6章\毕业文字.fla、相片贴.png、旅游背景.png、寻找你的诗和远方.png
效果文件\第6章\旅行宣传海报.fla

扫码看视频

完成本实训主要包括元件的创建、实例和库的编辑两个部分，主要操作步骤如下。

1 新建640像素×1240像素的动画文件，并将其以"旅行宣传海报"为名保存。

2 导入"旅游背景.png"素材文件，将"图层_1"重命名为"背景"，并锁定该图层。

3 新建"相片贴"影片剪辑元件，将"相片贴.png"素材导入舞台中。

4 新建"寻找你的诗和远方"影片剪辑元件，导入"寻找你的诗和远方.png"素材文件。

5 新建"文字动效"影片剪辑元件，将"寻找你的诗和远方"影片剪辑元件拖曳到舞台中，并放置到适当位置。

6 在"时间轴"面板中的第10帧、第20帧、第30帧、第40帧处插入关键帧。

7 选择第10帧，设置其"色彩效果"为"色调"，在"色调"栏中设置"着色"为"#3366FF"，"色调"为"15%"。使用相同的方法依次设置第20帧、第30帧、第40帧的"色调"为"30%""40%""50%"，然后在第1~第40帧之间创建传统补间动画。

8 返回场景，新建图层，将"相片贴"元件拖曳到舞台上方，并调整其大小和位置，再次新建图层，将"文字动效"元件拖曳到舞台上方，并调整其大小和位置，效果如图6-100所示。

9 为元件添加"投影"滤镜，新建"TRAVEL"影片剪辑元件，输入"TRAVEL"文本，分别在第10帧、第20帧、第30帧、第40帧处插入关键帧。

10 将播放标记拖曳到第0帧，删除"TRAVEL"文本中的"AVEL"文本，保留"TR"。

11 将播放标记拖曳到第10帧，删除"TRAVEL"文本中的"VEL"文本，保留"TRA"。

12 将播放标记拖曳到第20帧，删除"TRAVEL"文本中的"EL"文本，保留"TRAV"。

13 将播放标记拖曳到第30帧，删除"TRAVEL"文本中的"L"文本，保留"TRAVE"，形成文字依次出现的效果。

14 返回场景，将"TRAVEL"元件添加到舞台中，调整实例的大小和位置，打开外部库，将"毕业文字"影片剪辑元件拖曳到舞台中，调整其大小和位置与舞台一致，如图6-101所示。

15 按【Ctrl+Enter】组合键，查看整个海报效果，完成后按【Ctrl+S】组合键保存文件。

学习笔记

图6-100　　　　　　图6-101

巩固练习

1. 制作"小池"场景

本练习要求根据提供的"水面.png""荷塘.png""蜻蜓.fla"素材文件制作一幅小池场景，要求为场景配上合适的诗句，并且要有一定的动画效果，参考效果如图6-102所示。

 素材文件\第6章\水面.png、荷塘.png、蜻蜓.fla
效果文件\第6章\小池.fla

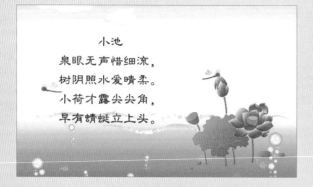

图6-102

2. 制作"春游"场景

本练习要求将提供的素材文件导入"库"面板中，从而合成"春游"场景，要求画面整洁、风格清新、色彩搭配合理，参考效果如图6-103所示。

 素材文件\第6章\房子.ai、太阳.psd、树.psd、花.png、花2.png、蝴蝶.png、幸运草.psd
效果文件\第6章\春游.fla

图6-103

在元件、实例与库的制作中，可以发现很多元件都是通过将导入的位图或矢量图转换为元件得到的，若需要对位图进行编辑，则可直接将位图分散，但是很难对分散后的效果调整单个部分，此时可先将位图转换为矢量图，然后进行分散操作，快速对各个部分进行删除和选择。下面介绍将位图转换为矢量图，以及删除位图背景的方法。

1. 将位图转换为矢量图

有的位图在导入Animate后，对其进行大幅度的放大操作会出现锯齿现象，影响动画的视觉效果。这时可以将位图转换为矢量图，以便于更改图形。

其操作方法为：将位图文件导入舞台中，或从"库"面板中拖曳到舞台中，选择该位图文件，再选择【修改】/【位图】/【转换位图为矢量图】命令，打开"转换位图为矢量图"对话框，在其中设置相关参数，单击 [确定] 按钮，即可进行转换，如图6-104所示。

一般情况下，位图转换为矢量图后，可减小文件的大小，但若导入的位图包含复杂的形状和许多颜色，则转换后的矢量图文件可能比原始的位图文件还要大。因此，可调整"转换位图为矢量图"对话框中的各个参数，找到文件大小和图像品质之间的平衡点。

图6-104

"转换位图为矢量图"对话框中各参数的含义如下。

● 颜色阈值：对两个像素进行比较后，如果它们在RGB颜色值上的差异低于该颜色阈值，则认为这两个像素颜色相同。如果增大该阈值，则意味着减少了颜色的数量。

● 最小区域：用于设置为某个像素指定颜色时需要

考虑的周围像素的数量。

● 角阈值：用于设置保留锐边或进行平滑处理。
● 曲线拟合：用于设置绘制轮廓的平滑程度。

> **技巧**
>
> 在 Animate 中除了可以将位图转换为矢量图外，还可以将矢量图转换为位图。其操作方法为：在舞台中选择要转换为位图的矢量图，然后选择【修改】/【转换为位图】命令。

2. 删除位图背景

对于背景为纯色的位图，可以先将其转换为矢量图，然后使用"选择工具" ▶ 选择纯色背景部分，按【Delete】键即可删除，如图6-105所示。这样不仅可以删除背景，还可以减小图像大小。

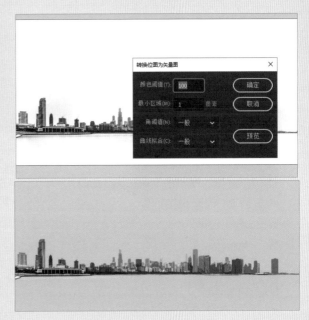

图6-105

对于背景比较复杂、颜色种类多的位图图像，如果转换为矢量图，则不仅会增加文件大小，而且图像的效果也会变差。这时可以按【Ctrl+B】组合键将图像分离，使用"魔术棒工具" ❖ 选择位图的背景后，按【Delete】键删除。

第 7 章

逐帧动画与补间动画

本章导读

Animate提供了多种常见的动画类型，其中逐帧动画是较为基础的动画，可使绘制的内容连续播放；而补间动画则可丰富动画效果，使整个动画更具吸引力。

知识目标

< 掌握逐帧动画的制作方法
< 掌握补间动画的制作方法

能力目标

< 能够制作动态标志
< 能够制作倒计时动画
< 能够制作动图
< 能够制作动态推文封面
< 能够制作加载动画
< 能够制作游戏场景动效

情感目标

< 激发学生制作动画的兴趣
< 促进学生探索不同类型动画的使用场景

7.1 逐帧动画

逐帧动画是在时间轴的每一帧上都绘制不同内容并使之连续播放形成动画的一种常见的动画形式。通常来说，逐帧动画可直接创建，也可采用转换和导入逐帧动画的方法进行制作。

7.1.1 逐帧动画的特点

制作逐帧动画时，需要在动画的每一帧上创建不同的内容。当逐帧播放时，Animate会一帧一帧地显示每帧的内容。其特点如下。

● 逐帧动画中的每一帧都是关键帧，每一帧上的内容都需要手动编辑，工作量很大，但由于逐帧动画和电影播放模式相似，因此比较适合制作较为细腻的动画，如人物或动物急剧转身等效果。

● 逐帧动画由许多单个关键帧组合而成，每个关键帧均可独立编辑，且相邻关键帧中的对象变化不大。

● 逐帧动画的文件较大，为了避免出现卡顿的情况，其内容一般不会过于复杂。

7.1.2 转换与形成逐帧动画

转换与形成逐帧动画主要有以下3种方式。

● 转换为逐帧动画：将其他动画转换为逐帧动画的操作方法为：在"时间轴"面板中选择要转换为逐帧动画的帧，右击，在弹出的快捷菜单中选择"转换为逐帧动画"命令，在弹出的子快捷菜单中选择相应的命令。

● 导入GIF动画文件形成逐帧动画：导入GIF动画文件时，会自动将GIF动画文件中的帧转换为时间轴中的关键帧，从而形成逐帧动画。图7-1所示为将"行走的蔬菜.gif"动画转换为时间轴中的关键帧的效果。

图7-1

● 导入图片序列形成逐帧动画：图片序列是指一组文件名有连续编号的图片文件（1.png、2.png、3.png ……），在导入其中的一张图片时，打开提示对话框，单击 星 按钮，将导入该图片编号后的所有图片，并按照编号顺序依次添加到各个关键帧中，从而形成逐帧动画。图7-2所示为将文件夹中的图片序列转换为时间轴中的关键帧的效果。

图7-2

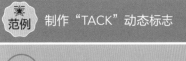

范例　制作"TACK"动态标志

知识要点　导入图片序列、导入GIF动画文件

配套资源　素材文件\第7章\闪圈.gif、TACK
效果文件\第7章\"TACK"动态标志.fla

扫码看视频

范例说明

动态标志是一种新的标志形式，可将标志内容以动态的形式呈现，更具识别性。TACK品牌需要制作一款动态标志，为了使动态标志与平面标志更加统一，可直接将TACK平面标志的不同图片作为动态标志的素材，使整个标志具有动态感。为了提升标志的美观度，还可添加闪圈、滤镜效果，增强动态标志效果的丰富性。

扫码看效果

操作步骤

1　启动Animate CC 2020，选择【文件】/【新建】命令，打开"新建文档"对话框，在右侧的"详细信息"栏中设置"宽"和"高"分别为"300""300"，单击 创建 按钮。

2　将舞台颜色修改为"#000000"，新建图层，选择【文件】/【导入】/【导入到舞台】命令，打开"导入"对话框，在其中选择"闪圈.gif"素材文件，单击 打开(O) 按钮，该素材被导入舞台中，如图7-3所示。

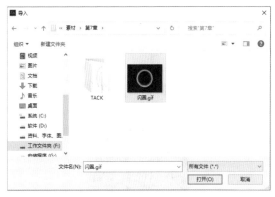

图7-3

3 此时可发现"闪圈.gif"素材已经以帧的形式添加到"时间轴"面板中，如图7-4所示。

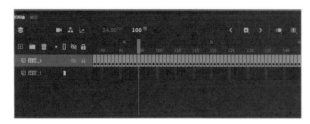

图7-4

4 为了降低整个动画的复杂度，可将多余帧删除。按住【Shift】键不放，依次单击第100帧和第170帧，发现两帧中间的所有帧均被选择，按【Shift+F5】组合键删除，如图7-5所示。

图7-5

5 单击"编辑多个帧"按钮■，发现在帧的上方出现调整框，拖曳调整框到所有添加帧的上方，使其与帧对齐，然后双击"图层_2"右侧的空白区域，全选所有添加的帧，如图7-6所示。

图7-6

6 选择"任意变形工具"■，缩小闪圈效果到适当位置，然后选择"选择工具"■，调整整个闪圈的位置，单击"编辑多个帧"按钮■取消调整框，效果如图7-7所示。

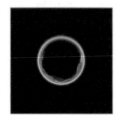

图7-7

7 新建图层，选择【文件】/【导入】/【导入到舞台】命令，打开"导入"对话框，在其中选择"TACK"文件夹中的"1.png"素材文件，单击 打开(O) 按钮，如图7-8所示。

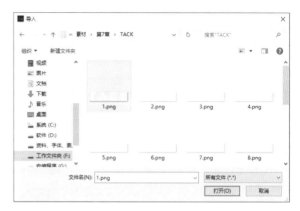

图7-8

8 打开提示对话框，单击 是 按钮，将自动导入编号的所有图片，并按照编号顺序依次添加到各个关键帧中，如图7-9所示。

图7-9

9 单击"编辑多个帧"按钮■，发现在帧的上方出现调整框，拖曳调整框到所有添加帧的上方，使其与帧对齐，然后双击"图层_3"右侧的空白区域，全选所有添加的帧。选择"任意变形工具"■，缩小闪圈效果到适当位置，然后选择"选择工具"■，调整整个闪圈的位置，单击"编辑多个帧"按钮■取消调整，效果如图7-10所示。

10 使用"选择工具"■拖曳"图层_3"中的帧，使其均匀分布，效果如图7-11所示。

11 新建图层，选择"基本椭圆工具"■，绘制380像素×380像素的正圆，打开"属性"面板，取消填充，设置"笔触"为"#000099"，"笔触大小"为"10"，如图7-12所示。

图7-10

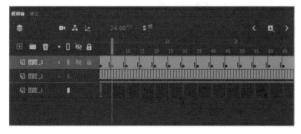

图7-11

图7-12

12 按【F8】键，打开"转换为元件"对话框，在"名称"文本框中输入"圆"文字，在"类型"下拉列表框中选择"影片剪辑"选项，单击 确定 按钮，如图7-13所示。

图7-13

13 在"滤镜"栏中单击"添加滤镜"按钮➕，在打开的下拉列表框中选择"渐变发光"选项，在打开的列表中设置"模糊X"为"7"，"模糊Y"为"8"，"强度"为"65%"，"距离"为"4"，"渐变"为"透明～#0066CC"，勾选"挖空"复选框，设置"类型"为"外

侧"，"品质"为"中"，如图7-14所示。

图7-14

14 在"滤镜"栏中单击"添加滤镜"按钮➕，在打开的下拉列表框中选择"发光"选项，在打开的列表中设置"模糊X"为"8"，"模糊Y"为"7"，"强度"为"100%"，"颜色"为"#0000FF"，勾选"内发光"复选框，设置"品质"为"中"，如图7-15所示。

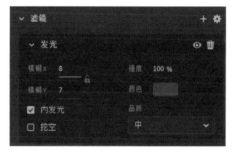

图7-15

15 此时可发现整个椭圆形成星云旋转效果，如图7-16所示。

图7-16

16 按【Ctrl+Enter】组合键，查看整个动态标志的效果，完成后按【Ctrl+S】组合键保存文件。

Animate CC 动画制作核心技能一本通（移动学习版）

动态标志是近几年较流行的一种标志展示形态，主要在各种电子媒介中传播。动态标志的本质是为静态标志加上变化的要素，在指定的时间和空间中表现出动态的形式，它是标志与动画的组合体。动态标志相对于平面标志增强了视觉吸引力，标志的信息通过在空间中做出的运动变化，将需要传递的标志信息以动效的方法传递给用户，增强了用户的好奇心。

同时，动态标志也有局限性，它无法直接取代原有平面标志进行使用，如动态标志的显示区域与平面标志相比过大，应用时重复播放性较差等。因此在设计动态标志时，应注意标志中动效的内容不要过多，只需着重展现标志内容即可。

设计素养

7.1.3 创建逐帧动画

创建逐帧动画时需要将每个帧都定义为关键帧，然后给每个帧添加不同的图像。制作时首先插入多个关键帧，然后在每个关键帧中绘制或导入不同的内容。

★范例　制作小熊动图

知识要点　逐帧动画

配套资源　素材文件\第7章\小熊动图.fla
效果文件\第7章\小熊动图.fla

扫码看视频

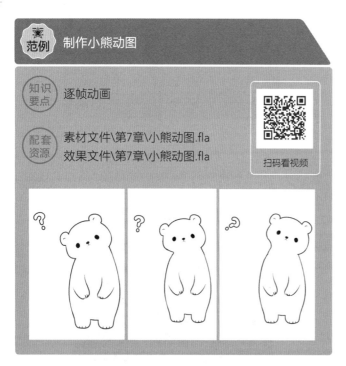

范例说明

在微信中常常以动图的形式展现内容，好的动图可起到吸引用户注意，提高用户好感度的作用。下面为"小熊"素材制作左右摇摆动图效果，提升素材的生动性和美观度。

扫码看效果

操作步骤

1 打开"小熊动图.fla"素材文件，框选所有图层的第60帧，按【F5】键插入帧。框选所有图层的第5帧，按【F6】键插入关键帧，如图7-17所示。

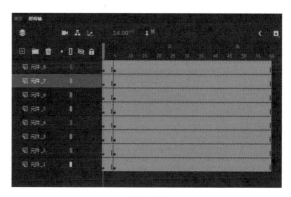

图7-17

2 按住【Shift】键不放，依次选择小熊的五官元件，使用"任意变形工具"进行旋转，然后选择头部元件，对头部进行旋转，如图7-18所示。

图7-18

3 选择"铅笔工具"，在颈部断裂处绘制线条，使头部和身体连接，效果如图7-19所示。

4 选择"任意变形工具"，旋转问号图形，效果如图7-20所示。

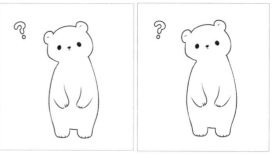

图7-19　　　　　　　　图7-20

5 框选所有图层的第10帧，按【F6】键插入关键帧，调整小熊的头部和五官，使用"铅笔工具" ✏ 在颈部断裂处绘制线条，使头部和身体连接，效果如图7-21所示。

6 选择"任意变形工具" ⊞，旋转问号图形，效果如图7-22所示。

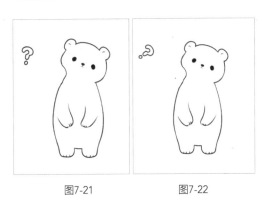

图7-21　　　　　图7-22

7 按住【Shift】键不放，依次选择关键帧，如图7-23所示。

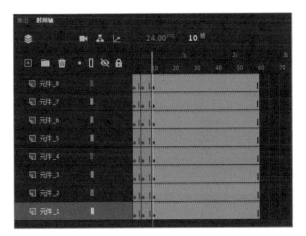

图7-23

8 按住【Alt】键不放，向右拖曳鼠标对关键帧进行复制，到第40帧时，删除其后多余的帧，如图7-24所示。

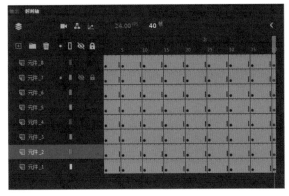

图7-24

9 按【Ctrl+Enter】组合键，查看整个小熊动效，完成后按【Ctrl+S】组合键保存文件。

7.2 补间动画

在制作Animate动画时，也可在两个关键帧的中间区域添加补间动画来实现动画的运动。通常补间动画（广义）分为两类：一类是补间形状动画，是用于形状的动画；另一类是动画补间动画，包括传统补间动画和补间动画（狭义）两种，是用于图形及元件的动画。

7.2.1　认识补间动画

补间动画（广义）主要分为补间形状动画、传统补间动画、补间动画（狭义）3种。

● 补间形状动画：在一个关键帧中绘制一个形状，然后在另一个关键帧中更改该形状或绘制另一个形状，Animate会根据二者之间的形状来创建动画，这种动画被称为补间形状动画。图7-25所示为补间形状动画在"时间轴"面板中的效果。

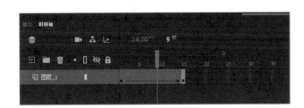

图7-25

● 传统补间动画：传统补间动画就是在两个关键帧之间为某个对象建立一种运动补间关系的动画。在Animate中制作动画时，常需要制作图片的若隐若现、移动、缩放、旋转等效果，这主要通过传统补间动画来实现。图7-26所示为传统补间动画在"时间轴"面板中的效果。

图7-26

● 补间动画：使用补间动画可设置对象的属性，如大小、位置和Alpha值等。补间动画在"时间轴"面板中显示为连续的帧范围，默认情况下可以作为单个对象选择。图7-27所示为补间动画在"时间轴"面板中的效果。

图7-27

7.2.2 创建补间形状动画

在Animate中制作补间形状动画较为简单，只需在两个关键帧中绘制不同的图形，然后在两个关键帧之间右击，在弹出的快捷菜单中选择"创建补间形状"命令，即可完成补间形状动画的制作，如图7-28所示。

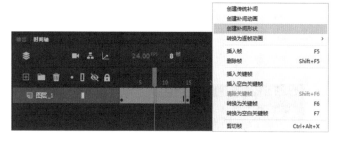

图7-28

在补间形状动画的"属性"面板中可以为补间形状动画添加缓动，如图7-29所示。

图7-29

● 缓动：用于设置缓动类型，包括"属性（一起）"和"属性（单独）"两种。

● ▬▬▬Classic Ease▬▬▬按钮：单击该按钮，打开图7-30所示面板，在其中可以选择不同的缓动效果，还可以查看该缓动的曲线图。

● 编辑缓动：单击"编辑缓动"按钮▰，打开图7-31所示"自定义缓动"对话框，在其中可编辑缓动效果，向上拖曳滑块可提高缓动速度，向下拖曳滑块可降低缓动速度。

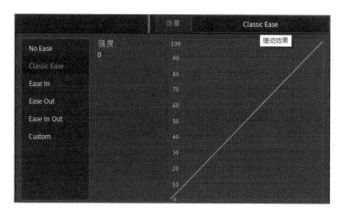

图7-30

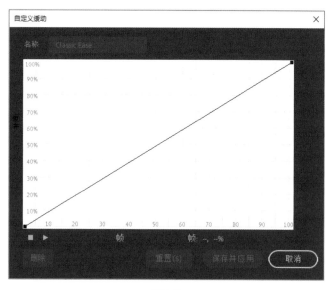

图7-31

● 缓动强度：当缓动强度值大于0时，表示动画开始时速度快，结束时速度慢；当缓动强度值小于0时，表示动画开始时速度慢，结束时速度快。

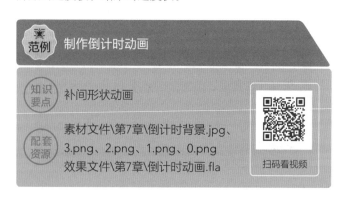

范例 制作倒计时动画

知识要点 补间形状动画

配套资源 素材文件\第7章\倒计时背景.jpg、3.png、2.png、1.png、0.png
效果文件\第7章\倒计时动画.fla

扫码看视频

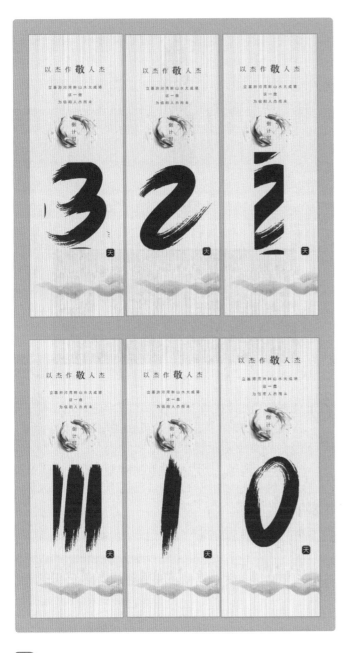

2. 选择【文件】/【导入】/【导入到库】命令，打开"导入"对话框，在其中选择"倒计时背景.jpg、3.png、2.png、1.png、0.png"素材文件，单击 打开(O) 按钮，将选择的素材导入库中，如图7-32所示。

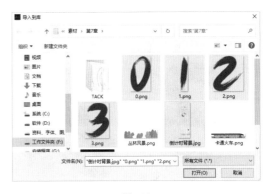

图7-32

3. 新建图层，将"库"面板中的"3.png"文字拖曳到"倒计时"文字下方，调整其大小和位置，按【Ctrl+B】组合键将文字打散，便于后期创建补间形状动画，如图7-33所示。

图7-33

范例说明

某房地产公司距离开盘还有3天，为了达到房地产宣传的目的，将制作倒计时动画，需要在动画中展现开盘时间，吸引更多人关注。制作时可直接导入背景素材，然后使用补间形状动画展现倒计时内容。

扫码看效果

技巧

在创建补间形状动画前，两个素材内容的位置要重合，这样形成的补间形状动画过渡才更加自然。

4. 选择第20帧，按【F7】键创建空白关键帧，然后将"库"面板中的"2.png"素材拖曳到"3"文字处，并调整其大小和位置，按【Ctrl+B】组合键将文字打散，如图7-34所示。

操作步骤

1. 启动Animate CC 2020，选择【文件】/【新建】命令，打开"新建文档"对话框，在右侧的"详细信息"栏中设置"宽"和"高"分别为"640""1850"，单击 按钮。

图7-34

图7-36

5　将播放标记拖曳到两帧的中间区域，右击，在弹出的快捷菜单中选择"创建补间形状"命令，创建补间形状动画，如图7-35所示。

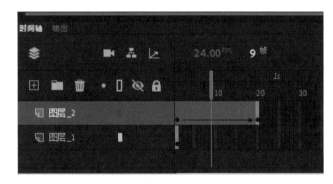

图7-35

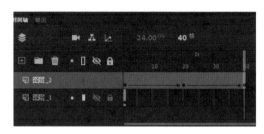

图7-37

9　将播放标记拖曳到"1"和"0"文字的时间轴的中间区域，右击，在弹出的快捷菜单中选择"创建补间形状"命令，创建补间形状动画。

10　在"图层_1"中选择第60帧，按【F6】键插入关键帧，此时可发现背景已经运用到整个动画，效果如图7-39所示。

6　选择第40帧，按【F7】键创建空白关键帧，然后将"库"面板中的"1.png"素材拖曳到"2"文字处，并调整其大小和位置，按【Ctrl+B】组合键将文字打散，效果如图7-36所示。

7　将播放标记拖曳到"2"和"1"文字的时间轴的中间区域，右击，在弹出的快捷菜单中选择"创建补间形状"命令，创建补间形状动画，如图7-37所示。

8　选择第60帧，按【F7】键创建空白关键帧，然后将"库"面板中的"0.png"素材拖曳到"1"文字处，并调整其大小和位置，按【Ctrl+B】组合键将文字打散，效果如图7-38所示。

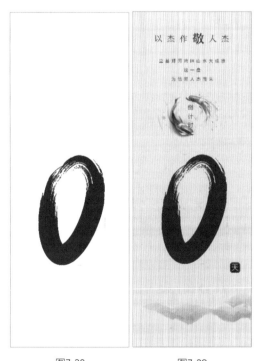

图7-38　　　　　　　图7-39

小测 制作动态"开始"按钮

配套资源\效果文件\第7章\"开始"按钮.fla

制作具有变形效果的"开始"按钮，先绘制圆角矩形，然后使用补间形状动画将圆角矩形转换为正圆，注意其"开始"文字要居中，并且要有立体感，参考效果如图7-40所示。

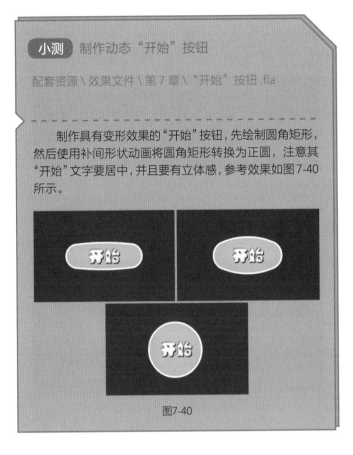

图7-40

7.2.3 创建传统补间动画

传统补间动画是制作Animate动画过程中使用较为频繁的一种动画类型。创建传统补间动画的操作方法为：在两个关键帧中右击，在弹出的快捷菜单中选择"创建传统补间动画"命令，完成传统补间动画的制作。

在"时间轴"面板中选择创建了动作补间动画的帧后，"属性"面板如图7-41所示。其中"缓动"和"效果"栏与补间形状动画相同，这里不再赘述。

图7-41

● "旋转"下拉列表框：选择"无"选项，表示对象不旋转；选择"自动"选项，表示对象以最小的角度旋转，直到终点位置；选择"顺时针"选项，表示设定对象沿顺时针方向旋转到终点位置，在其后的文本框中可输入旋转次数，输入0表示不旋转；选择"逆时针"选项，表示设定对象沿逆时针方向旋转到终点位置，在其后的文本框中可输入旋转次数，输入0表示不旋转。

● "贴紧"复选框：勾选该复选框可使对象沿路径运动时，自动捕捉路径。

● "调整到路径"复选框：勾选该复选框可使对象沿设定的路径运动，并随着路径的改变相应地改变角度。

● "沿路径着色"复选框：勾选该复选框可使对象沿设定的路径着色，并随着路径的改变相应地改变颜色。

● "沿路径缩放"复选框：勾选该复选框可使对象沿设定的路径缩放，并随着路径的改变相应地改变图像大小。

● "同步元件"复选框：勾选该复选框可使动画在场景中首尾连续地循环播放。

● "缩放"复选框：勾选该复选框可使对象在运动时按比例缩放。

范例 制作动态推文封面

知识要点 传统补间动画

配套资源 素材文件\第7章\丛林风景.png、卡通火车.png
效果文件\第7章\动态推文封面.fla

扫码看视频

范例说明

端午节即将到来，许多用户有去旅行的想法，此时发布一则有关旅行的推文往往能起到很好的宣传作用。本例中推文封面的大小要求为900像素×383像素。 为了吸引用户预览该旅行推文，在动画设计上采用火车行驶动画作为展现点，后面的树林为火车行驶过程中不断出现的场景，再加上"尽情放'粽'"文字，将旅行和节日相关联，更具吸引力。

扫码看效果

操作步骤

1 启动Animate CC 2020，选择【文件】/【新建】命令，打开"新建文档"对话框，设置"宽"和"高"分别为"900""383"，单击 创建 按钮。

2 将舞台颜色修改为"#D2F6FF"，新建图层，选择【文件】/【导入】/【导入到舞台】命令，打开"导入"对话框，在其中选择"云朵.png"素材文件，单击 打开(O) 按钮，云朵素材被导入舞台中，调整其大小和位置，效果如图7-42所示。

图7-42

3 新建图层，选择【文件】/【导入】/【导入到舞台】命令，打开"导入"对话框，在其中选择"丛林风景.png"素材文件，单击 打开(O) 按钮，丛林风景素材被导入舞台中。使用"任意变形工具" 调整丛林风景素材的大小，然后使用"选择工具" 调整丛林风景素材的位置，如图7-43所示。

图7-43

4 新建图层，选择【文件】/【导入】/【导入到舞台】命令，打开"导入"对话框，在其中选择"卡通火车.png"素材文件，单击 打开(O) 按钮，卡通火车素材被导入舞台中，使用"任意变形工具" 调整卡通火车素材的大小，然后使用"选择工具" 将卡通火车素材放于舞台外，便于后期制作火车行驶效果，如图7-44所示。

图7-44

5 选择火车素材，按【F8】键打开"转换为元件"对话框，在"名称"文本框中输入"火车"文字，在"类型"下拉列表框中选择"影片剪辑"选项，单击 确定 按钮，如图7-45所示。

图7-45

6 在火车图层的第30帧处单击，按【F6】键插入关键帧，如图7-46所示。

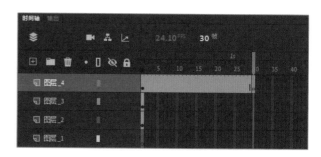

图7-46

7 将播放标记拖曳到第1帧，使用"选择工具" 将火车素材拖曳到丛林风景素材的后方，右击，在弹出的快捷菜单中选择"创建传统补间"命令，创建传统补间动画，如图7-47所示。

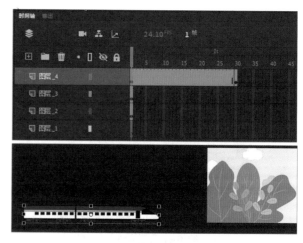

图7-47

8 为了延长火车行驶动作，可在第60帧处单击，并按【F6】键插入关键帧，完成火车行驶动效的制作，如图7-48所示。

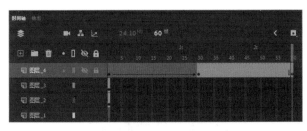

图7-48

9 将播放标记拖曳到第1帧，选择丛林风景素材，按【F8】键打开"转换为元件"对话框，在"名称"文本框中输入"丛林风景"文字，在"类型"下拉列表框中选择"影片剪辑"选项，单击 确定 按钮，如图7-49所示。

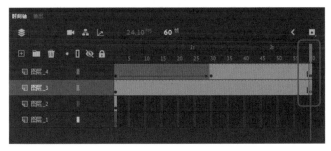

图7-49

10 在第60帧处单击，按【F6】键插入关键帧，如图7-50所示。

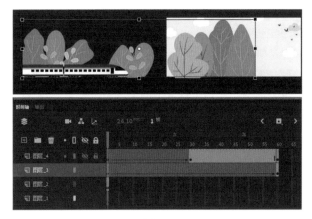

图7-51

图7-52

14 按【Ctrl+Enter】组合键，查看整个动态推文封面效果，完成后按【Ctrl+S】组合键保存文件。

图7-50

11 将播放标记拖曳到第1帧，使用"选择工具" ▶ 将丛林风景素材拖曳到与火车素材右侧对齐，右击，在弹出的快捷菜单中选择"创建传统补间"命令，创建传统补间动画，如图7-51所示。

12 新建图层，选择【文件】/【导入】/【导入到舞台】命令，打开"导入"对话框，在其中选择"文字.png"素材文件，单击 打开(O) 按钮，文字素材被导入舞台中，使用"任意变形工具" ⊞ 调整文字素材的大小，然后使用"选择工具" ▶ 调整文字的位置。

13 为了让背景与动画在同一个场景中体现出来，可选择"图层_1"，在第60帧处单击，按【F6】键插入关键帧，如图7-52所示。

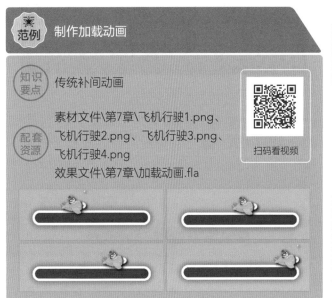

范例　制作加载动画

知识要点　传统补间动画

配套资源　素材文件\第7章\飞机行驶1.png、飞机行驶2.png、飞机行驶3.png、飞机行驶4.png
效果文件\第7章\加载动画.fla

扫码看视频

141

范例说明

在使用App的过程中，有时会出现场景过大、网络信号不佳等情况，导致用户需要等待App的加载时间。此时可采用加载动画的方式来缓解用户等待过程中的焦虑情绪，从而使整个等待过程变得流畅。加载动画通常有进度条、无限循环加载动画等形式。本例将为某游戏App制作一款进度条加载动画，该动画以蓝色为背景，飞机的线路即为进度条的加载量，整个效果美观、有趣。

扫码看效果

操作步骤

1 启动Animate CC 2020，选择【文件】/【新建】命令，打开"新建文档"对话框，在左侧单击"Web"选项卡，在左侧的"预设"栏中选择"极高"选项，在右侧的"详细信息"栏中设置"帧速率"为"24"，单击 创建 按钮，如图7-53所示。

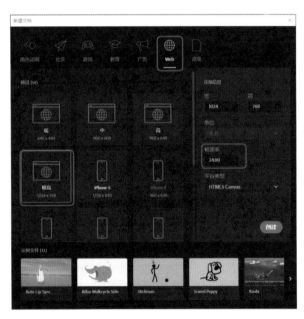

图7-53

2 将舞台颜色设置为"#66CCFF"，新建图层，选择"基本矩形工具" ，在"属性"面板中设置"填充"为"#FF0000"，"矩形边角半径"为"30"，在舞台的中间绘制580像素×58像素的圆角矩形，效果如图7-54所示。

图7-54

3 按【F8】键打开"转换为元件"对话框，在"名称"文本框中输入"内侧圆角矩形"文字，在"类型"下拉列表框中选择"影片剪辑"选项，单击 确定 按钮，将圆角矩形转换为元件，如图7-55所示。

图7-55

4 选择圆角矩形，在"属性"面板的"滤镜"栏中单击"添加滤镜"按钮 ，在打开的下拉列表框中选择"发光"选项，在打开的列表中设置"模糊X"为"6"，"模糊Y"为"26"，"强度"为"100%"，"颜色"为"#FFFF00"，如图7-56所示。

图7-56

5 单击"添加滤镜"按钮 ，在打开的下拉列表框中选择"投影"选项，在打开的列表中设置"模糊X"为"34"，"模糊Y"为"39"，"强度"为"74%"，"角度"为"72°"，"距离"为"11"，"阴影"为"#0033FF"，"品质"为"中"，如图7-57所示。

图7-57

6 新建图层，选择"基本矩形工具"■，在"属性"面板中设置"填充"为"#0000FF"，单击"单个矩形边角半径"按钮■，设置"矩形右上角半径"为"10"，然后在矩形的左侧绘制44像素×56像素的矩形，效果如图7-58所示。

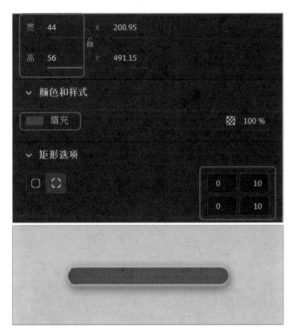

图7-58

7 按【F8】键打开"转换为元件"对话框，在"名称"文本框中输入"进度条"文字，在"类型"下拉列表框中选择"影片剪辑"选项，单击 确定 按钮，将矩形转换为元件，如图7-59所示。

图7-59

8 为了使动画缓缓加载，可分段进行动画设置。选择"图层_2"，在第100帧处按【F5】键插入帧，然后选择"图层_3"，在第20帧处按【F6】键插入关键帧，如图7-60所示。

9 选择"任意变形工具"■，按住【Alt】键不放，选择右侧的控制点向右拖曳，在不改变左侧位置的情况下调整图形大小，如图7-61所示。

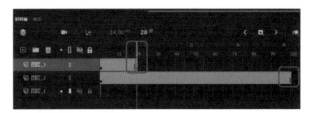

图7-60

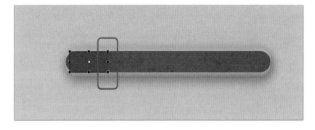

图7-61

10 将播放标记拖曳到第11帧，右击，在弹出的快捷菜单中选择"创建传统补间"命令，创建传统补间动画，如图7-62所示。

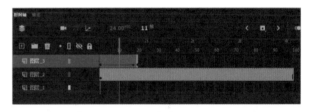

图7-62

11 在"图层_3"的第40帧处按【F6】键插入关键帧，再次选择"任意变形工具"■，按住【Alt】键不放，选择右侧的控制点向右拖曳，在不改变左侧位置的情况下调整图形大小。

12 将播放标记拖曳到第30帧，右击，在弹出的快捷菜单中选择"创建传统补间"命令，创建传统补间动画，如图7-63所示。

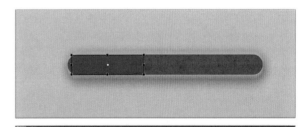

图7-63

143

13 再次在第60帧处按【F6】键插入关键帧，使用"任意变形工具" 调整图层的大小并创建传统补间动画，如图7-64所示。

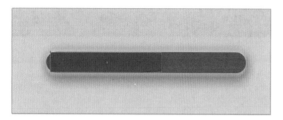

图7-64

14 使用相同的方法在第80帧和第100帧处依次创建传统补间动画，如图7-65所示。

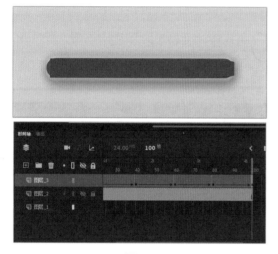

图7-65

15 新建图层，选择"基本矩形工具" ，在"属性"面板中取消填充，设置"笔触"为"#FFFFFF"，"笔触大小"为"12"，"矩形边角半径"为"30"，在舞台的中间绘制580像素×60像素的圆角矩形，效果如图7-66所示。

图7-66

16 按【F8】键打开"转换为元件"对话框，在"名称"文本框中输入"外侧轮廓"文字，在"类型"下拉列表框中选择"按钮"选项，单击 确定 按钮，将圆角

矩形转换为元件，如图7-67所示。

图7-67

17 选择圆角矩形，在"属性"面板的"滤镜"栏中单击"添加滤镜"按钮 ，在打开的下拉列表框中选择"发光"选项，在打开的列表中设置"模糊X"为"20"，"模糊Y"为"5"，"强度"为"100%"，"颜色"为"#0000FF"，如图7-68所示。

图7-68

18 单击"添加滤镜"按钮 ，在打开的下拉列表框中选择"投影"选项，在打开的列表中设置"模糊X"为"9"，"模糊Y"为"13"，"强度"为"33%"，"角度"为"45°"，"距离"为"4"，"阴影"为"#000000"，如图7-69所示。

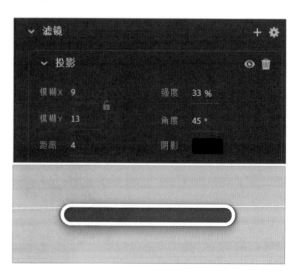

图7-69

19 按【Ctrl+F8】组合键打开"创建新元件"对话框，在"名称"文本框中输入"飞机动画"文字，在"类型"下拉列表框中选择"影片剪辑"选项，单击 确定 按钮，如图7-70所示。

图7-70

20 选择【文件】/【导入】/【导入到舞台】命令，打开"导入"对话框，在其中选择"飞机行驶1.png"素材文件，单击 打开(O) 按钮，打开提示对话框，单击 是 按钮，此时同名称的所有素材将转换为帧在舞台中展现，如图7-71所示。

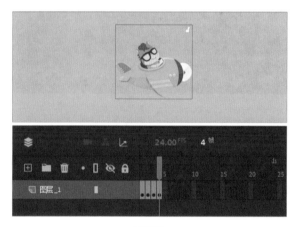

图7-71

21 返回舞台，打开"库"面板，将飞机动画元件拖曳到加载条的左侧，并调整其大小和位置，效果如图7-72所示。

图7-72

22 选择飞机动画元件，单击"添加滤镜"按钮 ，在打开的下拉列表框中选择"投影"选项，此时发现飞机元件已经添加了投影效果，如图7-73所示。

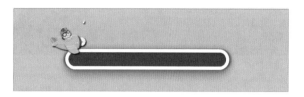

图7-73

23 选择飞机动画，在第100帧处按【F6】键插入帧，然后将飞机动画移动到加载条的结尾处，创建传统补间动画，如图7-74所示。

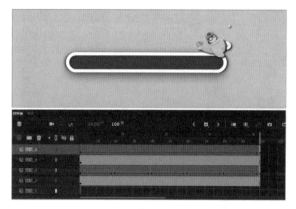

图7-74

24 按【Ctrl+Enter】组合键，查看整个加载效果，完成后按【Ctrl+S】组合键保存文件。

7.2.4 创建补间动画

补间动画一般应用于物体运动行为复杂、非单纯直线运动的动画。其创建方法为：在动画的开始关键帧中放入一个文本元件或影片剪辑元件，在帧上右击，在弹出的快捷菜单中选择"创建补间"命令，创建补间动画，在动画中插入多个关键帧，并调整关键帧中对象的位置、大小、旋转方向等属性，如图7-75所示。

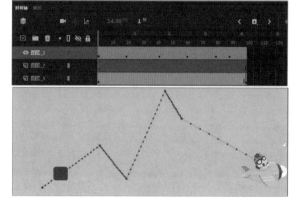

图7-75

范例 制作游戏场景动效

知识要点 补间动画

配套资源 素材文件\第7章\游戏场景.png、
蔬菜行走
效果文件\第7章\游戏场景动效.fla

扫码看视频

Animate CC 动画制作核心技能一本通（移动学习版）

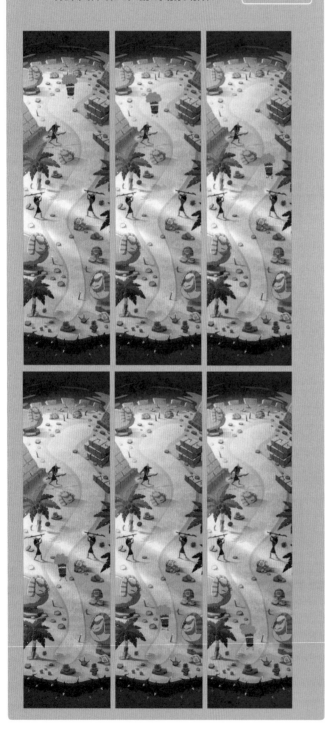

范例说明

游戏是通过不同场景组合而成的，在设计游戏场景动效时，可先制作背景，然后设计动效。本例将为"蔬菜行走"素材添加动效，使其形成行走效果，最终形成行走的游戏场景。

扫码看效果

操作步骤

1 启动Animate CC 2020，选择【文件】/【新建】命令，打开"新建文档"对话框，在右侧的"详细信息"栏中设置"宽"和"高"分别为"640""2380"，单击 创建 按钮。

2 选择【文件】/【导入】/【导入到舞台】命令，打开"导入"对话框，在其中选择"游戏场景.jpg"素材文件，单击 打开(O) 按钮，将游戏场景应用到舞台中。

3 新建图层，按【Ctrl+F8】组合键打开"创建新元件"对话框，在"名称"文本框中输入"游戏人物"文字，在"类型"下拉列表框中选择"影片剪辑"选项，单击 确定 按钮，如图7-76所示。

图7-76

4 选择【文件】/【导入】/【导入到舞台】命令，打开"导入"对话框，在其中选择"蔬菜行走"文件夹中的"1.png"图片，单击 打开(O) 按钮，打开提示对话框，单击 是 按钮，此时同名称的所有素材将转换为帧在图像中展现，如图7-77所示。

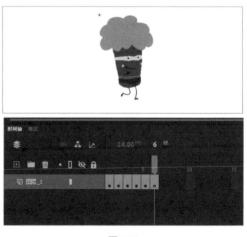

图7-77

5 返回舞台，打开"库"面板，将"蔬菜行走"动画元件拖曳到游戏场景的顶部，并调整其大小和位置，如图7-78所示。

图7-78

6 为了让插入的元件在场景中展现，需要为场景插入关键帧。选择"图层_1"，在第60帧处按【F6】键插入帧，然后选择"图层_2"，选择"蔬菜行走"元件，在其上右击，在弹出的快捷菜单中选择"创建补间动画"命令，在"时间轴"面板中将新插入的帧调整为第60帧，如图7-79所示。

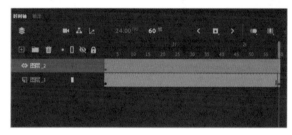

图7-79

7 将播放标记拖曳到第10帧，在舞台中选择"蔬菜行走"元件，将其向前拖曳到道路的转弯处，此时发现拖曳处出现行走路径，按【F6】键插入关键帧，如图7-80所示。

8 将播放标记拖曳到第20帧，在舞台中选择"蔬菜行走"元件，将其向前拖曳到道路的下一个转弯处，此时发现拖曳处出现其他行走路径，按【F6】键插入关键帧，如图7-81所示。

9 使用相同的方法，将播放标记拖曳到第30、第40、第50、第60帧，并在舞台中调整"蔬菜行走"元件，效果如图7-82所示。

10 按【Ctrl+Enter】组合键，查看整个场景游戏动效，完成后按【Ctrl+S】组合键保存文件。

图7-80

图7-81　　　　　　　图7-82

小测 制作旋转飞行动画

配套资源＼素材文件＼第7章＼飞行动画1.png、飞行动画2.png
配套资源＼效果文件＼第7章＼旋转飞行动画.fla

根据提供的飞行动画的相关素材，制作飞行动画。制作时可为飞机创建补间动画，并围绕整个场景飞行，参考效果如图7-83所示。

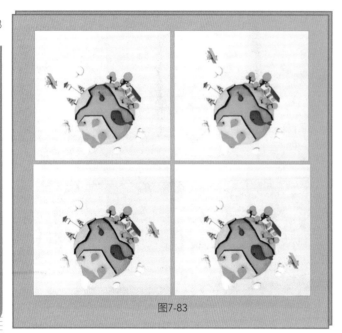

图7-83

告信息逐渐出现的方式，对广告信息进行展现。本例可将整个动效分为4个部分：①优惠券信息的出现可提升整个广告的层次，这里可采用逐帧动画的形式，将相同背景不同优惠文字的图片依次导入库中，并采用插入关键帧的方式添加动效，使整个动画有层次感。②在主文字和满减动效的设计上，为了展现更多内容，可采用补间形状动画的方式使文字信息在同一位置处依次出现，便于用户了解促销信息。③为了便于用户点击操作，可采用传统补间动画的方法，使"立即抢购"按钮缓缓出现。④金币降落效果的设计丰富了整个页面效果，这里可采用补间动画调整降落的路径，使降落效果更加自然。

扫码看效果

本实训完成后的参考效果如图7-84所示。

图7-84

7.3 综合实训：制作6·18促销弹窗广告

随着6·18大型促销活动的到来，各大电商网站将推出大型促销活动。为了提高活动的知名度，各大品牌、商家将会在各大网站中插入宣传广告，以达到宣传的目的。其中弹窗广告即为宣传广告的一种，接下来介绍使用Animate制作弹窗广告的方法。

7.3.1　实训要求

某生鲜电商为了提高其App的用户关注度和产品成交量，决定在6·18活动即将到来之际，在各大电商网站发送6·18促销弹窗广告。该广告要求大小为750像素×680像素，在设计上要将生鲜内容、促销信息和App信息展现出来，以吸引更多用户进入App浏览和购买商品。

7.3.2　实训思路

（1）为了迎合生鲜App的宣传产品，在选择促销弹窗广告背景时，可以以生鲜产品作为背景。这里可选择带有水果和蔬菜的矢量图作为背景素材。

（2）在动效的设计上，为了使动画有动感，可采用广

7.3.3　制作要点

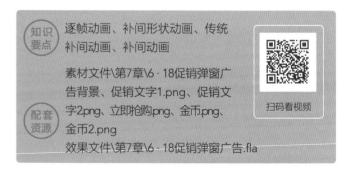

知识要点	逐帧动画、补间形状动画、传统补间动画、补间动画
配套资源	素材文件\第7章\6·18促销弹窗广告背景、促销文字1.png、促销文字2png、立即抢购.png、金币.png、金币2.png 效果文件\第7章\6·18促销弹窗广告.fla

扫码看视频

完成本实训主要包括制作逐帧动画、补间形状动画、传统补间动画和补间动画4个部分，主要操作步骤如下。

1 新建750像素×780像素的舞台，并将其以"6·18促销弹窗广告"为名保存。

2 将全部素材文件导入"库"面板中，将"促销文字1.png"素材拖曳到舞台中，调整其大小和位置，将播放标记拖曳到第10帧，插入关键帧，然后将"促销文字2.png"素材拖曳到舞台中使其与"促销文字1.png"素材重合。

3 使用相同的方法依次在第20帧、第30帧、第40帧，插入关键帧和素材，使其形成逐帧动画。

4 将"促销文字1.png"素材拖曳到背景顶部，调整其大小和位置，按【Ctrl+B】组合键将素材中的文字分离。

5 选择第20帧，创建空白关键帧，将"促销文字2.png"素材拖曳到"促销文字1.png"素材处，调整其大小和位置，并将文字分散。

6 将播放标记拖曳到第40帧的中间区域，创建补间形状动画。

7 使用相同的方法，在第40帧创建空白关键帧，将"促销文字1.png"添加到"促销文字2.png"处，并按【Ctrl+B】组合键将素材中的文字分离，完成后创建补间形状动画。

8 新建图层，将"立即抢购"文字添加到舞台中并转换为元件，在第40帧处插入关键帧，将"立即抢购"元件移动到红包处，并创建传统补间动画。

9 新建图层，将"金币.png"素材拖曳到舞台的顶部，将金币素材转换为元件，并创建补间动画，将播放标记拖曳到第10帧，拖曳"金币"元件使其形成金币下落状态。

10 使用相同的方法，分别在第20帧、第30帧、第40帧拖曳"金币"元件使其形成金币下落状态。

11 双击"金币"元件，进入金币编辑页面，在第40帧处插入帧，选择"金币"元件并复制。

12 返回场景，新建图层，使用相同的方法为"金币2.png"素材创建补间动画。双击"金币"元件，进入金币编辑页面，在第40帧处插入帧，选择"金币"元件并复制。

13 框选所有图层的第50帧并插入帧，按【Ctrl+Enter】组合键，查看整个6·18促销弹窗广告效果，完成后按【Ctrl+S】组合键保存文件。

巩固练习

1. 制作"新品上市"动画

本练习将制作"新品上市"动作补间动画。在制作动画的过程中，主要是对图片透明度进行设置，从而创建动作补间动画，让用户掌握为图片的大小、位置、透明度等状态创建动作补间动画的方法。动画制作完成后的部分效果如图7-85所示。

> 配套资源 素材文件\第7章\新品上市
> 效果文件\第7章\新品上市.fla

图7-85

2. 制作"迷路的小孩"动画

本练习将制作"迷路的小孩"逐帧动画，在制作时将使用导入图像、创建补间动画、复制帧等方法，通过逐帧动画使动画画面更加细致，最终效果如图7-86所示。

> 配套资源 素材文件\第7章\迷路的小孩\
> 效果文件\第7章\迷路的小孩.fla

图7-86

在逐帧动画与补间动画的制作过程中，除了前面所学的知识外，还可掌握一些技巧以便快速制作动画，如使用提示点调整补间动画、使用动画预设快速添加动画等。

1. 逐帧动画制作技巧

在制作逐帧动画的过程中，通过运用一定的制作技巧，可以快速提高制作逐帧动画的效率，也能使逐帧动画质量得到大幅度提高。

（1）预先绘制草图

如果逐帧动画中对象的动作变化较多，且动作变化幅度较大（如人物奔跑等），为了确保动作的流畅性和连贯性，通常应在正式制作之前绘制好各关键帧动作的草图，在草图中大致确定各关键帧中对象的形状、位置、大小以及各关键帧之间因动作变化而需要产生变化的部分，在修改并最终确认草图内容后，参照草图制作逐帧动画。

（2）修改关键帧中的图形

如果逐帧动画各关键帧中需要变化的内容不多，且变化的幅度较小（如头发的轻微摆动），则可以将最基本的关键帧中的对象复制到其他关键帧中，然后使用选择工具和部分选取工具，并结合绘图工具对这些关键帧中的对象进行调整和修改。

（3）运用绘图纸功能编辑图形

在制作逐帧动画时，利用"时间轴"面板中的绘图纸功能，可以对各关键帧中对象的大小和位置进行更好的定位，并可参考相邻关键帧中的对象，对当前帧中的对象进行修改和调整，从而在一定程度上提高制作逐帧动画的质量和效率。

2. 使用提示点调整补间动画

为补间形状动画添加提示点，可以手动控制形状的变化。添加提示点的方法为：选择补间形状动画的开始帧，再选择【修改】/【形状】/【添加形状提示】命令添加一个提示点，将提示点移动到一个图形的边缘上，如图7-87所示。然后选择补间形状动画的结束帧，将提示点移动到要变化的图形的边缘上。图7-88所示为使用提示点将"Flash"中的"F"变为"Animate"中的"e"。

调整开始帧提示点位置　　　　　　　调整结束帧提示点位置

图7-87　　　　　　　　　　图7-88

3. 使用动画预设添加动画

为了使用户快速制作出动画效果，减少部分工作量，Animate提供了一种较常见的动画预设。此外，使用动画预设也会使初学者制作出更优质的动画效果。

使用动画预设的方法为：选择【窗口】/【动画预设】命令，打开"动画预设"面板，其中列出了常用的动画效果，选择需要的动画效果，单击 应用 按钮，如图7-89所示。

图7-89

第 **8** 章

引导动画与遮罩动画

📖 本章导读

在动画的制作过程中，若需要让某个元件沿着特定的路径（引导线）运动，则可使用引导动画来实现；若需要使某一部分形成遮罩效果，则可制作遮罩动画。

🎯 知识目标

< 掌握引导动画和遮罩动画的基础知识
< 掌握引导动画和遮罩动画的制作方法

🏆 能力目标

< 能够制作动态海报
< 能够制作宣传类MG动画

💗 情感目标

< 提高对引导动画和遮罩动画的审美能力
< 体验MG动画的制作乐趣

8.1 引导动画

引导动画即动画对象沿着引导层中绘制的运动路径（引导线）运动的动画。在制作引导动画前需要先认识引导层（分为普通引导层和运动引导层），再进行动画的创建。

8.1.1 普通引导层

普通引导层在动画中起着辅助绘图和绘图定位的作用。创建普通引导层的方法为：选择要转换为引导层的图层，在其上右击，在弹出的快捷菜单中选择"引导层"命令。也可双击图层，打开"图层属性"对话框，在其中选中"引导层"单选项，单击 确定 按钮，如图8-1所示。将选择的图层转换为引导层，此时引导层下还没有被引导层，在图层区域以 ⬏ 图标表示，如图8-2所示。

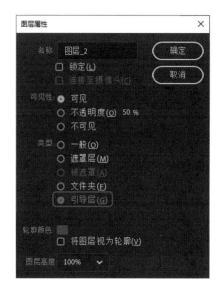

图8-1

图8-2

8.1.2 运动引导层

在Animate动画中为对象建立曲线运动或使它沿着指定的路径运动一般都不能直接完成，需要借助运动引导层来实现。运动引导层可以与一个或多个图层相关联，这些被关联的图层称为被引导层。被引导层上的任意对象将沿着运动引导层上的路径运动。

创建运动引导层的方法为：选择要添加运动引导层的图层，右击，在弹出的快捷菜单中选择"添加传统运动引导层"命令，为该图层添加引导层，同时该图层将变为被引导层，如图8-3所示。

图8-3

默认情况下，新创建的运动引导层会自动显示在用于创建该运动引导层的普通图层的上方。移动运动引导层，其下方的所有普通图层将随之移动，以保持它们之间引导和被引导的关系。被引导层可以有多层，允许多个对象沿着同一条引导路径运动，一个引导层也允许有多条引导路径，但一个引导层中的对象只能沿着一条引导路径运动。

要将普通引导层转换为运动引导层，只需给普通引导层添加一个被引导层。其操作方法为：拖曳普通引导层上方的图层到普通引导层的下方。同理，要将运动引导层转换为普通引导层，只需将与运动引导层相关联的所有被引导层拖曳到运动引导层的上方。

8.1.3 制作引导动画的注意事项

在制作引导动画的过程中需要注意以下事项。

● 引导路径的转折不宜过多，且转折处的线条弯度不宜过急，以免Animate无法准确判断对象的运动路径。

● 引导路径应为一条流畅且从头到尾连续贯穿的线条，即线条不能中断。

● 引导路径中不能出现交叉、重叠，否则会导致动画创建失败。

● 被引导对象必须吸附到引导路径上，否则被引导对象将无法沿着引导路径运动。

● 引导路径必须是未封闭的线条。

范例 制作护肤品动态海报

知识要点 元件创建、引导动画、铅笔工具

配套资源 素材文件\第8章\护肤品海报.png、"树叶"文件夹
效果文件\第8章\护肤品动态海报.fla

扫码看视频

范例说明

店铺首页的导航下方会使用动态海报展现促销信息或店铺活动内容，从而增强海报的趣味性，吸引用户的注意力。某旗舰店为了提升整个首页的美观度，将在原有的护肤品海报中添加树叶下落的动效，提升整个海报的意境，以吸引更多用户的关注。

扫码看效果

1 启动Animate CC 2020，选择【文件】/【新建】命令，打开"新建文档"对话框，在右侧的"详细信息"栏中设置"宽"和"高"分别为"1920""800"，单击【创建】按钮。

2 选择【文件】/【导入】/【导入到库】命令，打开"导入"对话框，选择"护肤品海报.png"和"树叶"文件夹中的素材，单击【打开(O)】按钮，将素材导入库中，如图8-4所示。

图8-4

3 按【Ctrl+F8】组合键，打开"创建新元件"对话框，在"名称"文本框中输入"树叶"文字，在"类型"下拉列表框中选择"图形"选项，单击【确定】按钮，如图8-5所示。

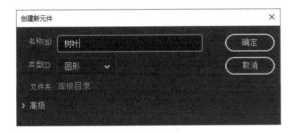

图8-5

4 将"库"面板中的"1.png"素材拖曳到舞台中，并调整其大小和位置。

5 使用相同的方法，将"库"面板中的其他树叶素材分别制作成图形元件，如图8-6所示。

图8-6

6 按【Ctrl+F8】组合键，打开"创建新元件"对话框，在"名称"文本框中输入"树叶动效1"文字，在"类型"下拉列表框中选择"影片剪辑"选项，单击【确定】按钮，如图8-7所示。

图8-7

7 在"图层_1"上右击，在弹出的快捷菜单中选择"添加传统运动引导层"命令，为"图层_1"添加运动引导层，如图8-8所示。

图8-8

8 选择"铅笔工具"，在"属性"栏中设置"笔触"为"#FF0000"，单击"铅笔模式"按钮，在弹出的列表中选择"平滑"选项，选择引导层的第1帧，在舞台中绘制一条曲线路径，选择引导层的第40帧，按【F5】键插入帧，如图8-9所示。

153

Animate CC 动画制作核心技能（本通（移动学习版）

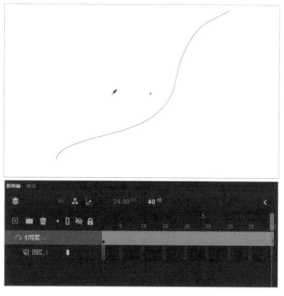

图8-9

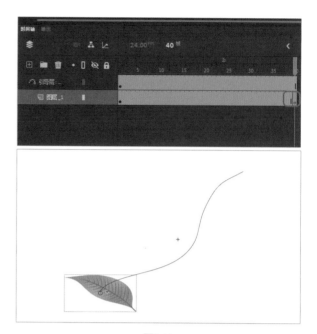

图8-11

技巧

在引导动画中，可以使用线条工具、钢笔工具、铅笔工具、椭圆工具、矩形工具或刷子工具绘制所需路径。

9 选择"图层_1"，单击第1帧，将"库"面板中的"树叶"元件拖曳到舞台中，并放置到曲线上方的端点上，如图8-10所示。

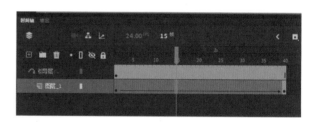

图8-12

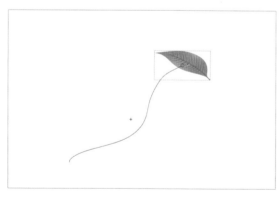

图8-10

图8-13

10 在第40帧处按【F6】键插入关键帧，使用"选择工具" ▶将"树叶"元件拖曳到曲线路径下方的端点上，如图8-11所示。

11 在"图层_1"的第15帧处右击，在弹出的快捷菜单中选择"创建传统补间"命令，创建传统补间动画，如图8-12所示。

12 打开"属性"面板，在"补间"栏中勾选"调整到路径"复选框，如图8-13所示。

13 使用相同的方法，将"库"面板中的其他树叶图形元件分别制作成"树叶动效2"～"树叶动效14"影片剪辑元件。注意绘制的路径可以是不同的曲线，这样会使树叶飘落更加自然，如图8-14所示。

14 按【Ctrl+F8】组合键，打开"创建新元件"对话框，在"名称"文本框中输入"树叶飘落"文字，在"类型"下拉列表框中选择"影片剪辑"选项，单击 确定 按钮，如图8-15所示。

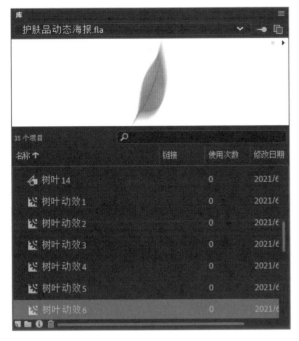

图8-14

图8-15

15 分别将"库"面板中的"树叶动效1""树叶动效3""树叶动效6"元件拖曳到舞台中，并调整它们的大小和位置，在"图层_1"的第40帧处单击，并按【F5】键插入帧，如图8-16所示。

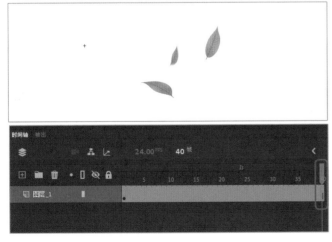

图8-16

16 新建图层，在"图层_2"的第10帧处按【F6】键插入关键帧，分别将"库"面板中的"树叶动效2""树叶动效5""树叶动效9"元件拖曳到舞台中，并调整它们的大小和位置，然后在第50帧处按【F5】键插入帧，如图8-17所示。

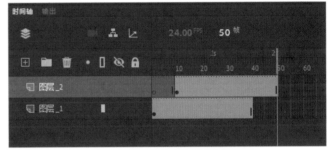

图8-17

17 新建图层，在"图层_3"的第20帧处按【F6】键插入关键帧，分别将"库"面板中的"树叶动效4""树叶动效7""树叶动效8""树叶动效10"元件拖曳到舞台中，并调整它们的大小和位置，然后在第60帧处按【F5】键插入帧，如图8-18所示。

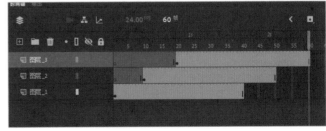

图8-18

18 新建图层，在"图层_4"的第30帧处按【F6】键插入关键帧，分别将"库"面板中的"树叶动效9""树叶动效11""树叶动效12"元件拖曳到舞台中，并调整它们的大小和位置，然后在第70帧处按【F5】键插入帧，如图8-19所示。

图8-19

19 新建图层，在"图层_5"的第40帧处按【F6】键插入关键帧，分别将"库"面板中的"树叶动效13""树叶动效14""树叶动效15"元件拖曳到舞台中，使用"任意变形工具" 和"选择工具" 对所有树叶动效元件进行编辑和调整，使整个动效更加流畅，然后在第80帧处按【F5】键插入帧，如图8-20所示。

图8-20

技巧

为了使动画场景中的树叶有依次落下的效果，在进行动效设计时，可在时间轴的不同帧中添加更多的树叶动效，增强树叶的下落感。

20 单击 按钮返回场景，将"图层_1"重命名为"护肤品海报"，然后将"库"中的"护肤品海报.png"素材拖曳到舞台中，如图8-21所示。

图8-21

21 新建图层，将"图层_2"重命名为"树叶"，然后将"库"中的"树叶飘落"元件拖曳到舞台的顶部，并调整其大小和位置，如图8-22所示。

图8-22

22 按【Ctrl+Enter】组合键，查看整个护肤品动态海报效果，完成后按【Ctrl+S】组合键保存文件，如图8-23所示。

图8-23

运用静态遮罩动画前后的对比效果。

图8-25

　　根据提供的纸飞机相关素材，制作纸飞机飞行效果。制作时可先绘制纸飞机的飞行路径，然后为纸飞机制作引导动画，参考效果如图 8-24 所示。

图8-24

技巧

　　由于遮罩层的作用是控制形状，因此在该层中主要是绘制具有一定形状的矢量图形，而形状的描边或填充颜色则无关紧要。

8.2 遮罩动画

　　在Animate中制作动画时，常常需要对动画的某个部分进行遮挡，使动画具有更强的展示效果，此时可通过Animate的遮罩动画来实现。通过遮罩动画，可改变遮罩图形的大小和位置，并控制动画对象的显示范围。

8.2.2 创建遮罩层

　　在Animate中创建遮罩层的方法主要有以下两种。

● 用菜单命令创建：用菜单命令创建遮罩层是创建遮罩层最简单的方法。其操作方法为：在需要作为遮罩层的图层上右击，在弹出的快捷菜单中选择"遮罩层"命令，将当前图层转换为遮罩层。转换后若紧贴其下有一个图层，则会被自动转换为被遮罩层，如图8-26所示。

8.2.1 认识遮罩动画

　　遮罩动画是比较特殊的动画类型，主要包括遮罩层及被遮罩层。遮罩层用于控制显示的范围及形状，如遮罩层中是一个月亮图形，则用户只能看到这个月亮中的动画效果。被遮罩层主要实现动画内容，如移动的风景等。图8-25所示为

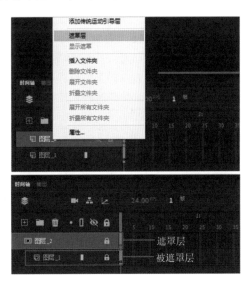

图8-26

● 通过改变图层属性创建：在图层区域双击要转换为遮罩层的图层图标，在打开的"图层属性"对话框的"类型"栏中选中"遮罩层"单选项，单击 确定 按钮，如图8-27所示。使用这种方法创建遮罩层后，还需要拖曳其他图层到遮罩层的下方，将其转换为被遮罩层。

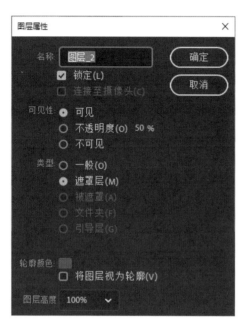

图8-27

8.2.3 创建遮罩动画的注意事项

虽然用户可以在遮罩层中绘制任意图形并用于创建遮罩动画，但为了使创建的遮罩动画更具美感，在创建遮罩动画时应注意以下事项。

● 遮罩的对象：遮罩层中的对象可以是按钮、影片剪辑、图形和文字等，但不能使用笔触，被遮罩层中则可以是除了动态文本之外的任意对象。在遮罩层和被遮罩层中可使用补间形状动画、传统补间动画、引导动画等多种动画形式。

● 编辑遮罩：在制作遮罩动画的过程中，遮罩层可能会挡住下面图层中的元件，若要对遮罩层中的对象进行编辑，可以单击"时间轴"面板中的"将图层显示为轮廓"按钮█，使遮罩层中的对象只显示边框形状，以便对遮罩层中对象的形状、大小和位置进行调整。

● 遮罩不能重复：不能用一个遮罩层来遮罩另一个遮罩层。

学习笔记

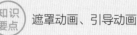

范例 制作游戏宣传 MG 动画

知识要点 遮罩动画、引导动画

配套资源 素材文件\第8章\太空.png、星球1.png、星球2.png、星球大战文字.png、火箭.png
效果文件\第8章\游戏宣传MG动画.fla

扫码看视频

范例说明

由于"星球大战"这款游戏的新版本马上要发布，需要为该游戏制作MG动画用于游戏宣传。要求该MG动画以星球旋转和火箭飞行为动画场景，将太空的场景体现出来，再在左侧添加"星球大战"文字，迎合游戏主题。

扫码看效果

操作步骤

1 启动Animate CC 2020，选择【文件】/【新建】命令，打开"新建文档"对话框，在右侧的"详细信息"栏中设置"宽"和"高"分别为"900""400"，单击 创建 按钮。

2 选择【文件】/【导入】/【导入到库】命令，打开"导入"对话框，选择"太空.png、星球1.png、星球2.png、星球大战文字.png、火箭.png"素材，单击 打开(O) 按钮，将素材导入库中，如图8-28所示。

3 按【Ctrl+F8】组合键，打开"创建新元件"对话框，在"名称"文本框中输入"星球1"文字，在"类型"下拉列表框中选择"影片剪辑"选项，单击 确定 按钮，如图8-29所示。

4 将"库"面板中的"星球1.png"素材拖曳到舞台中，并调整其大小和位置。

5 按【Ctrl+F8】组合键，打开"创建新元件"对话框，在"名称"文本框中输入"星球2"文字，在"类型"下拉列表框中选择"影片剪辑"选项，单击 确定 按钮，然

后将"库"面板中的"星球2.png"素材拖曳到舞台中，并调整其大小和位置。

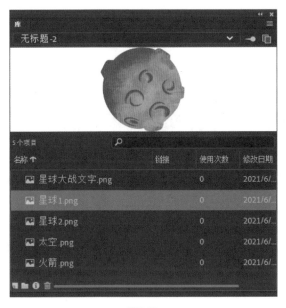

图8-28

图8-29

6 按【Ctrl+F8】组合键，打开"创建新元件"对话框，在"名称"文本框中输入"星球旋转"文字，在"类型"下拉列表框中选择"影片剪辑"选项，单击 确定 按钮，如图8-30所示。

图8-30

7 将"库"面板中的"星球1"元件拖曳到舞台中，并调整其大小和位置。

8 新建图层，将"星球2"元件拖曳到舞台中，并调整其大小和位置，效果如图8-31所示。

9 新建图层，选择"基本椭圆工具" ，在"属性"面板中取消填充，设置"笔触"为"#333333"，"笔

触大小"为"1"，然后在星球效果的上方绘制椭圆，并使椭圆倾斜显示，如图8-32所示。

图8-31

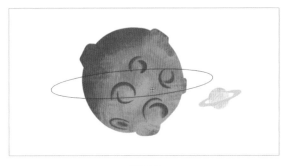

图8-32

10 选择"图层_3"，在其上右击，在弹出的快捷菜单中选择"引导层"命令，创建引导层，然后将"图层_2"拖曳到创建的引导层下方，添加传统运动层，如图8-33所示。

图8-33

11 依次在"图层_1""图层_2"的第60帧和第30帧处按【F5】键插入帧，如图8-34所示。

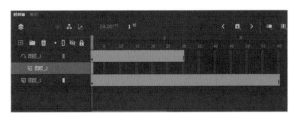

图8-34

12 选择"图层_2"的第1帧，将"星球2"素材拖曳到左侧椭圆的端点上，然后使用"任意变形工具" ![图标]将元件缩小，如图8-35所示。

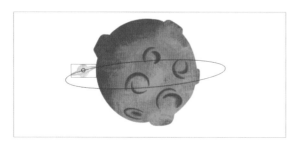

图8-35

技巧

素材的运动有近大远小的效果，在进行动画设计过程中，较远时需要将素材缩小展现，较近时需要将素材放大展现。

13 在第30帧处按【F6】键插入关键帧，使用"选择工具" ![图标]将"星球2"元件拖曳到右侧椭圆的端点上。然后在"图层_2"的第15帧处右击，在弹出的快捷菜单中选择"创建传统补间"命令，为路径创建传统补间动画，如图8-36所示。

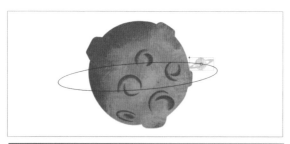

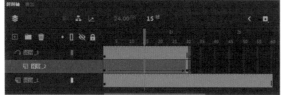

图8-36

14 在第15帧处按【F6】键插入关键帧，拖曳"星球2"元件到中间区域，使用"任意变形工具" ![图标]将元件放大，使其形成近大远小的效果，如图8-37所示。

15 为了使整个动画形成星球环绕效果，还需要为星球背面制作环绕效果。新建"图层_4""图层_5"，在两个图层的第31帧处按【F6】键插入关键帧，在"图层_2""图层_3"的第31帧处右击，在弹出的快捷菜单中选择"插入空白关键帧"命令，如图8-38所示。

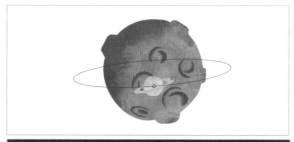

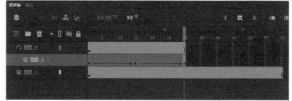

图8-37

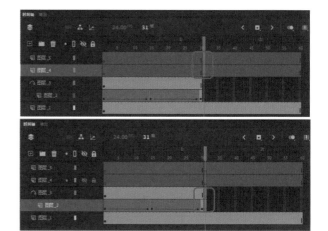

图8-38

16 单击"图层_2""图层_3"的第30帧，按【Ctrl+C】组合键复制帧，然后在"图层_4"的第31帧处单击并按【Ctrl+Shift+V】组合键粘贴，如图8-39所示。

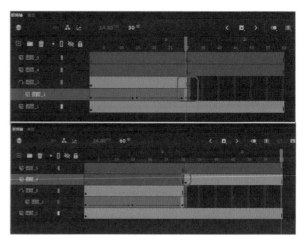

图8-39

17 选择"图层_5"，在其上右击，在弹出的快捷菜单中选择"遮罩层"命令，为图层添加遮罩，如图8-40所示。

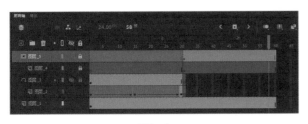

图8-40

18 取消图层锁定，选择"图层_5"，选择"矩形工具" ▣，取消填充，设置"笔触"为"#333333"，"笔触大小"为"1"，然后在星球的外侧绘制矩形框，如图8-41所示。

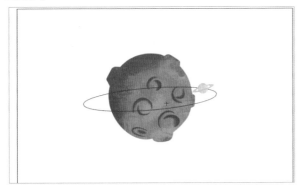

图8-41

19 选择"椭圆工具" ⬭，取消填充，设置"笔触"为"#333333"，"笔触大小"为"1"，按住【Shift】键不放，沿着星球轮廓绘制正圆，效果如图8-42所示。

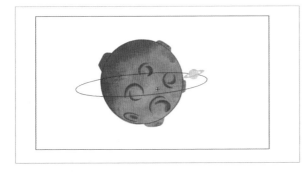

图8-42

20 选择"颜料桶工具" ▶，设置"填充"为"#FFFFFF"，在矩形空白处单击，为背景填充颜色，此时未被填充区域为遮罩区域。为了便于查看，可在"图层"面板中单击"图层_5"后的"将图层显示为轮廓"按钮 ■，将图层显示为轮廓，如图8-43所示。

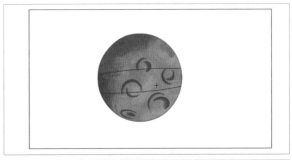

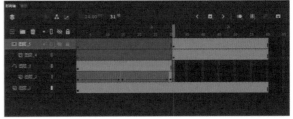

图8-43

21 由于引导层和遮罩层不能同时使用，所以为了制作出环绕的动画效果，可选择"图层_4"，在舞台中按住【Shift】键不放，选择椭圆和小星球，按【F8】键打开"转换为元件"对话框，在"名称"文本框中输入"环绕"文字，在"类型"下拉列表框中选择"图形"选项，单击 确定 按钮，如图8-44所示。

转换为元件 ✕

名称(N) 环绕   确定

类型(T) 图形 ▾ 对齐: ▦   取消

文件夹 库根目录

> 高级

图8-44

22 双击"环绕"元件，使其以单独的图层显示，在第50帧处单击并按【F5】键插入帧，在舞台中右击，在弹出的快捷菜单中选择"分散到图层"命令，将元件分散到图层，便于后期制作引导层，如图8-45所示。

图8-45

23 删除"图层_1"，将"图层_3"移动到顶部，在其上右击，在弹出的快捷菜单中选择"引导层"

命令，将"图层_3"创建为引导层，然后将"星球2"图层拖曳到引导层的下方，使其形成引导与被引导的关系，如图8-46所示。

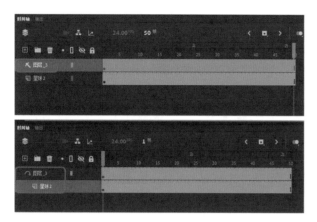

图8-46

24 为了使星球旋转速度保持一致，在"星球2"图层的第30帧处按【F6】帧插入关键帧。使用"选择工具" ▶ 将"星球2"元件拖曳到右侧椭圆的端点上。在"星球2"图层的第15帧处右击，在弹出的快捷菜单中选择"创建传统补间"命令，为路径创建传统补间动画，如图8-47所示。

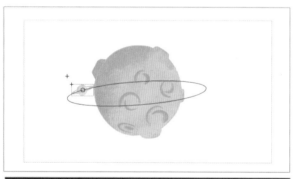

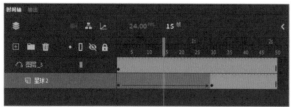

图8-47

25 在第15帧处按【F6】键插入关键帧，拖曳"星球2"元件到中间区域，使用"任意变形工具" ▣ 将元件缩小，使其形成近大远小的效果，如图8-48所示。

26 返回"星球旋转"元件，选择"图层_4""图层_5"，单击其后的"锁定或解除锁定图层"按钮 ⬛ 锁定图层，如图8-49所示。

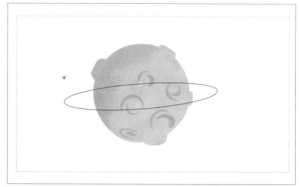

图8-48

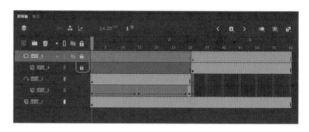

图8-49

27 返回场景，在"库"面板中将"太空"素材拖曳到舞台中，并在第60帧处按【F5】键插入关键帧。

28 新建图层，并将"星球旋转"元件拖曳到舞台中，再次新建图层，将"星球大战文字""火箭"素材按照单个图层的方式显示到舞台中，并对其重命名，效果如图8-50所示。

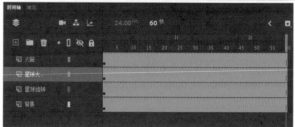

图8-50

29 在舞台中选择"火箭"素材，按【F8】键打开"转换为元件"对话框，在"名称"文本框中输入"火箭"文字，在"类型"下拉列表框中选择"图形"选项，单击 确定 按钮，如图8-51所示。

图8-51

30 在"火箭"图层上右击，在弹出的快捷菜单中选择"添加传统运动引导层"命令，为"火箭"元件添加运动引导层。

31 选择"铅笔工具" ，在"属性"栏中设置"笔触"为"#FF0000"，单击"铅笔模式"按钮 ，在打开的列表中选择"平滑"选项，选择引导层的第1帧，在舞台中绘制一条曲线，选择引导层的第60帧，按【F5】键插入关键帧，如图8-52所示。

图8-52

32 将"火箭"元件放置到曲线上方的端点上，在第60帧处按【F6】键插入关键帧，使用"选择工具" 将火箭元件拖曳到曲线下方的端点上。

33 在"火箭"图层的第30帧处右击，在弹出的快捷菜单中选择"创建传统补间"命令，为路径创建传统补间动画，如图8-53所示。

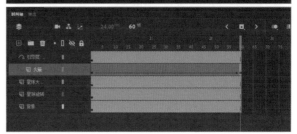

图8-53

34 按【Ctrl+Enter】组合键，查看整个MG动画效果，完成后按【Ctrl+S】组合键保存文件。

Motion Graphic动态图形动画（简称MG动画）是一种基于时间流动而改变形态的视觉表现形式。MG动画遵循动画运动规律和电影视听语言的语法，利用二维、三维动画软件或剪辑后期软件，让静止的视觉元素运动起来。简单来说，MG动画是动态的平面图形设计，常被应用于商业推广、交互设计、文化宣传、社会热点等领域。设计MG动画时，常常使用夸张的表现、趣味性的造型来体现动画中的内容，然后使用动画的形式将内容展现出来。

设计素养

小测 制作"百叶窗"动画

配套资源＼素材文件＼第8章＼百叶窗＼
配套资源＼效果文件＼第8章＼百叶窗.fla

根据提供的百叶窗相关素材，制作百叶窗动画。在制作时可使用新建元件、创建补间动画、遮罩动画等操作，参考效果如图8-54所示。

图8-54

8.3 综合实训：制作相机宣传动态海报

海报是一种大众传播信息的媒介，在社会生活中起着收集和广泛传播信息的重要作用。随着媒体的不断发展进步，传统静态海报已无法满足大众的审美需求，而动态海报则为大众的审美带来了更多的可能性。在宣传产品时，动态海报通过不断变化的连贯画面，可以全面、多角度地传达产品信息，比传统静态海报更加符合大众需求。

8.3.1 实训要求

某数码旗舰店需要上新一款数码相机，现需要为该相机制作动态海报。要求海报中要体现出数码相机的整个制作流程，再搭配宣传文字，使用户了解该相机的主要信息。除此之外，还可添加花瓣飘落的动画效果，提升海报的趣味性和美观度。

8.3.2 实训思路

（1）由于数码相机的动画是在提供的动画素材上进行设计，而该素材只能全部展现数码相机图像，不能依次对数码相机的轮廓进行展现，因此在动画设计上，可采用遮罩动画的方式，对轮廓进行遮罩。用户可随着动画的移动，了解数码相机从设
扫码看效果

计到完成的效果展现。

（2）在文字的展现上，需要将数码相机动画与文字相结合，避免在动态海报的展现过程中，文字与动画脱节。

（3）由于整个动态海报背景较暗，整个海报显得过于呆板，因此可考虑添加花瓣飘落的动效，以增强整个海报的趣味感。

本实训完成后的参考效果如图8-55所示。

图8-55

8.3.3 制作要点

知识要点 遮罩动画、补间动画

配套资源 素材文件＼第8章＼相机.fla、
相机背景.png
效果文件＼第8章＼相机宣传动态海报.fla

扫码看视频

完成本实训主要包括引导动画、遮罩动画两个部分，主要操作步骤如下。

1 新建1920像素×900像素的舞台，并将其以"相机宣传动态海报"为名保存。

2 将"相机背景.png"素材导入舞台中，然后在第120帧处插入关键帧。

3 打开外部素材面板，新建图层，将外部素材面板中的相机元件拖曳到舞台左侧，将相机元件放大，如图8-56所示。

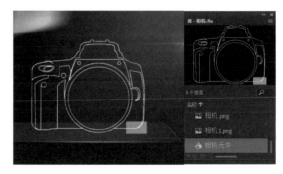
图8-56

4 双击相机元件，将"图层_1"转化为遮罩层，"图层_2"自动转化为被遮罩层。选择"图层_3"，打开"图层属性"对话框，在其中选中"被遮罩"单选项，单击 确定 按钮，将该图层转化为被遮罩层。按照同样的方法将"图层_4"和"图层_5"转化为被遮罩层。

5 返回场景，在"图层_2"的第80帧处插入关键帧，将外部素材面板中的"相机.png"素材拖曳到第80帧的后方，并在第120帧处插入关键帧。

6 新建图层，在第51帧处插入关键帧，然后导入"相机文字.png"素材，并将文字素材添加到第50帧的后方，再在第120帧处插入关键帧，效果如图8-57所示。

图8-57

7 创建"花瓣"图形元件，将所有花瓣素材导入"库"面板中。将"花瓣1.png"素材拖曳到舞台中，并调整其大小和位置，再将"库"面板中的其他花瓣素材分别制作成图形元件。

8 创建"花瓣动效1"影片剪辑元件，为"图层_1"添加运动引导层。

9 选择"铅笔工具" ✐，选择引导层的第1帧，在舞台中绘制一条曲线，选择引导层的第80帧插入关键帧。

10 选择"图层_1"，单击第1帧，将"库"面板中的"花瓣1"图形元件拖曳到舞台中，并放置到曲线上方的端点上。

11 在第80帧处插入关键帧，使用"选择工具" ▶ 将"花瓣"图形元件拖曳到曲线下方的端点上，为路径创建传统补间动画。打开"属性"面板，在"补间"栏中勾选"调整到路径"复选框。

12 使用相同的方法，将"库"面板中的其他花瓣图形元件分别制作成"花瓣动效2"～"花瓣动效6"影片剪辑元件。

13 新建"花瓣飘落"影片剪辑元件，分别将"库"面板中的"花瓣动效1""花瓣动效3""花瓣动效6"元件拖曳到舞台中，并调整它们的大小和位置，在"图层_1"的第50帧处插入关键帧。

14 新建图层，在"图层_2"的第50帧处插入关键帧，分别将"库"面板中的"花瓣动效2""花瓣动效4""花瓣动效5"元件拖曳到舞台中，并调整它们的大小和位置，然后在第80帧处插入关键帧。

15 返回场景，新建图层，将"花瓣飘落"元件拖曳到舞台中，并调整其大小和位置，在第120帧处插入关键帧。

16 按【Ctrl+Enter】组合键，查看整个相机宣传动态海报效果，完成后按【Ctrl+S】组合键保存文件。

巩固练习

1. 制作"水波涟漪"遮罩动画

"水波涟漪"遮罩动画主要是通过绘制多个波浪形的线条来创建遮罩层，从而制作出水波流动的效果，如图8-58所示。

注意：在制作被遮罩图层时，需要先新建元件，再分离背景图层，使用橡皮擦工具对除湖水以外的区域进行擦除。返回主场景，将制作的元件移动到舞台中，使元件的位置略高或略低于背景图。

 配套资源
素材文件\第8章\水波涟漪.jpg
效果文件\第8章\水波涟漪.fla

图8-58

2. 制作"拖拉机"引导动画

本练习将为提供的拖拉机和蝴蝶素材创建引导动画，形成拖拉机行驶、蝴蝶飞舞的动画效果，如图8-59所示。

注意：在制作动画时，为了制作出拖拉机在行驶过程中的颠簸效果，需要将拖拉机的动作单独制作为一个影片剪辑。

配套资源

素材文件\第8章\拖拉机背景.png、拖拉机.png、黄蝴蝶.png
效果文件\第8章\拖拉机.fla

图8-59

技能提升

在使用遮罩动画制作图像过渡效果时，有必要了解常见的图像过渡效果，如百叶窗过渡、遮帘过渡、淡化过渡、飞行过渡、光圈过渡、照片过渡、溶解过渡、旋转过渡、挤压过渡、划入/划出过渡、缩放过渡等。

- 百叶窗过渡：以模拟开启百叶窗的过程显示图像。
- 遮帘过渡：使用逐渐消失或逐渐出现的矩形来显示图像。
- 淡化过渡：在过渡图像时以淡入或淡出的方式显示图像。
- 飞行过渡：从某一指定方向滑入过渡图像。
- 光圈过渡：以缩放的方形或圆形运动方式来显示或隐藏影片图像。
- 照片过渡：使图像像放映照片一样出现或隐藏。
- 溶解过渡：以随机出现或消失的棋盘图案矩形来显示或隐藏图像。
- 旋转过渡：以旋转的方式来显示或隐藏图像。
- 挤压过渡：以水平或垂直缩放图像来显示或隐藏图像。
- 划入/划出过渡：以水平移动图像的方式来显示或隐藏图像。
- 缩放过渡：通过按比例放大或缩小图像的方式来显示或隐藏图像。

第 **9** 章

骨骼动画与摄像头动画

本章导读

在动画制作过程中，有时为了表现一些透视效果，需要多次重复调整对象角度；或者为了使动画中对象的动作更加流畅，而对动画中的每一帧进行调整。这些操作较为烦琐，可以制作骨骼动画和摄像头动画来方便地调整动画对象，从而更简单地实现最终效果。

知识目标

< 掌握骨骼动画和摄像头动画的基础知识
< 掌握骨骼动画和摄像头动画的制作方法

能力目标

< 能够制作微博借势营销动画
< 能够优化MG动画

情感目标

< 培养人物动画的制作能力
< 培养各种动画的综合运用能力

9.1 骨骼动画

骨骼动画也叫反向运动，是使用骨骼关节结构对一个对象或彼此相关的一组对象进行动画处理的方法。骨骼动画可以使元件和形状对象按复杂且自然的方式移动，因此使用骨骼动画能轻松地创建人物动画，如胳膊、腿的运动，以及面部表情的变化，使整个动画的动态效果更加丰富。

9.1.1 添加骨骼

创建骨骼动画之前，需要先为元件和图形添加骨骼。

1. 为元件添加骨骼

如果是较为复杂的图像，则可以将图像的各个部位分别创建为元件，然后通过骨骼来连接这些元件，从而得到一个完整的骨骼。为元件添加骨骼的方法为：在"工具"面板中选择"骨骼工具" ✐，单击要成为骨骼根部或头部的元件，然后按住鼠标左键拖动到其他元件中，将其连接到根部或头部元件上，此时两个元件之间显示一条连接线，即创建好了一个骨骼。继续使用骨骼工具从上一个骨骼的底部按住鼠标左键拖曳到下一个元件上可以再创建一个骨骼，重复该操作将所有元件都用骨骼连接在一起，如图9-1所示。

图9-1

还可以在一个元件上连接多个元件以创建骨骼分支。其操作方法为：使用"骨骼工具" ✔ 从要创建分支的骨骼元件上按住鼠标左键拖曳到一个新的元件上创建一个分支，继续连接该分支上的其他元件，如图9-2所示。

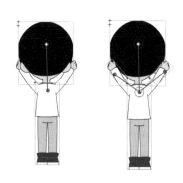

图9-2

所有骨骼合在一起称为骨架，即骨骼构成骨架。在父子层次结构中，骨架中的骨骼彼此相连。骨架可以是线性的或分支，源于同一骨骼的骨架分支称为同级，骨骼之间的连接点称为关节。创建骨骼后，在"时间轴"面板中将自动创建一个骨架图层，如图9-3所示。

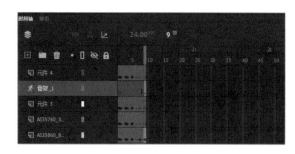

图9-3

实战 为人物添加骨骼

知识要点　为元件添加骨骼

配套资源　素材文件\第9章\人.fla
　　　　　效果文件\第9章\人.fla

扫码看视频

操作步骤

1 打开"人.fla"素材文件，为了便于后期对人物动作进行控制，需要在人物的脚下绘制一个任意形状（这里绘制矩形），并将其转换

扫码看效果

为元件，后期将以该元件为原点创建骨骼，如图9-4所示。

2 选择"骨骼工具" ✔，将鼠标指针移动至创建的蓝色元件上，按住鼠标左键不放并将其向头部的位置拖曳，使其与头部的元件连接，如图9-5所示。

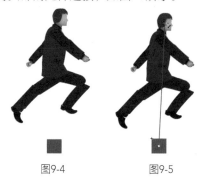

图9-4　　　　　图9-5

3 接着上一条骨骼继续向颈部拖曳，创建第二条骨骼，将头部与躯干部分的元件连接，如图9-6所示。

4 使用类似的方法，继续拖曳骨骼，使骨骼分别连接至人物的每一个元件上，形成一个完整的骨骼，如图9-7所示。

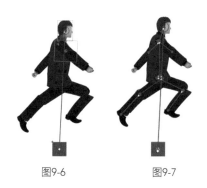

图9-6　　　　　图9-7

5 为了不影响视觉效果，可以使用"选择工具" ▶ 选择脚下的元件，并通过"属性"面板将其"Alpha"值调整为"0"，使该元件透明，如图9-8所示。

6 在"时间轴"面板中选择第25帧，按【F5】键，然后选择第4帧，使用"选择工具" ▶ 分别选择人物身上的骨骼，并拖曳骨骼使骨骼移动，将人物的动作调整为第二个跑步的动作，完成后的动作如图9-9所示。

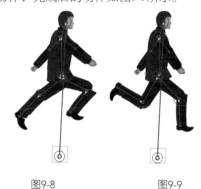

图9-8　　　　　图9-9

7 继续在第7、第10、第13、第16、第19、第22和第25帧
中分别调整不同的动作，完成人物跑步的骨架动画。
其时间轴中的骨骼图层如图9-10所示。

图9-10

8 完成以上操作，便完成了跑步动画的制作。
按【Ctrl+Enter】组合键测试动画，效果如图9-11
所示。

图9-11

2. 为图形添加骨骼

使用"骨骼工具" 可在图形的内部添加骨骼，其添加
的骨骼将直接改变图形的外观。为图形添加骨骼的方法为：
选择需要添加骨骼的图形，使用"骨骼工具" 在图形内部
按住鼠标左键拖曳创建骨骼，继续使用"骨骼工具" 从第
一个骨骼的尾部按住鼠标左键拖曳标创建下一个骨骼，创建
完所有骨骼后的效果如图9-12所示。需要注意的是，添加骨
骼的图形不能太过复杂。

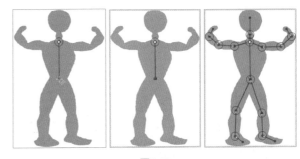

图9-12

实战 为剪影添加骨骼

知识要点 为元件添加骨骼

配套资源 素材文件\第9章\剪影.fla
效果文件\第9章\剪影.fla

扫码看视频

操作步骤

1 打开"剪影.fla"素材文件，选择"骨骼工
具" ，在人物上身中心处按住鼠标左键不
放并向上拖曳鼠标，如图9-13所示。

扫码看效果

2 拖曳到合适的位置后释放鼠标左键，此时
在鼠标拖曳的两点之间出现一条直线，这条直线便是
"骨骼工具" 创建的一条骨骼，如图9-14所示。

图9-13　　　　　图9-14

3 接着第一条骨骼按住鼠标左键继续向上拖曳，衍生出
更多的骨骼，如图9-15所示。

4 移动鼠标指针至人物胸口附近的节点上，按住鼠标左
键不放并向手臂方向拖曳鼠标，创建分支骨骼，使用

相同的方法为手臂创建其他分支骨骼，如图9-16所示。

5 使用类似的方法继续创建其他骨骼，使骨骼遍布剪影的每一个部分，完成后骨骼的分布如图9-17所示。

图9-15　　　　　图9-16　　　　　图9-17

6 在"时间轴"面板中选择第90帧，按【F5】键创建空白帧，然后选择第15帧，使用"选择工具" 选择人物身上创建好的骨骼，并拖曳骨骼，使骨骼关联的图像也随之改变，如图9-18所示。

7 使用相同的方法，对其他骨骼的位置进行调整，使整个剪影更具动感，如图9-19所示。

8 选择第30帧，继续使用"选择工具" 对人物身上的各个骨骼进行调整，使其形成新的动态，如图9-20所示。

图9-18　　　　　图9-19　　　　　图9-20

9 为了使人物动作更加连贯、流畅，继续调整第45、第60、第75和第90帧中的骨骼，然后按【Ctrl+Enter】组合键测试动画，其效果如图9-21所示。

图9-21

技巧

在创建骨骼的过程中，为了使最后的效果更自然，尽量不要随意添加骨骼，而是需要参考真实骨骼的位置进行添加，这样才不至于让动作过于畸形。

9.1.2　编辑骨骼

创建骨骼后，可以对其进行编辑，如选择骨骼、删除骨骼、调整骨骼等。

1. 选择骨骼

要编辑骨骼，须先对其进行选择。

● 选择单个骨骼：使用"选择工具" 单击骨骼即可选择单个骨骼，并且在"属性"面板中将显示骨骼的属性，如图9-22所示。

● 使用按钮选择骨骼：在"属性"面板中单击"上一个同级"按钮 、"下一个同级"按钮 、"父级"按钮 、"子级"按钮 ，可选择相应的骨骼，如图9-23所示。

● 选择所有骨骼：使用 "选择工具" 双击任意一个骨骼，可选择所有骨骼。在"属性"面板中将显示骨骼的属性，如图9-24所示。

图9-22

图9-23

图9-24

● 选择骨架：在"时间轴"面板中单击骨架图层名称，可以选择该骨架。在"属性"面板中将显示骨架的属性，如图9-25所示。

图9-25

2．删除骨骼

要删除单个骨骼及其所有子骨骼，可以先选中该骨骼，按【Delete】键删除；按住【Shift】键可选择多个骨骼进行删除。要删除所有的骨骼，可以先选择该骨架中的任意元件或骨骼，然后选择【修改】/【分离】命令删除。删除骨骼后，图层将还原为正常图层。也可以在骨架图层中右击，在弹出的快捷菜单中选择"删除骨架"命令。

3．调整骨骼

在Animate中还可以对骨骼的位置进行调整，包括移动骨骼、移动骨骼分支、旋转骨骼等。

● 移动骨骼：拖曳骨架中的任意骨骼或元件，可以移动骨骼的位置，如图9-26所示。

图9-26

● 移动骨骼分支：拖曳骨架中某分支的骨骼或元件，可以移动该分支中的所有骨骼，而骨架其他分支中的骨骼不会移动，如图9-27所示。

图9-27

● 旋转骨骼：拖曳骨骼的主骨骼可使骨骼整体旋转。若需要对单个骨骼进行旋转，则可按住【Shift】键不放拖曳该骨骼，如图9-28所示。

Animate CC 动画制作核心技能一本通（移动学习版）

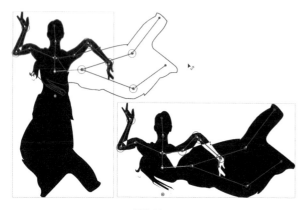

图9-28

● 调整骨骼长度：按住【Ctrl】键不放，拖曳要调整骨骼长度的元件，即可调整骨骼长度，如图9-29所示。注意该方法主要针对元件，图形不能调整骨骼长度。

图9-29

● 移动骨架：要移动整个骨架的位置，需要先选择该骨架，然后在"属性"面板中设置骨架的"X"值和"Y"值，如图9-30所示。

图9-30

9.1.3 创建与编辑骨骼动画

完成骨骼的编辑后，若需要使骨骼以动画形式展现，则要先在骨架图层中添加帧以改变动画的长度，然后在不同的帧上对舞台中的骨架进行调整创建关键帧。骨架图层中的关键帧称为姿势，Animate会自动创建每个姿势之间的效果。

● 更改动画的长度：将骨架图层的最后一个帧向右或向左拖曳，可更改动画的长度，如图9-31所示。

图9-31

● 添加姿势：在骨架图层要插入姿势的帧处右击，在弹出的快捷菜单中选择"插入姿势"命令，或将播放头移动到要添加姿势的帧上，然后在舞台上对骨架进行调整，如图9-32所示。

图9-32

● 清除姿势：在骨架图层的姿势帧处右击，在弹出的快捷菜单中选择"清除姿势"命令，如图9-33所示。

图9-33

● 复制与粘贴姿势：在骨架图层的姿势帧处右击，在弹出的快捷菜单中选择"复制姿势"命令，如图9-34所示；然后在要粘贴姿势的帧处右击，在弹出的快捷菜单中选择"粘贴姿势"命令。

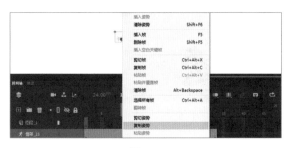

图9-34

9.1.4　设置骨骼动画属性

在骨骼动画的"属性"面板中可以为骨骼动画的运动添加各种约束。例如，限制小腿骨骼旋转角度，以禁止膝关节按错误的方向弯曲，这样可以实现更加逼真的动画效果。骨骼的"属性"面板如图9-35所示。

图9-35

● 设置骨骼的运动速度：选择骨骼后，在"属性"面板的"位置"栏的"速度"数值框中输入数值，可限制运动速度。

● 关节的X轴或Y轴平移：选择骨骼后，在"属性"面板的"关节：X平移"或"关节：Y平移"栏中勾选"启用"复选框及"约束"复选框，然后设置最小值与最大值，限制骨骼在X轴及Y轴方向上的活动距离。

● 关节旋转：选择骨骼后，在"属性"面板的"关节：旋转"栏中勾选"启用"复选框及"约束"复选框，然后设置最小角度与最大角度值，限制骨骼旋转角度。

● 弹簧：使用弹簧可以轻松地创建出逼真的动画，其中主要包括"强度"和"阻尼"两个属性。强度是指弹簧强度，值越高，创建的弹簧效果越强；阻尼是指弹簧效果的衰减速率，值越高，弹簧衰减得越快。

范例　制作非遗宣传海报

知识要点：元件创建、引导动画、铅笔工具

配套资源：素材文件\第9章\护肤品海报.png、"皮影"文件夹
效果文件\第9章\非遗宣传海报.fla

扫码看视频

173

范例说明

某文化公司需要制作一期传承非物质文化遗产（非物质文化遗产是指各族人民世代相传，并视为其文化遗产组成部分的各种传统文化表现形式，以及与传统文化表现形式相关的实物和场所）的宣传活动，皮影戏是其中的一个重要项目。现需要制作以"皮影戏文化"为主题的动态海报，在该海报中要将皮影戏的行走动作展现出来，体现皮影戏的特色，在背景上可采用水墨风格，营造出传统文化的古典氛围。

扫码看效果

操作步骤

1 启动Animate CC 2020，选择【文件】/【新建】命令，打开"新建文档"对话框，在右侧的"详细信息"栏中设置"宽"和"高"分别为"900""1920"，单击 创建 按钮。

2 将"皮影"文件夹包含的图像分别导入文档中，按【Ctrl+F8】组合键分别将素材新建为不同的影片剪辑元件，如图9-36所示。

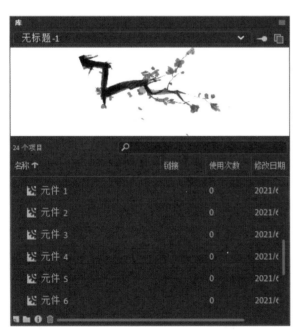

图9-36

3 返回场景，新建3个图层，分别将"非遗文字""海报底纹""梅花"元件拖曳到对应的图层中，调整其大小和位置，效果如图9-37所示。

4 新建图层，在所有图层的第100帧处，按【F5】插入关键帧，将"图层_1""图层_2""图层_3"图层锁定，然后选择"图层_4"，在舞台中将皮影元件组合成一个完整的皮影人物，效果如图9-38所示。

5 将皮影组合完成后，将皮影的"宽"和"高"分别设置为"870""990"，然后将其移动到舞台的左侧，移动的X值为"-900"，Y值为"900"。

图9-37   图9-38

6 选择"骨骼工具" ，将鼠标指针移动至皮影的头部，按住鼠标左键不放向躯干拖曳鼠标，创建第一条骨骼，如图9-39所示。

7 继续使用"骨骼工具" ，从躯干出发，先连接左右手，然后连接腿和脚，完成骨骼的创建，如图9-40所示。

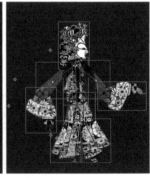

图9-39   图9-40

8 选择"骨架_1"图层中的第100帧，按【F5】键插入关键帧，将播放标记拖曳到第45帧，使用"选择工具" 选择皮影的所有元件，然后将选择的皮影移动到舞台的中心，如图9-41所示。

9 将播放标记拖曳到第15帧，使用"选择工具" 选择皮影的手和脚，并分别移动，使其形成行走效果，如图9-42所示。

图9-41 图9-42

10 将播放标记拖曳到第30帧，使用"选择工具" ▷ 再次选择皮影的手、腰、脚，并分别移动，使其形成下一步行走效果，如图9-43所示。

11 将播放标记拖曳到第55帧，使用"选择工具" ▷ 再次选择皮影的手、腰、脚，并分别移动，使其形成动作展示效果，如图9-44所示。

图9-43 图9-44

12 完成以上操作后，在第70、第80、第90、第100帧处调整皮影的动作，使其更加具有动感，效果如图9-45所示。

图9-45

13 按【Ctrl+F8】组合键，打开"创建新元件"对话框，在"名称"文本框中输入"花瓣飘落1"文字，在"类型"下拉列表框中选择"影片剪辑"选项，单击 确定 按钮，如图9-46所示。

图9-46

14 在"图层_1"上右击，在弹出的快捷菜单中选择"添加传统运动引导层"命令，为"图层_1"添加运动引导层。

15 选择"铅笔工具" ✎ ，在"属性"栏中设置"笔触颜色"为"#FF0000"，单击"铅笔模式"按

175

钮 S，在弹出的列表中选择"平滑"选项，选择引导层的第1帧，在舞台中绘制一条曲线，选择引导层的第100帧，按【F5】键插入关键帧。

16 选择"图层_1"，单击第1帧，将"库"面板中的"花瓣1"元件拖曳到舞台中，并放置到曲线上方的端点上，如图9-47所示。

17 在第100帧处按【F6】键插入关键帧，使用"选择工具"▶将"花瓣1"元件拖曳到曲线下方的端点上，如图9-48所示。

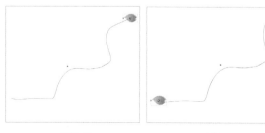

图9-47　　　　　图9-48

18 在"图层_1"的两帧中间右击，在弹出的快捷菜单中选择"创建传统补间"命令，为路径创建传统补间动画。

19 使用相同的方法，将"库"面板中的其他树叶图形元件分别制作成"花瓣飘落2""花瓣飘落6"影片剪辑元件，注意绘制的路径曲线可以有不同变化，这样会使花瓣飘落更加自然。

20 新建图层，将"花瓣飘落1"元件拖曳到舞台中，并调整其大小和位置，效果如图9-49所示。

21 使用相同的方法新建其他图层，并分别将"花瓣飘落2""花瓣飘落6"元件拖曳到对应的图层中，效果如图9-50所示。

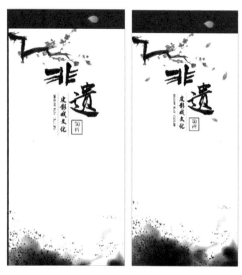

图9-49　　　　　图9-50

22 按【Ctrl+Enter】组合键，查看整个非遗宣传海报效果，完成后按【Ctrl+S】组合键保存文件。

　　皮影戏又被称为"影子戏"或"灯影戏"，是一种用蜡烛或燃烧的酒精灯等照射兽皮或纸板做成的人物剪影，以表演故事的民间戏剧。据史书记载，皮影戏始于西汉，兴于唐朝，盛于清代，元代时期传至西亚和欧洲，其历史悠久、源远流长。2011年，皮影戏入选人类非物质文化遗产代表作名录。在设计皮影戏动画效果时，需要将皮影戏的特点体现出来，如皮影戏的地方特色、表演方式等，若需要在其中添加配音效果，则还可以根据不同地方皮影戏的特色，选择对应的唱腔与配乐，这样设计出的效果更加具有我国地方特色。

设计素养

小测　制作跳舞动画

配套资源 \ 素材文件 \ 第 9 章 \ 跳舞 .fla
配套资源 \ 效果文件 \ 第 9 章 \ 跳舞 .fla

　　根据提供的跳舞相关素材，制作跳舞动画效果。制作时可先创建骨骼，然后调整骨骼位置，使其形成动画效果，参考效果如图 9-51 所示。

图9-51

学习笔记

9.2 摄像头动画

摄像头动画是使用摄像头工具模仿虚拟的摄像头移动的动画效果。摄像头动画不但可以近距离放大感兴趣的对象，或者缩小动画以查看更大范围的效果，还可以将动画内容从一个主题转移到另一个主题。

9.2.1 添加摄像头

要想创建摄像头动画，需要先添加摄像头。添加摄像头的方法为：在工具箱中选择"摄像头工具" ▣，或在"时间轴"面板中单击"添加/删除摄像头"按钮 ▣，启用摄像头，此时当前文档转换为摄像头模式，舞台将变为摄像头，在舞台边界中可看到摄像头边框，拖曳下方的滑块，可缩放或旋转摄像头，如图9-52所示。

图9-52

9.2.2 编辑摄像头

摄像头添加完成后，可对摄像头进行编辑，如缩放摄像头、旋转摄像头、平移摄像头。

1. 缩放摄像头

在摄像头动画中，可通过调整摄像头的缩放值来进行摄像头的缩放操作。其操作方法为：选择"摄像头工具" ▣，打开"属性"面板，在"摄像机设置"栏的"缩放"文本框中输入缩放值，可放大和缩小摄像头内容，如图9-53所示。

图9-53

也可以在舞台中单击"缩放"按钮 ，拖曳右侧的滑块放大和缩小场景效果。若需要放大场景，则向右拖曳滑块，如图9-54所示；若需要缩小场景，则向左拖曳滑块，如图9-55所示。若需要两边无限缩放，则松开滑块，使其迅速返回至中间位置，然后再进行调整。

图9-54

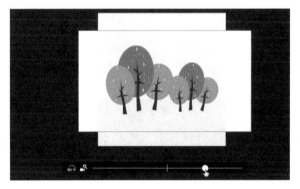

图9-55

2. 旋转摄像头

在摄像头动画中，可通过调整摄像头的旋转值来进行摄像头的旋转操作。其操作方法与缩放摄像头的操作方法类似，只需打开"属性"面板，在"摄像机设置"栏的"旋转"文本框中输入旋转值。或在舞台中单击"旋转"按钮 ，拖曳右侧的滑块顺时针或逆时针旋转场景效果。若需要顺时针旋转场景，则向右拖曳滑块，如图9-56所示；若需要逆时针旋转场景，则向左拖曳滑块，如图9-57所示。

图9-56　　　　图9-57

3. 平移摄像头

当放大或旋转场景后，往往需要通过平移摄像头调整整个场景内容的视觉点。其操作方法为：打开"属性"面板，在"摄像机设置"栏的"X""Y"文本框中输入平移值，可平移场景中的摄像头图像。或将鼠标指针移动到舞台中，此时指针变为 ‡ 形状，通过按住鼠标左键不放并左右或上下拖曳鼠标，完成平移操作，如图9-58所示。

若按住【Shift】键不放，再次按住鼠标左键不放并拖曳鼠标，则可进行水平或垂直平移。

技巧

当需要返回原始未编辑摄像头的效果时，可在"摄像机设置"栏中单击"重置摄像头位置"按钮 ⮌ 和"重置摄像头旋转"按钮 ⮌，返回原始设置。

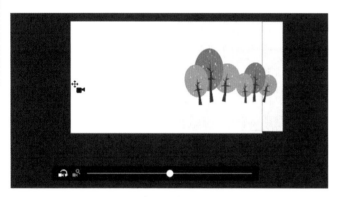

图9-58

实战 近距离放大海船场景

知识要点 添加摄像头

配套资源
素材文件\第9章\海船场景.fla
效果文件\第9章\海船场景.fla

扫码看视频

操作步骤

1 打开"海船场景.fla"素材文件，选择"摄像头工具" ▣，可发现时间轴上已经新建了"Camera"图层，场景素材将以摄像头模式展现，如图9-59所示。

扫码看效果

图9-59

2 将播放标记拖曳到第15帧，按【F6】键插入关键帧，在舞台中单击"缩放"按钮 ⚏，拖曳右侧的滑块放大场景，如图9-60所示。

图9-60

3 在第30帧处按【F6】键插入关键帧，使用相同的方法继续放大场景，然后按住鼠标左键并向上拖曳鼠标，此时可发现整个场景向下移动，如图9-61所示。

图9-61

4 在第45帧处按【F6】键插入关键帧，然后按住【Shift】键不放向右拖曳鼠标，调整场景位置，如图9-62所示。

图9-62

5 在第60帧处按【F6】键插入关键帧，在舞台中单击"旋转"按钮，拖曳右侧的滑块旋转场景，然后按住鼠标左键不放并向下拖曳鼠标，此时可发现整个场景向上移动，如图9-63所示。

图9-63

6 使用相同的方法，分别在第75、第90、第100帧处插入关键帧，并分别调整各帧摄像头的位置，然后创建传统补间动画，如图9-64所示。

图9-64

7 按【Ctrl+Enter】组合键，查看整个海船场景动画效果，完成后按【Ctrl+S】组合键保存文件。

9.2.3 图层深度

设置图层深度可将摄像头聚焦在一个恒定的焦点上，使摄像头动画以不同速度移动对象，创建出身临其境的视觉感。选择【窗口】/【图层深度】命令，打开"图层深度"面板，如图9-65所示。

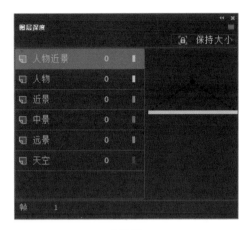

图9-65

在"图层深度"面板中，每个图层都用唯一的彩线表示。在"时间轴"面板中可查看表示每个图层的颜色。在调整图层深度时，可向上或向下移动多色线条来增大或减小每个图层中对象的深度（将线条向上移动可增大图层中对象的深度；将线条向下移动可减小图层中对象的深度），也可以直接在数值框中输入深度值来精确调整对象的深度。

> **技巧**
>
> 单击"图层深度"面板右上角的"保持大小"按钮，在更改深度时，对象的大小将保持不变。此功能能够按正确的顺序放置对象，并使用摄像头平移功能模拟视差效果。

范例　优化行走场景MG动画

知识要点　摄像头动画

配套资源　素材文件\第9章\行走场景MG动画.fla
　　　　　效果文件\第9章\行走场景MG动画.fla

扫码看视频

在一个完整的MG动画中，除了各种动画场景外，常
会由于各种特殊需要，对场景进行不同转换，使
整个动画更具特色。本例中的动画是MG动画中
的一个行走场景，为了使整个行走场景更具有层
次，可在该动画的场景中添加镜头动画，让近
景、中景、远景依次展现。

扫码看效果

1 打开"行走场景MG动画.fla"素材文件，可发现整个
动画由人物近景、人物、近景、中景、远景、天空组
成，如图9-66所示。

图9-66

2 选择"摄像头工具" ，选择【窗口】/【图层深度】
命令，打开"图层深度"面板，设置"Camera"图层
的值为"100"，"人物近景"图层的值为"-52"，"人物"
图层的值为"-10"，"近景"图层的值为"-10"，"中景"
图层的值为"3"，此时效果将向前移动，如图9-67所示。

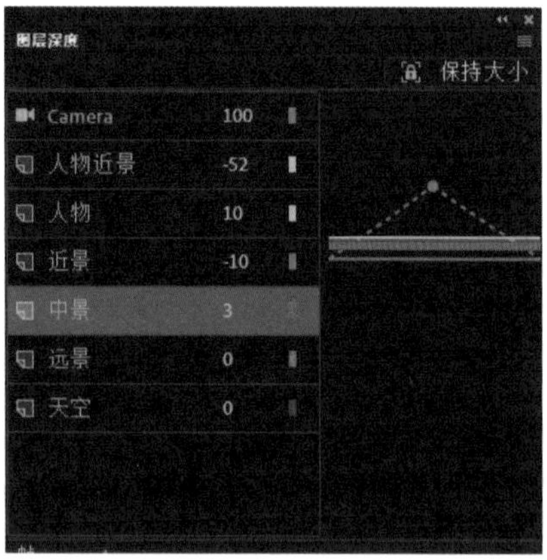

图9-67

3 打开"属性"面板，在"摄像机设置"栏中设置"缩
放"为"800%"，"X"为"3234"，"Y"为"-5205"，
此时可发现舞台中的摄像机已定位到小狗的位置，如图9-68
所示。

图9-68

4 在第30帧处按【F6】键插入关键帧，此时可发现小
狗已经走过摄像头。为了记录小狗行走效果，可按住
【Shift】键不放向右拖曳鼠标，将镜头再次定位到小狗处，如
图9-69所示。为其创建传统补间动画，形成小狗行走场景。

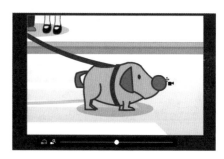

图9-69

5 在第60帧处按【F6】键插入关键帧，打开"属性"面
板，在"摄像机设置"栏中设置"缩放"为"260%"，
在舞台中拖曳场景内容将整个人物体现出来，如图9-70所
示。为其创建传统补间动画，将中景效果体现出来。

图9-70

6 在第80帧处按【F6】键插入关键帧，打开"属性"面板，在"摄像机设置"栏中设置"缩放"为"175%"，将整个场景体现出来，如图9-71所示。为其创建传统补间动画，将整个场景逐渐展现。

图9-71

7 在第100帧处按【F6】键插入关键帧，打开"属性"面板，在"摄像机设置"栏中设置"缩放"为"100%"，将整个场景体现出来，如图9-72所示。为其创建传统补间动画，将整个场景逐渐展现。

图9-72

8 为了使整个动画更加连贯，将播放标记拖曳到第一个传统补间上，在"属性"面板中设置"缓动强度"为"100"，增加缓动强度，然后将播放标记拖曳到最后一个传统补间上，设置"缓动强度"为"-100"，减少缓动强度，如图9-73所示。

9 按【Ctrl+Enter】组合键，查看整个MG动画效果，完成后按【Ctrl+S】组合键保存文件。

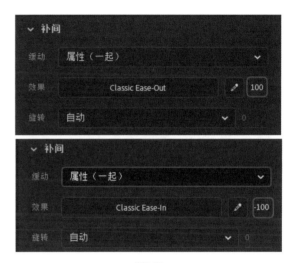

图9-73

9.3 综合实训：制作微博借势营销动画

微博借势营销动画主要借助热点、节日、品牌等进行动画设计，并将动画发布到微博中，以吸引用户关注和点击。下面借助"立夏"节气制作营销动画，提升用户对企业的关注度和好感度。

9.3.1 实训要求

某运动器材专卖店的官方微博为了迎合"立夏"节气进行店铺营销，将制作大小为1280像素×1184像素、以"立夏"为主题的微博借势营销动画，要求要将店铺的定位体现出来，还要在动画中体现"立夏"节气。

9.3.2 实训思路

（1）"立夏"表示盛夏时节正式开始，可选择"立夏"的代表性植物、水果作为素材，如荷花、西瓜等，使整个动画更具代表性。

扫码看效果

（2）由于墨韵是一家运动器材专卖店，因此在进行动画设计时，需要体现出运动元素。为了迎合夏天的主题，可考虑以跳水、游泳运动作为动画设计点，以与店铺定位相呼应。

（3）在动画的展现上，为了体现出运动感，可将跳水、游泳制作为动画效果，并在后期添加逐渐消失效果，使结尾更加自然。

（4）在文字选择上，还需添加"立夏"文字，以迎合整个动画主题。

本实训完成后的参考效果如图9-74所示。

图9-74

9.3.3 制作要点

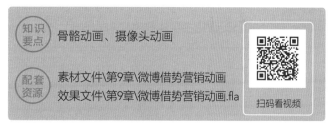

完成本实训主要包括骨骼动画、摄像头动画两个部分，其主要操作步骤如下。

1 新建1280像素×1184像素的舞台，并将其以"微博借势营销动画"为名保存。

2 将"微博借势营销动画"文件夹中的图像都导入"库"面板中，然后选择"矩形工具" ▣ 在舞台上方绘制1280像素×1184像素的矩形，并添加和调整渐变颜色。

3 新建图层，将"场景.png"素材拖曳到舞台中，并转换为元件，再添加"发光"滤镜，效果如图9-75所示。

4 新建图层，选择所有图层，在第100帧处插入关键帧。将"人物.png"素材拖曳到图像的右侧，并转换为矢量图。

5 将人物各个部分转换为元件。将"图层_1""图层_2"锁定，选择"骨骼工具" ☑，将鼠标指针移动至人物头部，按住鼠标左键不放向躯干拖曳鼠标，创建第一条骨

骼，继续使用"骨骼工具" ☑ 从躯干出发，先依次连接人物的左右手，然后连接腿和脚，完成骨骼的创建，如图9-7所示。

图9-75

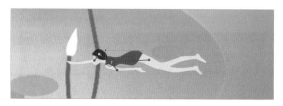

图9-76

6 将播放标记拖曳到第100帧，选择与人物相关的所有元件，将选择的人物元件拖曳到舞台的左侧，确定游泳路线，效果如图9-77所示。

图9-77

7 将播放标记拖曳到第20帧，选择人物的手和脚元件，并分别移动，使其形成游动效果。使用相同的方法，分别在第40、第60、第80帧处创建关键帧，并调整人物姿势。

8 新建图层，将"人物2.png"素材拖曳到图像的右侧，将位图转换为矢量图，使用相同的方法将人物分别转换为元件，并使用"骨骼工具" ☑ 创建骨骼，如图9-78所示。

图9-78

9 将播放标记拖曳到第100帧，选择人物2的所有元件，将选择的元件拖曳到水池处，并调整跳水后的姿态，效果如图9-79所示。

图9-79

10 选择"摄像头工具" ，分别在第80帧和第85帧处插入关键帧，在第85帧设置"Alpha"值为"60"。在第90帧处插入关键帧，设置"Alpha"值为"40"。

11 在第95帧处插入关键帧，设置"Alpha"值为"20"。在第100帧处插入关键帧，设置"Alpha"值为"0"，然后分别为关键帧内容创建传统补间动画。

12 新建图层，将"文字.png""文字1.png"素材拖曳到舞台中，并调整其大小和位置。

13 按【Ctrl+Enter】组合键，查看整个动画效果，完成后按【Ctrl+S】组合键保存文件。

巩固练习

1. 制作猪八戒动画

打开"猪八戒.fla"素材文件，从"库"面板中将所有元件都拖曳到舞台中，并进行适当旋转和排列。使用骨骼工具创建骨骼，然后调整骨骼动画长度，并在不同的帧上拖曳骨骼以创建多个姿势。完成后的最终效果如图9-80所示。

 配套资源 素材文件\第9章\猪八戒.fla
效果文件\第9章\猪八戒.fla

图9-80

2. 制作建筑近景

本练习将使用摄像机显示建筑近景，参考效果如图9-81所示。通过该练习，用户可掌握摄像机动画的制作方法。

配套资源 素材文件\第9章\建筑.fla
效果文件\第9章\建筑.fla

图9-81

技能提升

在骨骼动画与摄像头动画的制作过程中，除了前面所学的知识外，还可以掌握骨骼动画形态的绑定方法，以便快速制作骨骼动画。

在为图形添加骨骼后，可利用形状上的锚点与骨骼之间的绑定，对形状进行更有效的控制。绑定锚点后，当骨骼进行旋转或移动时，映射的形状会随之旋转或移动；反之，如果取消绑定锚点，则当骨骼旋转或移动时，这些形状不会随之旋转或移动。

查看骨骼所绑定锚点的方法为：选择"绑定工具" ，单击选择骨骼，即可查看与该骨骼关联的锚点和骨骼。如图9-82所示，选择的骨骼中间以红色突出显示，其关联的锚点则以黄色显示。

若需要重新定义骨骼和锚点之间的关系，则使用"绑定工具" 选择骨骼后，按住【Shift】键，然后移动

鼠标指针至锚点上，当鼠标指针变为 形状时，单击红色锚点，使其变为黄色，可以使该锚点和骨骼绑定；反之，如果需要解除绑定，则按住【Ctrl】键单击黄色锚点。

图9-82

第 10 章

交互动画

本章导读

在Animate CC 2020中，要制作带有交互动作的动画，如表单、游戏、多媒体课件等，可以使用脚本、动作和组件来实现相应的交互功能。

知识目标

< 熟悉脚本的基础知识
< 熟悉动作的相关知识
< 熟悉组件的基础知识

能力目标

< 能够制作游戏调查表单
< 能够制作动态风景相册

情感目标

< 拓展交互动画的知识面
< 培养对复杂交互动画的制作兴趣

10.1 脚本

脚本是使用一种特定的描述性语言，依据一定的格式编写的可执行文件。使用Animate制作交互动画需要使用脚本，而脚本需要在"动作"面板中以添加动作的方式进行编辑，将变量、常量、函数、表达式和运算符等组成一个整体，控制对象产生各种动画效果。

10.1.1 认识ActionScript

在Animate中制作交互动画主要通过ActionScript实现。

1. ActionScript的特点

ActionScript是一种基于对象和事件驱动并具有相对安全性的客户端脚本语言，其具有以下特性。

● 增强处理运行错误的能力：为提示的运行错误提供足够的附注（列出出错的源文件）和以数字提示的时间线，帮助开发者迅速定位产生错误的位置。

● 类封装：ActionScript引入密封的类的概念，在编译时间内的密封类拥有唯一固定的特征和方法，其他的特征和方法不可能被加入，因而提高了对内存的使用效率，避免了为每一个对象实例增加内在的杂乱指令。

● 命名空间：不但在XML中支持命名空间，而且在类的定义中也同样支持。

● int和uint数据类型：新的数据变量类型允许ActionScript使用更快的整型数据int和uint来进行计算。

2. ActionScript的使用

在Animate CC 2020中可以通过"动作"面板编写ActionScript代码。"动作"面板提供了功能完备的代码编辑器，包括代码提示和着色、代码格式设置和语法突出显示等功能。需要注意的是，在"动作"面板中编写的ActionScript代码只能放在Animate文档的脚本中，用户可直接向Animate中的对象添加动作来创建内部脚本。

如果有多个Animate文档使用同一个脚本，则可以使用文本编辑器创建外部 ActionScript文件，然后在Animate文档中调用。

10.1.2　变量与常量

ActionScript是一种编程语言，在学习如何编程前，必须先了解变量和常量在编程中的作用和使用方法。

1. 变量

变量在ActionScript中主要用来存储数值、字符串、对象、逻辑值，以及动画片段等信息。在 ActionScript中，一个变量实际上包含3个部分。

● 变量的名称。

● 可以存储在变量中的数据类型。

● 存储在计算机内存中的实际值。

（1）声明变量

在ActionScript中，创建变量（称为声明变量）使用var关键字。例如：

```
var Number;
```

定义变量后，还要为变量赋值。变量赋值是通过"＝"来完成的。例如：

```
var Number=4;
```

在将一个影片剪辑元件、按钮元件或文本字段放置在舞台上时，可以在"属性"面板中为它指定一个实例名称，Animate将自动在后台创建与实例同名的变量。

在声明变量时，需要注意以下几点。

● 变量名只能由字母、数字和下画线"_"组成，以字母开头，并且不能有空格和其他符号。

● 变量名不能使用ActionScript中的关键字。

● 在为变量命名时，最好把变量的意义与其代表的意思对应起来，以免出现错误。

（2）变量的作用域

变量的作用域是指变量能够被识别和应用的区域。根据变量的作用域，可以将变量分为全局变量和局部变量。

全局变量是指在代码的所有区域定义的变量，一般位于脚本的所有函数之外。例如：

```
var hq:String = "Global";
function scopeTest()
{
trace(hq);
}
```
//表示声明了一个字符串变量"hq"，并赋值"Global"。该变量既可以在函数scopeTest()中被访问，也可以在脚本的其他区域被访问

局部变量是指仅在代码的某个部分定义的变量，一般位于函数之内。例如：

```
function localScope()
{
var hq1:String ="local";
}
```
//表示声明了一个字符串变量"hq1"，并赋值"Global"。该变量只能在函数localScope()中被访问

2. 常量

常量是使用指定的数据类型表示计算机内存中值的名称。在ActionScript中只能为常量赋值一次。一旦为某个常量赋值之后，该常量的值在脚本中将保持不变。声明常量与声明变量的语法的唯一不同之处在于，声明常量使用关键字const，而不是关键字 var。例如：

```
const value2:Number = 3;
const A:uint=28;
```

10.1.3　数据类型

在创建变量时，应使用数据类型来指定要使用的数据的类型。例如：

```
var a:string;
```
//表示定义了一个数据类型为"string"（字符串）的变量"a"

ActionScript变量的数据类型主要有以下几种。

1. 数值型

ActionScript包含3种特定的数值型数据类型。

● Number：表示任何数值，包括小数部分或没有小数部分的值。

- Int：表示整数（不带小数部分）。
- Uint：表示"无符号"整数，即不能为负数。

2. 字符串

字符串（String）数据类型用来保存文字内容的变量，可以包含文字、数字和标点符号。在ActionScript中，字符串的值需要使用""""或""""引起来。

3. 布尔

布尔（Boolean）数据类型只有两个值，即true和false，主要用于判断条件和循环控制，以便决定是否继续运行对应段的程序代码，或判断循环是否结束。

4. 对象

Animate舞台中的实例图形都是ActionScript中的对象（Object），必须使用new关键字来创建对象对应的实例。例如：

```
var weather:Object=new Object();
```

在ActionScript中，任何对象都可以包含以下3种特征。

- 属性：是对象的基本特征，如影片剪辑元件的位置、大小和透明度等。例如：

```
angle.x=50;
//将名为angle的影片剪辑元件移动到X坐标为50像素的位置
```

- 方法：是指可由对象执行的操作。使用关键帧和基本动画语句制作了影片剪辑元件，则可播放或停止该影片剪辑，或指示它将播放头移动到特定的帧上。例如：

```
longFilm.play();
//指示名为longFilm的影片剪辑元件开始播放
```

- 事件：是确定计算机执行哪些指令以及何时执行的机制。"事件"本质上就是所发生的、ActionScript能够识别并响应的事情。许多事件与用户交互动作有关，如用户单击按钮或按键盘上的键等。

5. 数组

数组（Array）是一组数据的集合，在ActionScript中使用方括号"[ ]"来表示数组类型。当需要将一些数据放在一起处理时，可以使用数组。一般情况下可只使用一个数组，而对于一些复杂的ActionScript程序就需要使用多维数组。

（1）一个数组

定义数组也需要使用new关键字，并且数组的第一个项目数必须是0，之后以1为增量递增。例如：

```
Var list:Array=new Array();
list[0]=" apple";
list[1]=" banana";
list[2]=" orange";
```

（2）多维数组

多维数组其实就是将多个数组嵌套在一起，只嵌套了一次被称为二维数组，嵌套了两次则被称为三维数组，以此类推。例如：

```
Var list:Array=[[1,2,3],[4,5,6],[7,8,9]];
```

6. Null

Null数据类型只有一个null值，null是一个关键字，并不是0，变量值为null，表示变量没有值或不是一个对象。

10.1.4　表达式和运算符

在对变量进行赋值、改变、计算等一系列操作的过程中，涉及表达式和运算符。

1. 表达式

表达式是由数字、运算符、数字分组符号（括号）、变量等以能求得数值的有意义排列方法所得的组合。例如：

```
a + b
(a * 2) / c
```

2. 运算符

运算符是用于完成操作的一系列符号。在ActionScript中，运算符包括算术运算符、比较运算符和逻辑运算符。

算术运算符可以进行加、减、乘、除和其他数学运算，如表10-1所示。

表 10-1　算术运算符

算术运算符	描　述
+	加
–	减
*	乘
/	除
%	取模
++	递加 1
– –	递减 1

比较运算符可以比较表达式的值，如表10-2所示。

表 10-2　比较运算符

比较运算符	描　述
<	小于
>	大于
<=	小于等于
>=	大于等于
=	等于
!=	不等于

逻辑运算符可以比较两个布尔值（真或假），然后返回一个布尔值，如表10-3所示。

表 10-3　逻辑运算符

逻辑运算符	描　述
&&	逻辑与，在形式 A&&B 中，只有当两个条件 A 和 B 同时成立，整个表达式值才为 true
||	逻辑或，在形式 A||B 中，只要两个条件 A 和 B 中有一个成立，整个表达式值就为 true
!	逻辑非，在 !A 中，当 A 成立时，表达式的值为 false；当 A 不成立时，表达式的值为 true

技巧

ActionScript 定义了默认的运算符优先级，可以使用小括号运算符（()）来改变其优先级，如 var sum = (2 + 3) * 4; 改变了默认的优先级，强制优先处理加法运算符，然后处理乘法运算符。

在 ActionScript 中除了赋值运算符和条件运算符（?:）外，所有二进制运算符都是左结合的，即先处理左边的运算符，再处理右边的运算符。而赋值运算符和条件运算符(?:) 则是右结合的。例如，小于运算符（<）和大于运算符（>）具有相同的优先级，可将这两个运算符用于同一个表达式中，因为这两个运算符都是左结合的，故首先处理左边的运算符。因此，以下两个语句将生成相同的输出结果。

alert(3 > 2 < 1); // false
alert((3 > 2) < 1); // false

10.1.5　ActionScript的基本语法

ActionScript的基本语法包括点语法、括号和分号、字母的大小写、注释和关键字等。

1. 点语法

在ActionScript中，点运算符（.）用来访问对象的属性和方法。使用点语法，可以使用后跟点运算符和属性名（或方法名）的实例名来引用类的属性或方法。例如：

```
var myDot:MyExample=new MyExample();
myDot.prop1= "Hi";
myDot.method1();
```

2. 括号和分号

在ActionScript中，括号主要包括大括号"{}"和小括号"()"两种。其中大括号用于将代码分成不同的块，而小括号通常用于放置使用动作时的参数。定义一个函数以及调用该函数时，都需要使用到小括号。

分号用在ActionScript语句的结束处，用来表示该语句结束。

3. 关键字

在ActionScript中具有特殊含义且供Action脚本调用的特定单词被称为"关键字"。在编辑ActionScript脚本时，要注意关键字的编写，关键字错误将会使脚本混乱，导致对象赋予的动作无法正常运行。在ActionScript中，易引发脚本错误的关键字如表10-4所示。

4. 字母的大小写

在ActionScript中，除了关键字需要区分大小写之外，其余的大小写字母可以混用，但是应尽量遵守书写规定，以便于区分和阅读不同的脚本代码。

5. 注释

在编辑ActionScript语句时，为了便于阅读和理解，可以添加注释。添加注释的方法为：直接在语句后面输入"//"，然后输入注释的内容。注释内容以灰色显示，它的长度不受限制，也不会执行。例如：

```
gotoAndStop(10); //运行并在第10帧停止
```

表 10-4　易引发脚本错误的关键字

as	break	case	catch	false	class	const	continue
default	delete	do	else	extends	false	finally	for
function	if	implements	import	in	instanceof	interface	Internal
is	native	new	null	package	private	protected	public
return	super	switch	this	throw	to	true	try
typeof	use	var	void	while	with		

10.1.6 ActionScript的常用语句

在ActionScript中主要有两种基本语句：一种是条件语句，如if、switch；另一种是循环语句，如for、while。下面介绍基本语句的用法。

1. if语句

if可以理解为"如果"的意思，即如果条件满足就执行其后的语句。if语句的用法示例如下。

```
if (x > 5) {
    alert("输入的数据大于5");
}
```

2. if...else语句

if...else语句中的"else"可以理解为"另外的""否则"的意思，整个if...else语句可以理解为"如果条件成立就执行if后面的语句，否则执行else后面的语句"。if...else语句的用法示例如下。

```
if (x > 5) {
    alert("x>5");
} else {
    alert("x<5");
}
```

3. if...else...if语句

使用if...else...if语句可以连续测试多个条件，以实现对更多条件的判断。if...else...if语句的用法示例如下。

```
if (x > 10) {
    alert("x > 10");
} else if (x < 0) {
    alert("x是负数");
}
```

4. switch语句

当判断条件比较多时，为了使程序更加清晰，可以使用switch语句。switch语句的用法示例如下。

```
var score = new Date();
var dayNum = someDate.getDay();
```

```
switch (dayNum) {
    case 0:
        alert("明天又要上班啦");
            break;
    case 1:
        trace("开始上班了");
            break;
    case 5:
        trace("明天又是周末了");
            break;
    case 6:
        trace("周末");
            break;
    default:
        trace("上班中");
            break;
}
```

使用switch语句时，表达式的值将与每个case语句中的常量相比较。如果相匹配，则执行该case语句后的代码；如果没有一个case的常量与表达式的值相匹配，则执行default后的语句。如果没有相匹配的case语句，也没有default语句，则什么也不执行。

5. for语句

for语句用于循环访问某个变量以获得特定范围的值。在for语句中必须提供3个表达式，分别是设置了初始值的变量、用于确定循环何时结束的条件语句，以及在每次循环中都更改变量值的表达式。使用for语句创建循环的用法示例如下。

```
for (var i = 0; i < 10; i++)
{
    alert(i);
}
```

6. for...in语句

for...in语句用于循环访问对象属性或数组元素。for...in语句的用法示例如下。

```
var yourObj = {x:10, y:80};
for (var i in yourObj)
{
        alert(i + ":" + yourObj[i]);
}
```

7. while语句

while语句可重复执行某条语句或某段程序。使用while语句时，系统会先计算表达式的值，如果值为true，就执行循环代码块，在执行完循环的每一条语句之后，while语句会再次对该表达式进行计算，当表达式的值仍为true时，会再次执行循环体中的语句，直到表达式的值为false。while语句的用法示例如下。

```
var i = 0;
while (i < 10) {
    alert(i);
    i++;
}
```

8. do while语句

do while语句与while语句类似，使用do while语句可以创建与while语句相同的循环，但do while语句在其循环结束处会对表达式进行判断，因此使用do while语句至少会执行一次循环。do while语句的用法示例如下。

```
var i = 10;
do {
    alert(i);
    i++;
} while (i < 10);
```

10.1.7 函数

函数是一个拥有名字的一系列ActionScript语句的有效组合。只要这个函数被调用，就意味着这一系列ActionScript语句被按顺序解释执行。一个函数可以有自己的参数，并且可以在函数内使用参数。

语法：

```
function 函数名（参数）{
    函数执行部分
}
```

说明：

在这一语法中，函数名用于定义函数名称，参数是传递给函数使用或操作的值，其值可以是常量、变量或其他表达式。

常用函数包括play函数、stop函数、gotoAndPlay函数、gotoAndStop函数。

● play函数：播放时间轴，例如：

```
this.play();
```

● stop函数：暂停播放时间轴，例如：

```
this.stop();
```

● gotoAndPlay函数：跳转到指定帧并播放，参数为帧编号或帧标签，例如：

```
this.gotoAndPlay(5)
```

● gotoAndStop函数：跳转到指定帧并暂停，参数为帧编号或帧标签，例如：

```
this.gotoAndStop("mian")
```

当动画需要产生一些随机效果时，通常需要使用随机函数来实现。ActionScript中的随机函数是Math.random()，其常用方法如下。

● 产生0~1之间的小数：输入如下代码将产生一个0（包含）~1（不包含）之间的小数。

```
var num=Math.random();
```

● 产生0~n之间的数：如要产生一个0（包含）~10（不包含）之间的数，则输入如下代码。

```
var num=Math.random()*10;
```

● 产生0~n之间的整数：如要产生一个0（包含）~10（包含）之间的整数，则输入如下代码。

```
var num=Math.floor(Math.random()*(10+1));
```

● 产生m~n之间的整数：如要产生一个5（包含）~10（包含）之间的整数，则输入如下代码。

```
var num=Math.floor(Math.random()*(10-5+1))+5;
```

10.1.8 事件

事件是指用户在某事务上由于某种行为所执行的操作事件，包括添加事件、移除事件、是否包含指定事件等内容。

1. 添加事件

要为某个实例添加事件，首先需要在"属性"面板中设置实例名称，然后在帧脚本中通过addEventListener函数为实例添加事件。常用的事件包括click（单击）、dbclick（双击）、mouseover（鼠标悬停）、mouseout（鼠标离开）等事件。例如，为MC实例添加click事件，代码如下。

```
this.MC.addEventListener("click", mouseClickHandler.
bind(this));
function mouseClickHandler(){
    alert("单击鼠标");
}
```

2. 移除事件

通过removeEventListener函数可以移除实例上指定的事件。例如，移除MC实例的click事件，代码如下。

```
this.MC.removeEventListener("click", mouseClickHandler);
```

通过removeAllEventListeners函数可以移除实例上的所有事件。例如，移除MC实例的所有事件，代码如下。

```
this.MC.removeAllEventListeners();
```

3. 是否包含指定事件

通过hasEventListener函数可以判断出实例上是否包含指定事件，如果包含则返回true，否则返回false。例如，判断MC实例是否包含click事件，代码如下。

```
this.MC.hasEventListener("click");
```

10.2 动作

Animate中的对象要实现交互功能，需要添加动作，即通过"动作"面板输入ActionScript脚本。除此之外，也可使用"代码片断"面板，通过选择代码的方式进行动画的制作。

10.2.1 使用"动作"面板

在编辑脚本前，需要先认识"动作"面板，并通过该面板添加脚本。

1. 认识"动作"面板

选择【窗口】/【动作】命令或按【F9】键，可打开图10-1所示"动作"面板，在其中可以编辑ActionScript脚本。"动作"面板主要由脚本导航面板和脚本编辑窗口组成。

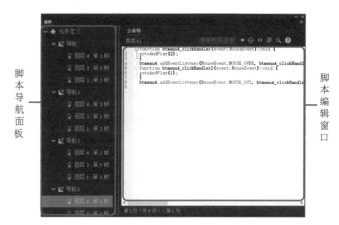

脚本导航面板

脚本编辑窗口

图10-1

● 脚本导航面板：用于标注显示当前动画中哪些动画帧添加了ActionScript脚本，通过脚本导航器可以快速地在各个添加了ActionScript脚本的动画帧之间切换。

● 脚本编辑窗口：用于编辑ActionScript脚本。若需为动画帧添加ActionScript脚本，则只需选择帧后，打开"动作"面板，在脚本编辑窗口中输入ActionScript脚本即可。

2. 添加脚本的方法

在"动作"面板中添加脚本有以下4种方法。

● 添加帧脚本：要在某一帧上添加脚本，需要先在该帧上插入一个关键帧，然后打开"动作"面板并输入脚本代码。当动画播放到该帧时，会运行帧中的脚本程序。需要注意的是，在为关键帧添加ActionScript代码后，该关键帧上将出现一个"a"符号，如图10-2所示。

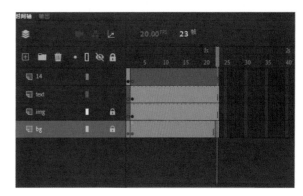

图10-2

● 引入第三方脚本：在"动作"面板中选择"全局"下方的"包含"选项，再单击➕按钮，可以为动画引入第三方脚本文件，如图10-3所示。

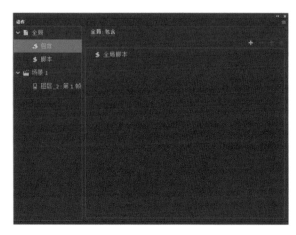

图10-3

● 添加全局脚本：在"动作"面板中选择"全局"下方的"脚本"选项，可以添加全局脚本，在播放动画时，会首先运行全局脚本，并且启动定义的变量和函数，整个动画都可以访问。

● 使用向导添加：单击"动作"面板中的 使用向导添加 按钮，只需按照向导的提示进行操作，即可完成脚本的添加，如图10-4所示。

图10-4

10.2.2 使用"代码片断"面板

"代码片断"面板中集成了Animate中编辑好的一些代码，可供用户直接选择后使用。

在"动作"面板中单击"代码片断"按钮 <>，或直接选择【窗口】/【代码片断】命令，打开"代码片断"面板。其中有"ActionScript""HTML5 Canvas"两个选项，单击对应的选项，在打开的下拉列表框中双击对应的代码选项，该代码将直接添加到"动作"面板中，如图10-5所示。

图10-5

范例　制作动态风景相册

知识要点　添加与编辑组件

配套资源　素材文件\第10章\动态风景相册\
效果文件\第10章\动态风景相册.fla

扫码看视频

范例说明

现今很多旅行社为了宣传旅行内容，常常将不同地方的风景以动态风景相册的形式推送给用户，使其对旅行产生兴趣。为了让动态风景相册有单击切换页码的效果，可在制作动态风景相册时，制作按钮元件，并通过代码的方式为元件设置触发条件，使其形成动态效果。

扫码看效果

操作步骤

1 启动Animate CC 2020，新建一个1 280像素×720像素的HTML5 Canvas动画文件。

2 选择【文件】/【导入】/【导入到库】命令，在打开的对话框中选择"动态风景相册"文件夹中的所有素材图片，单击 打开(O) 按钮，将素材导入库中。

3 在"库"面板中将"14.png、旅行文字.png"拖曳到舞台中，并调整其大小和位置。

4 在第2帧处按【F7】键插入空白关键帧，将"15.png"拖曳到舞台中，然后选择"文本工具" **T**，在舞台的左侧输入文字，设置字体为"汉仪综艺体简""汉仪中圆简"，调整其大小和位置，在文字的中间绘制一条颜色为"#104F81"的直线用于分割文字，效果如图10-6所示。

图10-6

5 在第3帧处按【F7】键插入空白关键帧，将"9.png、12.png、13.png"拖曳到舞台中，然后选择"文本工具" **T**，在舞台的左侧输入文字，设置字体为"汉仪综艺体简""汉仪中圆简"，调整其大小和位置，效果如图10-7所示。

图10-7

6 使用相同的方法，分别在第4、第5、第6、第7帧处插入空白关键帧，并分别添加素材和文字，完成后的效果如图10-8所示。

图10-8

7 新建图层，使用"矩形工具" ▣ 在舞台的左侧绘制115像素×35像素的圆角矩形，然后使用"文本工具" Ⓣ 在矩形上方输入"返回首页"文字，选择文字和圆角矩形，按【F8】键打开"转换为元件"对话框，在"类型"下拉

列表框中选择"按钮"选项，并单击 [确定] 按钮，如图10-9所示。

图10-9

8 双击按钮元件，进入其编辑界面，按3次【F6】键插入3个关键帧，如图10-10所示。

图10-10

9 返回主场景，在"属性"面板中设置按钮元件实例的名称为"bt1"，如图10-11所示。

图10-11

10 使用相同的方法制作"上一页""下一页""尾页"按钮元件，如图10-12所示。设置实例名称分别为"bt2""bt3""bt4"。

图10-12

11 新建一个图层，按【F9】键打开"动作"面板，选择"全局"下的"脚本"选项，然后输入如下

代码。

```
var flag=true; //设置一个标志
```

效果如图10-13所示。

图10-13

12 选择图层3的第1帧，在"动作"面板中输入如下代码。

```
if (flag == true) { //如果flag为true，则执行
    this.bt1.addEventListener("click", bt1Click.bind(this));
//为"首页"按钮添加Click事件
    this.bt2.addEventListener("click", bt2Click.bind(this));
//为"上一页"按钮添加Click事件
    this.bt3.addEventListener("click", bt3Click.bind(this));
//为"下一页"按钮添加Click事件
    this.bt4.addEventListener("click", bt4Click.bind(this));
//为"尾页"按钮添加Click事件
    this.bt1.visible = false; // 隐藏bt1按钮
    this.bt2.visible = false; // 隐藏bt2按钮
    flag = false; //将flag设置为false，使这段代码执行
一次
}
this.stop(); //暂停播放
var _this = this; //定义一个变量指向this，以方便函数内
部访问
function gotoFrame(frame) { //定义gotoFrame函数
    _this.bt1.visible = true; //显示"首页"按钮
    _this.bt2.visible = true; //显示"上一页"按钮
    _this.bt3.visible = true; //显示"下一页"按钮
    _this.bt4.visible = true; //显示"尾页"按钮
    if (frame == 0) { //如果是第1帧，则隐藏"首页"和
"上一页"按钮
        _this.bt1.visible = false;
        _this.bt2.visible = false;
    } else if (frame == 6) { //如果是第7帧，则隐藏"下一
页"和"尾页"按钮
        _this.bt3.visible = false;
        _this.bt4.visible = false;
    }
    _this.gotoAndStop(frame); //跳转到指定的帧并暂停
}
function bt1Click() { //单击"首页"按钮将执行
    gotoFrame(0); //跳转到第1帧
}
function bt2Click() { //单击"上一页"按钮将执行
    gotoFrame(this.currentFrame - 1); //跳转到上一帧
}
function bt3Click() { //单击"下一页"按钮将执行
    gotoFrame(this.currentFrame + 1); //跳转到下一帧
}
function bt4Click() { //单击"尾页"按钮将执行
    gotoFrame(6); //跳转到第7帧
}
```

效果如图10-14所示。

图10-14

技巧

this 在 ActionScript 中代表的是当前对象，在 Animate 的帧脚本中要访问一个元件实例，使用"this. 实例名称"。但是函数内部的 this 与外部的 this 不是同一个对象，因此在一个函数内部要访问元件实例，就需要在函数外部定义一个变量（通常使用 that 或 _this）并指向 this，然后在函数内部通过"that. 实例名称"或"_this. 实例名称"进行访问。

在为实例添加事件时，可以通过 .bind(this) 将外部的 this 绑定到事件函数上，这样在事件函数内部也可以直接是 this，但是普通的函数不行。

13 按【Ctrl+Enter】组合键进行测试，可以看到在第1帧上，"返回首页"按钮和"上一页"按钮没有显示，效果如图10-15所示。

图10-15

14 单击"下一页"按钮显示下一张图片时，4个按钮都显示出来了，效果如图10-16所示。

图10-16

15 单击"尾页"按钮显示最后一张图片，且"下一页"按钮和"尾页"按钮被隐藏，效果如图10-17所示。

图10-17

16 单击"上一页"按钮显示上一张图片，"下一页"按钮和"尾页"按钮又被显示出来，效果如图10-18所示。再次单击"返回首页"按钮跳转到第1张图片，所有功能都正常。

17 将文件保存为"动态风景相册.fla"，完成本例的制作。

图10-18

10.3 组件

组件是带有参数的影片剪辑元件，设计者可以根据需要对组件的参数进行设置，从而修改组件的外观和交互行为。巧妙应用组件，可以让设计者无须自行构建复杂的用户界面元素，只需选择相应的组件，并为其添加适当的ActionScript脚本，从而轻松实现所需交互功能。

10.3.1 组件的分类

在Animate的ActionScript文件中选择【窗口】/【组件】命令，打开"组件"面板，如图10-19所示。"组件"面板包括User Interface和Video两类组件。

图10-19

● User Interface组件：User Interface组件用于设置用户界面，并通过界面使用户与应用程序进行交互操作。Animate中的大多数交互操作都是通过该类组件实现的。User Interface组件主要包括Button、CheckBox、ComboBox、List、TextArea和ScrollPane等组件。

● Video组件：Video组件主要用于对播放器中的播放状态和播放进度等属性进行交互操作。该类组件包括FLVPlayback、FLVPlaybackCaptioning、BackButton、Pause Button、PlayButton和VolumeBar等组件。

10.3.2 组件的基本操作

组件的基本操作主要包括添加组件、删除组件以及设置组件参数等。

1. 添加组件

打开"组件"面板后，双击要添加的组件或将其拖曳到舞台中，都可以添加组件。同时在"库"面板中也会增加该组件及其关联的资源，如图10-20所示。要再次使用相同的组件，可以直接从"库"面板中添加。

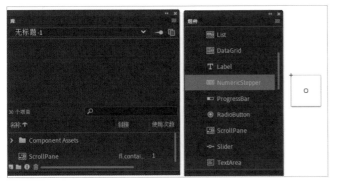

图10-20

2. 删除组件

要从舞台中删除一个组件，只需选择该组件，按【Delete】键删除。而要从Animate文档中删除该组件，则必须从库中删除该组件及其关联的资源。

3. 设置组件参数

每个组件都带有参数，设置这些参数可更改组件的外观和行为。选择【窗口】/【组件参数】命令或单击"属性"面板中的"显示参数"按钮，打开"组件参数"对话框，在其中可设置组件的相关参数。图10-21所示为ProgressBar组件的"组件参数"面板。

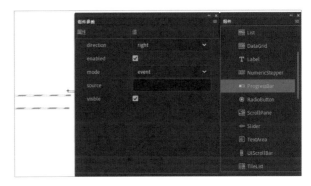

图10-21

10.3.3 认识常用组件

常用组件包括按钮组件Button、单选项组件RadioButton、下拉列表框组件ComboBox、列表框组件List、滚动条组件ScrollPane、文本标签组件Label、文本域组件TextArea、数值框组件NumericStepper等。

1. 按钮组件Button

按钮组件Button可以执行鼠标和键盘的交互事件，常用于制作"提交"等按钮。设置属性可将按钮的行为从按下改为切换，单击切换按钮后，它将保持按下状态，直到再次单击时才会返回到弹起状态。单击舞台中添加的按钮，打开"组件参数"面板，在其中可对按钮组件的各项参数进行设置，如图10-22所示。

● emphasized：指定按钮是否处于强调状态，如果是，则为true，否则为false。强调状态相当于默认的普通按钮外观。

● enabled：默认为true（选中状态），表示该组件为可用状态。若改为false，则将禁用该组件。

● label：默认值为Label，用于显示按钮上的内容。

● labelPlacement：用于确定按钮上的标签文本相对于图标的方向，其中包括left、right、top和bottom4个选项，其默认值为right。

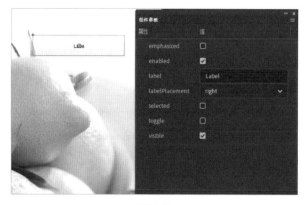

图10-22

● selected：指定按钮是否处于按下状态。如要将selected属性设为选中状态，则toggle必须选中。如果toggle取消选中状态，则给selected属性赋予值将不起作用，其默认为未选中状态。

● toggle：默认为false，它可以确定是否将按钮转变为切换开关。如果想让按钮在单击后立即弹起，则可取消选中该选项；如果想让按钮在单击后保持凹陷状态，再次单击后才返回到弹起状态，则可选中该选项。

● visible：用于确定是否显示按钮轮廓。

技巧

通常添加按钮组件 Button 后，还需要为其添加事件响应，单击按钮组件时，会响应相应的 ActionScript 语句。

2. 单选项组件RadioButton

RadioButton组件将显示一个单选项，通常会将多个RadioButton组件组成一个单选项组，选中其中一个单选项后，同一个组中的其他单选项将自动取消选中状态。RadioButton组件的"组件参数"对话框如图10-23所示。其中enabled、label、labelPlacement、selected、visible已在前面介绍，这里不再赘述。

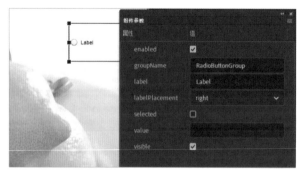

图10-23

● groupName：用于指定当前单选项所属的单选项

组，该参数值相同的单选项自动编为一组，并且在一组单选项中只能选择一个单选项。

● value：用于给类的属性赋值。

技巧

在添加 RadioButton 组件时，必须有两个或两个以上的RadioButton 组件添加到舞台中，才能使其有意义。

3. 复选框组件CheckBox

使用User Interface组件中的CheckBox组件可创建多个复选框，并为其设置相应的参数。在"组件"面板的User Interface组件类型中选择复选框组件CheckBox，按住鼠标左键不放将其拖动到舞台中，完成复选框的创建。勾选添加到舞台中的复选框，在其"属性"面板的"操作参数"栏中可对复选框的各项参数进行设置，如图10-24所示。其中enabled、visible已在前面介绍，这里不再赘述。

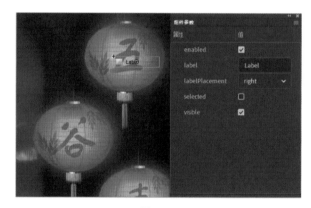

图10-24

● label：默认值为Label，用于确定复选框中显示的文本内容。

● labelPlacement：用于确定复选框上标签文本的方向，包括4个选项，分别是left、right、top和bottom，默认值为right。

● selected：用于确定复选框的初始状态为选中状态（true）或未选中状态（false）。被选中的复选框会显示一个对勾标记。一组复选框中可有多个被选中。

4. 下拉列表框组件ComboBox

ComboBox组件将显示一个下拉列表框，使用时需要先在"属性"面板中设置实例名称，然后在"组件参数"面板中设置"项目"参数，如图10-25所示。其中enabled、visible已在前面介绍，这里不再赘述。

● dataProvider：单击该参数右边的 按钮，打开"值"对话框，如图10-26所示。在其中单击 按钮可以为下拉列表框添加选项，单击 按钮可以删除当前选择的选项。

其中 "Label" 为选项显示的文本，"data" 为选项返回的值。

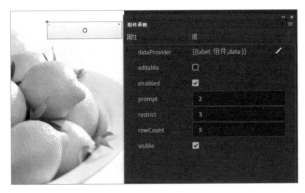

图10-25

图10-26

● editable：该参数用于决定用户是否能在下拉列表框中输入文本，true表示可以输入文本，false表示不可以输入文本，其默认值为false。

● prompt：设置对ComboBox组件的提示。

● restrict：用于限定和约束指针。

● rowCount：获取或设置没有滚动条的下拉列表框中可显示的最大行数，默认值为5。

5. 列表框组件List

列表框组件List是一个可滚动的单选或多选列表框，可以显示图形和文本，其 "组件参数" 面板如图10-27所示。其中enabled、visible已在前面介绍，这里不再赘述。

图10-27

● allowMultipleSelection：获取一个布尔值，指示能否一次选择多个列表项目。

● dataProvider：单击该参数右边的🖉图标，将打开 "值" 对话框，在其中可设置名称和值，以此决定List组件列表框中显示的内容。

● horizontalLineScrollSize：获取或设置一个值，该值描述单击滚动箭头时要在水平方向上滚动的内容量，默认值为4。

● horizontalPageScrollSize：获取或设置单击水平滚动条轨道时，水平滚动条移动的像素数，默认值为0。

● horizontalScrollPolicy：获取对水平滚动条的引用，默认值为auto。

● verticalLineScrollSize：获取或设置一个值，该值描述单击滚动箭头时在垂直方向上滚动的内容量，默认值为4。

● verticalPageScrollSize：获取或设置单击垂直滚动条轨道时，垂直滚动条移动的像素数，默认值为0。

● verticalScrollPolicy：获取对垂直滚动条的引用，默认值为auto。

技巧

将列表框组件 List 添加到舞台中后，将 "ver ticalScroll Policy" 和 "horizontalScrollPolicy" 参数设置为 on 可以获取对垂直滚动条和水平滚动条的引用。选择 off 选项将不显示水平滚动条，选择 "auto" 选项将根据内容自动选择是否显示水平滚动条。

6. 滚动条组件ScrollPane

滚动条组件ScrollPane用于在某个大小固定的文本框中显示更多的文本内容。滚动条是动态文本框与输入文本框的组合，在动态文本框和输入文本框中添加水平和竖直滚动条，用户可以拖曳滚动条来显示更多的内容。其 "组件参数" 面板如图10-28所示。其中enabled、visible已在前面介绍，这里不再赘述。

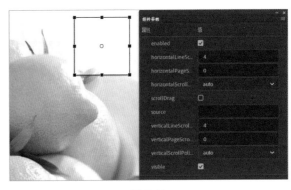

图10-28

● horizontalLineScrollSize：指定单击滚动条两端的箭

头按钮时，水平滚动条移动多少个单位，默认值为4。

● horizontalPageScrollSize：指定单击水平滚动条轨道时，水平滚动条移动的距离，默认值为0。

● horizontalScrollPolicy：确定是否显示水平滚动条，可以选择on（显示）、off（不显示）或auto（自动），默认值为auto。

● scrollDrag：确定是否允许用户在滚动条中滚动内容，选择true选项表示允许，选择false选项则表示不允许，默认值为false。

● source：获取或设置绝对或相对URL（该URL标识要加载的SWF或图像文件的位置）、库中影片剪辑的类名称、对显示对象的引用或者与组件位于同一层上的影片剪辑的实例名称等。

● verticalLineScrollSize：指定单击滚动条两边的箭头按钮时，垂直滚动条移动多少个单位，默认值为4。

● verticalPageScrollSize：指定单击垂直滚动条轨道时，垂直滚动条移动的距离，默认值为0。

● verticalScrollPolicy：确定是否显示垂直滚动条，可以选择on（显示）、off（不显示）或auto（自动），默认值为auto。

7. 文本标签组件Label

文本标签组件是指"组件"面板中的Label组件，一个Label组件就是一行文本。在舞台中添加该组件后，其"组件参数"面板如图10-29所示。其中enabled、visible已在前面介绍，这里不再赘述。

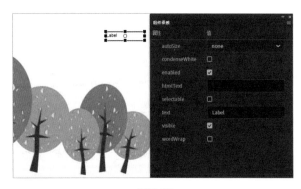

图10-29

● autoSize：指示如何调整标签的大小并对齐标签适应文本，默认值为none，参数可以是none、left、center和right中的一个。

● condenseWhite：用于设置HTML类型的文本中空白与换行的存在方式。

● htmlText：用于确定标签是否采用HTML格式。如果将HTML设置为true，则不能使用样式来设置标签格式。用户可以使用font标记将文本格式设置为HTML。

● selectable：用于确定Label组件中显示的文本内容是否可在影片中被鼠标选择。当属性值设置为true时，Label组件显示的文本可被鼠标选择；当属性设置为false时，Label组件显示的文本不可被鼠标选择。只有当Label组件的内容被设置为可选择时，用户才能复制这些内容。

● text：用于输入标签的内容，默认值为label。

● wordWrap：用于设置或获取一个值以控制Label组件显示的文本是否支持自动换行。其值设置为true时，Label组件中的文本支持自动换行；其值设置为false时，Label组件中的文本不支持自动换行。

8. 文本域组件TextArea

文本域组件是指"组件"面板中的TextArea组件，在需要多行文本字段的任何地方都可以使用TextArea组件。在文本框中输入文本后，文本会自动换行，当超出文本域显示框的范围时，文本域会自动生成滑动条，通过滑动条可以改变文字的显示范围。在舞台中添加该组件后，"组件参数"面板如图10-30所示。其中condenseWhite、enabled、visible、verticalScrollPolicy已在前面介绍，这里不再赘述。

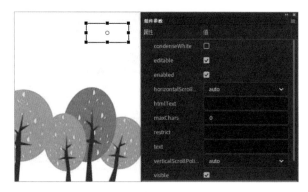

图10-30

● editable：用于确定TextArea组件是否可编辑，默认为选中。

● horizontalScrollBar：获取对水平滚动条的引用。

● htmlText：用于定义TextArea组件对象在影片中显示的HTML文本内容。

● maxChars：指示文本区域最多可容纳的字符数，默认值为null（表示无限制）。

● restrict：指示用户可以输入文本区域的字符集，默认值为undefined。

● text：用于输入TextArea组件的内容，默认值为""(空字符串)。

技巧

文本域中的文字无法通过参数设置来设置其字体、字号等显示属性，只能将 HTML 设置为 true，使用字体标签来设置文本格式。

9. 数值框组件NumericStepper

NumericStepper组件将显示一个数值框，使用时需要先在"属性"面板中设置实例名称，在"组件参数"面板中设置"值""最大""最小"参数，分别为数值框中的默认值、最大值和最小值，如图10-31所示。其中enabled、value、visible已在前面介绍，这里不再赘述。

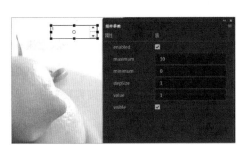

图10-31

- maximum：用于设置数值的最大值。
- minimum：用于设置数值的最小值。
- stepSize：表示每次单击按钮改变的数值间隔。

范例说明

调查问卷是收集不同用户反馈信息的常见方式，它通过问答的方式获得有用的信息，以达到获得建议并改进问题的目的。某环境保护协会计划制作600像素×1400像素的调查问卷，对一次性筷子、废弃物、随手丢垃圾、塑料袋、横穿草坪、及时熄灯等相关问题进行调研，方便环境保护协会统计数据。在制作中可采用添加组件的方式展现各种选项，便于用户快速勾选内容。

扫码看效果

操作步骤

1 选择【文件】/【新建】命令，新建一个600像素×1400像素的空白文档。

2 选择【文件】/【导入】/【导入到舞台】命令，将"环保意识调查问卷背景.jpg"图像导入舞台中，调整大小使其与舞台重合。

3 新建"图层_2"图层，选择第1帧。选择"文本工具" T，在"属性"面板中设置"字体"为"汉仪粗黑简"，"大小"为"37"，"填充"为"#FFFFFF"，在背景图片中输入"环保意识调查问卷"文字，效果如图10-32所示。

图10-32

4 再次选择"文本工具" T，在"属性"面板中设置"字体"为"汉仪粗黑简"，"大小"为"18"，"填充"为"#000000"，在舞台中输入图10-33所示文本，并分别对其进行对齐操作。

5 新建"图层_3"图层，选择"矩形工具" ，在"属性"面板中设置"填充"为"#FFFFFF"，"矩形边角半径"为"10"，在最后一排文本下方绘制圆角矩形，效果如图10-34所示。

6 再次使用"文本工具" T，在圆角矩形上绘制一个比该圆角矩形稍微小一些的文本框，在"属性"面板中设置"文本类型"为"输入文本"，"实例名称"为"_id"，"字体"为"黑体"，"大小"为"18"，"填充"为"#FF3399"，如图10-35所示。

Animate CC 动画制作核心技能一本通（移动学习版）

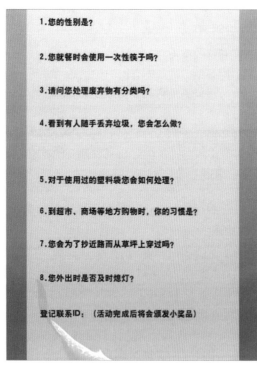

图10-33

图10-34

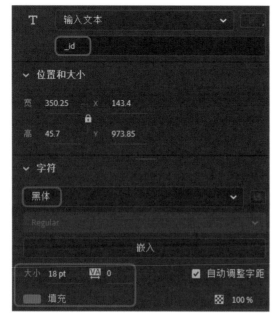

图10-35

7 选择【窗口】/【组件】命令，打开"组件"面板。选择RadioButton组件，将RadioButton组件拖放到第1个问题下方，如图10-36所示。

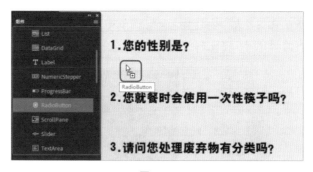

图10-36

8 选择【窗口】/【组件参数】命令，打开"组件参数"面板，设置"groupName"为"join"，"Label"为"男"，如图10-37所示。

图10-37

9 使用同样的方法再添加3个RadioButton组件，将"groupName"都设置为"join"，再将"Label"设置为"女"，效果如图10-38所示。

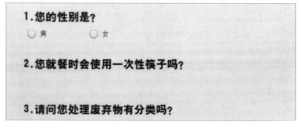

图10-38

10 选择【窗口】/【组件】命令，打开"组件"面板。选择ComboBox组件，将ComboBox组件拖放到第

2个问题下方，选择"任意变形工具" 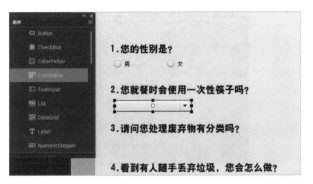，放大添加的组件，如图10-39所示。

图10-39

11 打开"组件参数"面板，单击"dateProvider"后的 按钮，打开"值"对话框。在其中单击 按钮，设置"label"为"从不"。使用相同的方法再添加3个值，分别设置它们的值为"很少""视情况而定""经常"，如图10-40所示。

图10-40

12 单击 确定 按钮，可发现组件已发生变化，效果如图10-41所示。

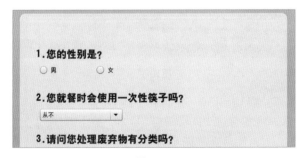

图10-41

13 在"组件"面板中选择CheckBox组件，将其拖放到第3个问题下方，如图10-42所示。

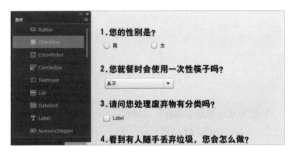

图10-42

14 在"组件参数"面板中设置"label"为"经常"，如图10-43所示。

15 使用相同的方法再添加3个CheckBox组件，分别设置"label"为"视情况而定""很少""从不"，效果如图10-44所示。

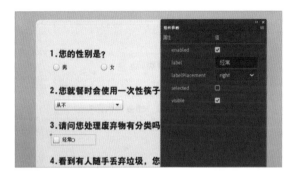

图10-43

图10-44

16 在第4个问题下添加4个CheckBox组件。在"组件参数"面板中分别设置"label"为"劝他或她捡起来""自己捡起来正确处理""看心情""不理会"，效果如图10-45所示。

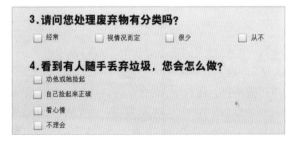

图10-45

17 由于"自己捡起来正确处理"复选框不能完全显示，此时可勾选"自己捡起来正确处理"复选框组件，在"属性"面板中将"宽"调整为"150.0"，效果如图10-46所示。

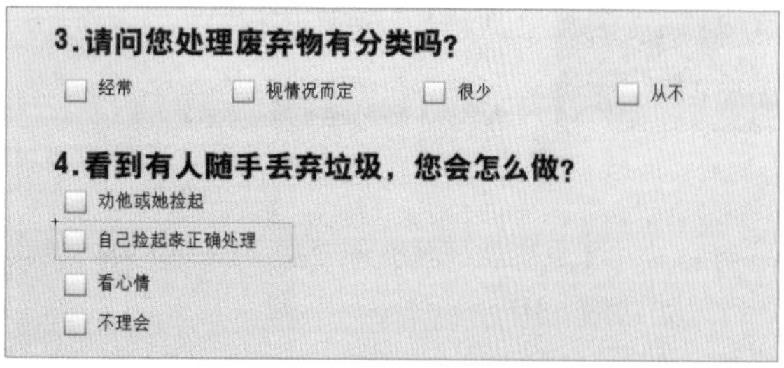

图10-46

18 在"组件"面板中选择TextArea组件，将其添加到复选框后方。在其"属性"面板中设置"宽""高"分别为"180""80"，效果如图10-47所示。

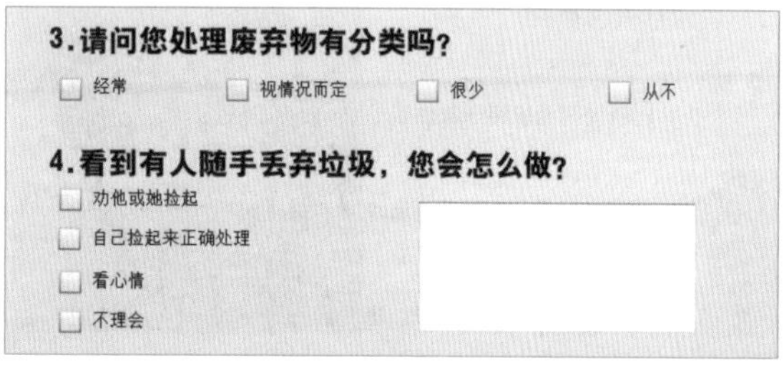

图10-47

19 在第5个问题下方添加4个RadioButton组件，在"组件参数"面板中设置"groupName"为"online"，再分别设置"label"为"循环再利用""直接丢弃""质量好的再利用""其他方法"，调整组件宽度使其完全显示，效果如图10-48所示。

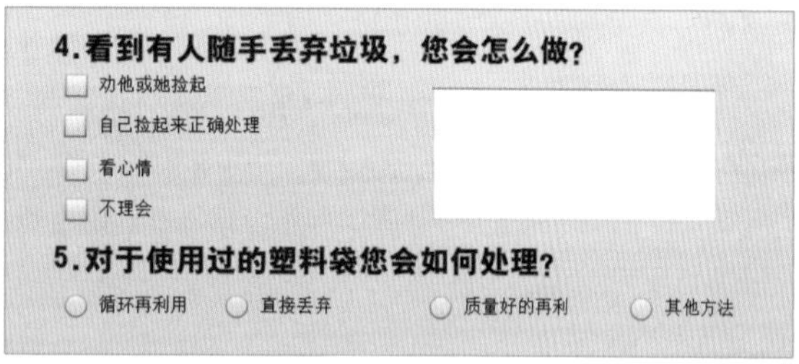

图10-48

20 在第6个问题下添加一个ComboBox组件，在"组件参数"面板中单击 ✎ 按钮，打开"值"对话框，单击 ＋ 按钮，在其中添加4个值，并分别设置"label"值为"自备购物袋""购买塑料袋""有意识准备塑料袋，但有时会忘记""其他"，如图10-49所示，单击 确定 按钮。

图10-49

21 在第7个问题下分别添加3个CheckBox组件，在第8个问题下分别添加4个CheckBox组件，在"组件参数"面板中分别设置"label"为"会""看情况定""从不"，以及"熄灯""偶尔""不熄灯""装作没看见"，效果如图10-50所示。

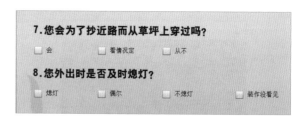

图10-50

22 在"组件"面板中将Button组件拖曳到舞台的下方，放大组件。在"属性"面板中设置"实例名称"为"onclick"，在"组件参数"面板中将"label"设置为"提交"，效果如图10-51所示。

图10-51

23 新建"图层_4"，在第2帧处插入关键帧，选择"环保意识问卷调查"文本，按【Ctrl+C】组合键复制文本，然后在"图层_4"的第1帧按【Ctrl+Shift+V】组合键原位粘贴文本。

24 选择"图层_1"的第2帧，并插入关键帧。再次选择"文本工具" ▣ ，在"属性"面板中设置

"字体"为"汉仪粗黑简","大小"为"23","填充"为"#000000",在舞台中输入图10-52所示文本,并分别对其进行对齐操作。

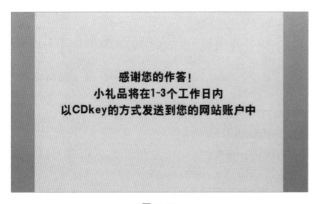

图10-52

25 为了实现按钮的转换效果,还需要添加函数和语句,避免页面出错。新建"图层_5",选择第1帧,按【F9】键,在打开的"动作"面板中添加如下语句。

```
stop(); //停止播放
function clickHandler(event:MouseEvent):void{ //定义
clickHandler函数
this.gotoAndStop(2); //跳转到第2帧并停止播放
}
onclick.addEventListener(MouseEvent.CLICK, clickHandler);
//为onclick实例添加一个CLICK(鼠标单击)事件,目标函数
为clickHandler
```

添加语句后的效果如图10-53所示。

图10-53

26 在第2帧处插入关键帧,在"动作"面板中输入如下语句。

```
"stop();"
```

27 按【Ctrl+Enter】组合键测试动画,在第一个页面中填写调查的内容,单击 提交 按钮进入感谢页。

调查问卷又称调查表或询问表,可以问题的形式系统地记载调查内容。调查问卷分为表格式、卡片式和簿记式3种。设计调查问卷是询问调查的关键,完整的调查问卷必须具备能将问题传达给应答者和使应答者乐于回答两个功能。调查问卷设计有一定的技巧。

● 有明确的主题:根据主题从实际出发拟题,问题目的明确、重点突出。

● 结构合理、逻辑性强:问题的排列应有一定的逻辑顺序,符合应答者的思维程序。一般是先易后难,先简后繁,先具体后抽象。

● 通俗易懂:问卷应使应答者一目了然,并愿意如实回答。问卷中的语言要通俗易懂,符合应答者的理解能力和认知能力,避免使用专业术语。对敏感性问题采取一定的技巧进行调查,使问卷具有合理性和可答性,避免主观性和暗示性,以免答案失真。

● 控制问卷的长度:回答问卷的时间要控制在20分钟左右,问卷中的问句要完整合理。

设计素养

小测 制作留言板

配套资源\素材文件\第10章\留言板背景.jpg
配套资源\效果文件\第10章\留言板.fla

根据提供的留言板背景素材,使用组件制作留言板。制作时,首先在文档中添加单选按钮、文本域、按钮等组件,再对组件的参数进行设置,参考效果如图10-54所示。

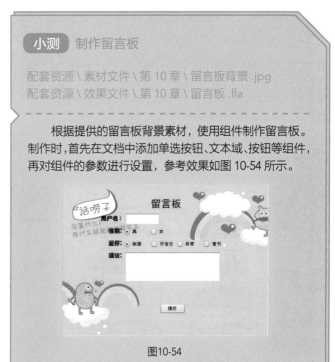

图10-54

学习笔记

10.4 综合实训：制作个人信息登记表

个人信息登记表是用于个人信息登记的常用表格，通常以纸张填写的方式进行登记。若需要在网上登记个人信息，则还需要制作能够在网络中传播的个人信息登记表，方便网络用户进行登记。

10.4.1 实训要求

某公司完成调查表单的统计后，需要制作个人信息登记表，对填写表单的中奖用户进行个人信息登记，方便对中奖用户进行统计，也方便后期发送奖品。要求在提供的背景中设计，信息登记表的内容要展现个人信息，并显示个人照片，方便企业确认是否是登记用户，其大小要求为1280像素×3300像素，方便用户查看和浏览。

10.4.2 实训思路

（1）个人信息登记表主要用于登记个人信息，除了要具备姓名、性别、出生日期、电话号码等基本信息之外，还要具备提交功能，便于企业收集信息。

（2）组件只能让个人信息展现出来，若需要组件信息更加智能，则可通过脚本的方式，对组件信息进行设置，方便用户快速登记个人信息，以及提交信息。

扫码看效果

本实训完成后的参考效果如图10-55所示。

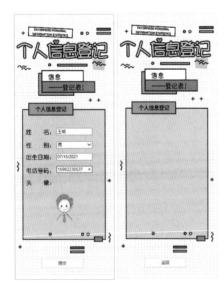

图10-55

10.4.3 制作要点

知识要点　组件、脚本

配套资源　素材文件\第10章\个人信息登记表背景.png、卡通头像.png
效果文件\第10章\个人信息登记表.fla

扫码看视频

完成本实训主要包括添加组件、编辑脚本两个部分，其主要操作步骤如下。

1. 启动Animate CC 2020，新建一个1280像素×3300像素的HTML5 Canvas动画文件。

2. 将文件保存为"个人信息登记表.fla"，然后将"个人信息登记表背景.png"图像文件导入舞台中，调整其大小与舞台一致。

3. 使用"文本工具" 在舞台中依次输入"姓名："性别："出生日期："电话号码："头像："文本，效果如图10-56所示。

4. 打开"组件"面板，将"用户界面"下的TextInput组件拖曳到"姓名："文本后，并设置实例名称为"xm"。

5. 将"用户界面"下的ComboBox组件拖曳到"性别："文本后，并设置实例名称为"xb"。

6. 打开"值"对话框，在其中单击 按钮，添加两个选项，设置第1个选项的"label"和"data"都为"男"，设置第2个选项的"label"和"data"都为"女"。

7. 将"jQuery UI"下的DatePicke组件拖曳到"出生日期："文本后，并设置实例名称为"rq"。

8. 将TextInput组件拖曳到"电话号码："文本后，并设置实例名称为"dhhm"。

9. 将Image组件拖曳到"头像："文本下，在"组件参数"面板中单击"来源"后的 按钮。

10. 打开"内容路径"对话框，在其中选择"卡通头像.png"文件作为Image组件的图像内容。

11. 将Button组件拖曳到Image组件的下方，设置实例名称为"submit"，在"组件参数"面板中设置"label"为"提交"，如图10-57所示。

12. 选择第2帧，插入关键帧，删除除标题文本、Button组件和背景图片外的所有内容，然后修改Button组件的实例名称为"back"，"label"为"返回"。

13. 使用"文本工具" 绘制一个文本框。

14. 新建一个图层，打开"动作"面板，选择第1帧，然后输入如下代码。

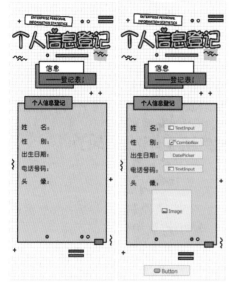

图10-56   图10-57

```
var temp = "";//var temp = ""; //定义temp变量
this.stop(); //停止播放
if (!this.submit_click_cbk) { //如果变量的值为false
    function submit_click(evt) {
            temp = "姓名: " + $("#xm").val();
//获取xm组件的值
            temp += "\r性别:" + $("#xb").val();
//获取xb组件的值
            temp += "\r出生年份: " + $("#rq").val();
//获取rq组件的值
```

```
            temp += "\r电话号码: " + $("#dhhm").val();
//获取dhhm组件的值
            this.gotoAndStop(1); //跳转到第1帧并停止
播放
    }
    $("#dom_overlay_container").on("click", "#submit",
submit_click.bind(this));/
    this.submit_click_cbk = true; //添加click事件,并
设置变量值为true
}
```

15 选择第2帧,插入关键帧,然后在"动作"面板中输入如下代码。

```
this.msg.text=temp; //设置msg文本实例的文本内容为temp
this.stop(); //停止播放
if (!this.back_click_cbk) { //如果变量值为false
    function back_click(evt) {
            this.gotoAndStop(0); //跳转到第0帧并停止
    }
    $("#dom_overlay_container").on("click", "#back",
back_click.bind(this)); //添加click事件
    this.back_click_cbk = true; //设置变量的值为true
}
```

16 按【Ctrl+Enter】组合键进行测试,按【Ctrl+S】组合键保存文件,完成本实训的制作。

 巩固练习

1. 制作产品问卷调查表

本练习将制作一个产品问卷调查表,要求使用"背景.png"素材文件作为背景,然后输入文本并添加相关的组件,最后利用脚本代码将用户输入的数据利用动态文本框显示出来。完成后的最终效果如图10-58所示。

配套资源 素材文件\第10章\背景.png
效果文件\第10章\产品问卷调查.fla

图10-58

2. 制作按钮动画

本练习将制作一个按钮动画,播放动画时,当鼠标

指针经过隐形按钮时，动画中将出现小气泡，如图10-59所示。

素材文件\第10章\泡泡按钮.fla
效果文件\第10章\泡泡按钮.fla

图10-59

提示：

该动画是一个由隐形按钮触发的影片剪辑动画。制作该动画时，先制作一个隐形按钮，然后制作一个影片剪辑元件，将制作的按钮拖入影片剪辑元件中，为影片剪辑元件制作动画并添加语句，最后将制作好的影片剪辑元件拖入舞台中并复制多个。

在影片剪辑元件中添加的语句如下。

```
stop();
function btmenu_clickHandler(event:MouseEvent):void {
    gotoAndPlay(2);
}
btmenu.addEventListener(MouseEvent.MOUSE_OVER,
btmenu_clickHandler);
```

 技能提升

在使用组件和脚本制作动画时，除了前面所学的基础知识外，还可以掌握添加自定义代码片断和处理组件事件等知识。

1. 添加自定义代码片断

在Animate的"代码片断"面板中可以自定义代码片断，方便以后使用。只需单击"代码片断"面板右上角的"选项"按钮 ，在打开的下拉列表框中选择"创建新代码片断"选项，如图10-60所示。

打开"创建新代码片断"对话框，在其中为新的代码片断输入标题、说明文本和相应的ActionScript代码。若代码中包含字符串"instance_name_here"，并且希望在运用代码时，Animate为其替换正确的实例名称，则需要勾选"用代码片断时自动替换instance_name_here"复选框，单击 按钮，Animate自动将新的代码片断添加到"代码片断"面板中，如图10-61所示。

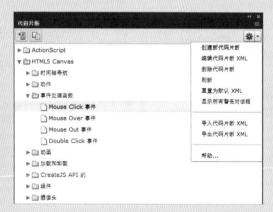

图10-60

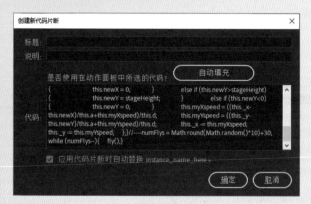

图10-61

2. 处理组件事件

每一个组件在用户与其交互时都会广播事件。例如，当用户单击一个Button按钮时，会调用MouseEvent.CLICK事件；当用户选择List中的一个项目时，List会调用Event.CHANGE事件。当组件发生重要事情时也会引发事件，例如，当UILoader实例完成内容加载时，会生成一个Event.COMPLETE事件。若要处理事件，则需要编写在该事件被触发时需要执行的ActionScript代码。下面介绍事件侦听器和事件对象。

● 事件侦听器：事件侦听器是由事件类组件和监听接口组成的。自定义一个事件前，要先提供一个事件的监听接口以及一个事件类组件。用户通过调用组件实例的 addEventListener() 方法，可以注册事件的"侦听器"，如图10-62所示。

```
//向 Button 实例 aButton 添加了一个 MouseEvent.CLICK 事件的
侦听器
aButton.addEventListener(MouseEvent.CLICK, clickHandler);

//可以向一个组件实例注册多个侦听器
aButton.addEventListener(MouseEvent.CLICK, clickHandler1);

aButton.addEventListener(MouseEvent.CLICK, clickHandler2);

//向多个组件实例注册一个侦听器
aButton.addEventListener(MouseEvent.CLICK, clickHandler1);

bButton.addEventListener(MouseEvent.CLICK, clickHandler1);
```

图10-62

● 事件对象：事件对象继承Event对象类的一些属性，包含了有关所发生事件的信息，其中包括提供事件基本信息的target和type属性，如图10-63所示。

```
//使用 evtObj 事件对象的 target 属性来访问 aButton 的 label
属性并将它显示在"输出"面板中
import fl.controls.Button;
import flash.events.MouseEvent;

var aButton:Button = new Button();
aButton.label = "Submit";
addChild(aButton);
aButton.addEventListener(MouseEvent.CLICK, clickHandler);

function clickHandler(evtObj:MouseEvent){
trace("The " + evtObj.target.label + " button was clicked"
);
}
```

图10-63

第 11 章

测试、优化和发布动画

📖 **本章导读**

制作好Animate动画作品后，还需要对动画进行测试和优化，以查看制作的动画是否满足要求。此外，如想将作品发布到网上，还需要进行发布，并根据需要发布为不同的格式。

🖵 **知识目标**

◄ 掌握测试动画的相关知识
◄ 掌握优化动画的相关知识
◄ 掌握发布动画的相关知识

🏆 **能力目标**

◄ 能够测试和优化动画
◄ 能够发布动态宣传海报

💗 **情感目标**

◄ 提升优化动画的能力
◄ 能够判断动画的不同用途

11.1 测试动画

完成动画的制作后，为了降低动画播放时的出错率，需先对动画进行测试。通常不同类型动画的测试方法有所不同，下面以ActionScript 3.0动画和HTML5 Canvas动画为例讲解测试动画的方法。

11.1.1 测试ActionScript 3.0动画

若Animate动画包含ActionScript语言，则最好通过调试的方法对该动画进行测试。其操作方法为：打开要测试的动画，选择【调试】/【调试】命令，打开"编辑器错误"面板，其中显示了整个动画的错误区域，如图11-1所示。双击需要修改的错误，打开"动作"面板，选择的错误将呈选中状态，方便修改错误内容，如图11-2所示。

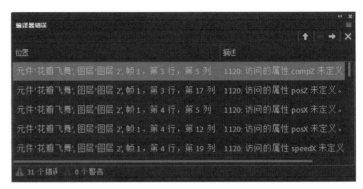

图11-1

图11-2

11.1.2 测试HTML5 Canvas动画

选择【控制】/【测试】命令或按【Ctrl+Enter】组合键，可打开系统默认的浏览器，并播放要测试的动画。此时，可对以下内容进行测试。

1. 测试动画能否正常加载

如果在测试时动画内容无法正常加载，则在浏览器中将不会显示任何内容。发生这种情况通常是因为脚本代码中出现了严重错误，这时需要按【F11】键打开浏览器中的"开发人员工具"面板，在"控制台"选项卡中查看具体的错误信息，如图11-3所示。

图11-3

2. 测试整个动画过程

配合警告信息，观察整个动画过程是否符合预期要求，如果不符合，就需要分析产生问题的原因，并对动画文档进行修改。

3. 测试加载速度

在"开发人员工具"面板的"网络"选项卡中可以查看动画的加载速度，如图11-4所示。在中间的表格中可以查看动画中每个文件的类型以及加载时间等信息。在下方的状态

栏中可以查看整个动画文件的大小和完成加载所有文件的时间等信息。

图11-4

在测试时，Animate的"输出"面板中将显示一些警告信息，这些警告信息是动画中可能会出现问题的内容，如图11-5所示。

图11-5

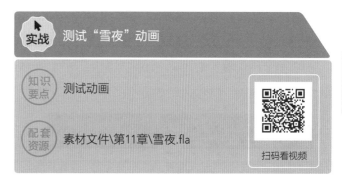

实战 测试"雪夜"动画

知识要点 测试动画

配套资源 素材文件\第11章\雪夜.fla

扫码看视频

操作步骤

1 启动Animate CC 2020，打开"雪夜.fla"素材文件，按【Ctrl+Enter】组合键进行测试，打开的对话框中显示了导出进度，如图11-6所示。

2 发布完成后，在浏览器中查看动画效果，发现其中的"小狗"影片剪辑元件只显示了第1帧的内容，只是平移，而不是走动，如图11-7所示。

211

图11-6

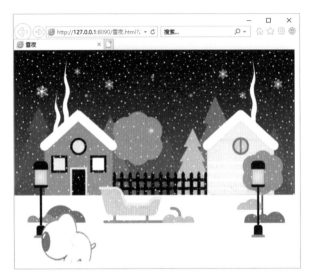

图11-7

3 按【F11】键打开"开发人员工具"面板，单击"网络"选项卡，中间位置显示的网络内容包括方法、结果/描述、内容类型等，左下角显示了错误数量，如图11-8所示。

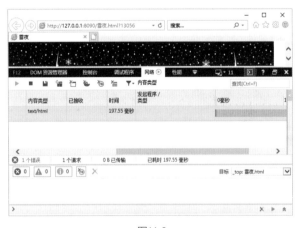

图11-8

4 返回Animate，在"输出"面板中查看警告信息，如图11-9所示。

图11-9

11.2 优化动画

Animate动画文件越大，其下载和播放速度就会越慢，在播放时容易出现停顿的现象，从而影响动画的传播。因此，想让导出的Animate动画能在网络中顺利、流畅地播放，完成动画制作后，除了需测试动画外，还需对动画进行优化，减小其文件大小。

11.2.1 优化动画文件

在优化动画文件时，要注意以下3个方面。

● 将动画中相同的对象转换为元件，在需要使用时直接从"库"面板中调用，可以很好地减小动画的数据量。

● 位图比矢量图的文件大得多，因此调用素材时最好使用矢量图，尽量避免使用位图。

● 因为补间动画中的过渡帧是由系统计算得到的，而逐帧动画的过渡帧是由用户添加对象得到的，所以补间动画的数据量相对于逐帧动画而言要小得多。制作动画时最好减少使用逐帧动画，尽量使用补间动画。

11.2.2 优化动画元素

在制作动画的过程中，还应该注意对元素进行优化，主要有以下6个方面。

● 尽量对动画中的各元素进行分层管理。

● 尽量降低矢量图形形状的复杂程度。

● 尽量少导入素材，特别是位图，它会大幅增加动画文件的大小。

● 导入声音文件时，尽量使用MP3这种文件相对较小的声音格式。

● 尽量减少特殊形状矢量线条的应用，如锯齿状线条、虚线和点线等。

● 尽量使用矢量线条替换矢量色块，因为矢量线条的数据量相对矢量色块要小得多。

11.2.3 优化文本

在制作动画时常常会用到文本，因此还应对文本进行优化。

● 使用文本时最好不要运用太多种类的字体和样式，否则会使动画的数据量加大。

● 尽量不要将文本分散。

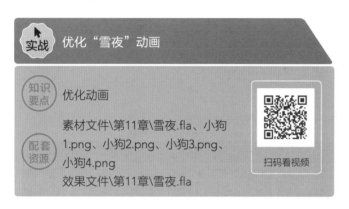

实战 优化"雪夜"动画

知识要点 优化动画

配套资源 素材文件\第11章\雪夜.fla、小狗1.png、小狗2.png、小狗3.png、小狗4.png
效果文件\第11章\雪夜.fla

扫码看视频

操作步骤

1 启动Animate CC 2020，打开"雪夜.fla"素材文件，选择"图层_1"中的背景，选择【修改】/【转换为位图】命令将其转换为位图。

扫码看效果

2 在"图层_2"的任意一帧上右击，在弹出的快捷菜单中选择"删除补间动画"命令，删除补间动画，如图11-10所示。

图11-10

3 在第40帧处按【F6】键插入关键帧，将小狗移动到舞台左侧，然后在第1~第40帧之间创建传统补间动画，如图11-11所示。

图11-11

4 选择舞台中的"小狗"元件，在"属性"面板的"滤镜"栏中选择"调整颜色"选项，然后单击"删除滤镜"按钮 🗑 删除该滤镜，如图11-12所示。

图11-12

5 在"库"面板中的"小狗1.png"上右击，在弹出的快捷菜单中选择"属性"命令，打开"位图属性"对话框，如图11-13所示。

6 单击 导入(I)... 按钮，在打开的"导入位图"对话框中选择"小狗1.png"图像文件，单击 打开(O) 按钮，如图11-14所示。

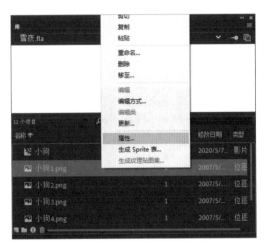

图11-13

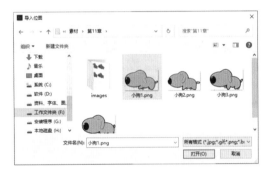

图11-14

7 返回"位图属性"对话框，单击 确定 按钮，导入调整颜色并缩小后的图片，如图11-15所示。

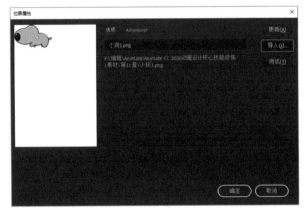

图11-15

8 使用相同的方法替换"小狗2.png""小狗4.png"图片。

9 在"库"面板中双击"小狗"影片剪辑元件，进入其编辑界面，选择第1帧中的小狗图片，按【Ctrl+T】组合键打开"变形"面板，单击"重置缩放" 🔄 按钮，将图片大小恢复为100%，如图11-16所示。

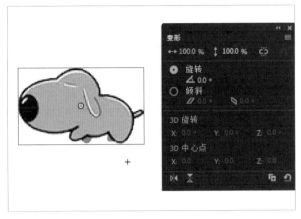

图11-16

10 使用相同的方法将第2~第4帧中的图片大小恢复到100%。

11 按【Ctrl+Enter】组合键进行测试，此时的发布速度很快，且小狗的行走效果正常，如图11-17所示。

图11-17

11.3 发布动画

完成对动画的测试、优化等一系列前期工作后，就可以将制作后的动画发布出来，方便用户浏览和观看动画。

11.3.1 设置动画发布格式

Animate动画测试运行无误后，即可发布动画。在默认情况下，动画将发布为SWF格式的播放文件，方便用户观看动画的播放效果。除此之外，也可用其他格式发布Animate动画，方便用户在不同客户端中查看。

1. Animate格式

选择【文件】/【发布设置】命令，打开"发布设置"对话框（ActionScript 3.0、HTML5 Canvas两种类型打开的"发布设置"对话框的内容不相同，但设置方法相同，本节以ActionScript 3.0为例讲解设置动画的发布格式）。在"发布"栏中勾选"Animate（.swf）"复选框，在图11-18所示面板中可设置发布后Animate动画的版本、图像品质和音频质量等内容。

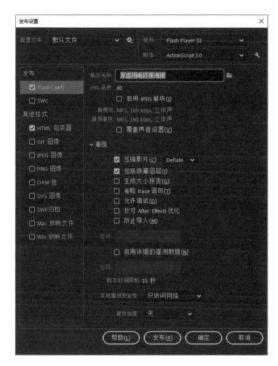

图11-18

● "目标"下拉列表框：可从中选择一种播放器版本，范围从Animate1播放器到Animate11播放器。

● "脚本"下拉列表框：用于设置导出动画的脚本类型。

● "JPEG品质"选项：用于控制图像压缩品质。图像品质越低，生成的文件越小；图像品质越高，生成的文件越大。在发布动画时，可多次尝试不同的设置，在文件大小和图像品质之间找到最佳平衡点。当值为110时，图像品质最佳，但压缩比率也最小。

● "音频流"和"音频事件"选项：单击"音频流"或"音频事件"选项，在打开的对话框中可为Animate动画中的所有声音流或事件声音设置采样率和压缩比率。

● "压缩影片"复选框：勾选该复选框，可以压缩Animate动画，从而减小文件大小，缩短下载时间。如果文件中存在大量的文本或ActionScript语句，则默认勾选该复选框。

● "包含隐藏图层"复选框：勾选该复选框，将导出Animate文档中所有隐藏的图层，否则将不导出隐藏的图层。

● "生成大小报告"复选框：勾选该复选框，可按最终列出的Animate动画文件数据生成报告。

● "省略trace语句"复选框：勾选该复选框，会使Animate忽略当前动画中的跟踪语句，来自跟踪动作的信息就不会显示在"输出"面板中。

● "允许调试"复选框：勾选该复选框，可激活调试器并允许远程调试Animate动画。

● "针对After Effects优化"复选框：勾选该复选框，整个动画将针对AE进行优化。

● "防止导入"复选框：勾选该复选框，可防止其他人导入Animate动画并将它转换为Animate文件。另外，将激活"密码"文本框，可在其中输入密码来保护Animate动画，防止未授权的用户调试Animate动画。

● "启用详细的遥测数据"复选框：勾选该复选框，将激活"密码"文本框，在其中输入密码可设置详细数据的密码，防止他人调用数据。

● "本地播放安全性"下拉列表框：用于设置访问方式。

● "硬件加速"下拉列表框：用于设置加速方式，包括直接加速和GPU加速。

2. SWC格式

在"发布设置"对话框的"发布"栏中勾选"SWC"复选框，在打开的图11-19所示面板中可以设置输出名称和发布目标。

图11-19

3. HTML包装器格式

在"发布设置"对话框的"其他格式"栏中勾选"HTML包装器"复选框，在打开的图11-20所示面板中可以设置Animate动画出现在浏览器窗口中的位置和SWF文件大小等。

● "模板"下拉列表框：用于选择要使用的模板，单击右边的■■按钮可显示该模板的相关信息。

● "大小"下拉列表框：用于设置发布到HTML的大小，包括宽度和高度值。

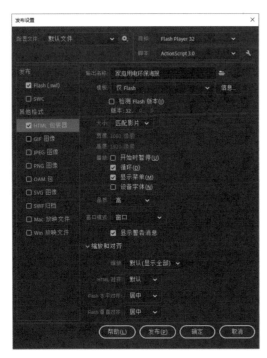

图11-20

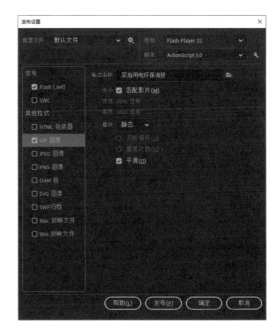

图11-21

●"开始时暂停"复选框：勾选该复选框，动画会一直处于暂停播放状态，只有在动画中右击，在弹出的快捷菜单中选择"播放"命令后，动画才开始播放。默认情况下，该复选框处于取消勾选状态。

●"循环"复选框：勾选该复选框，可以使动画反复播放。取消勾选该复选框，动画到最后一帧时停止播放。

●"显示菜单"复选框：勾选该复选框，在动画中右击，将弹出相应的快捷菜单。

●"设置字体"复选框：勾选该复选框，可用边缘平滑的系统字体替换用户系统未安装的字体。

●"品质"下拉列表框：用于设置HTML的品质。

●"窗口模式"下拉列表框：用于设置HTML的窗口模式。

●"显示警告消息"复选框：用于设置Animate是否要警示HTML标签代码中出现的错误。

●"缩放"下拉列表框：用于设置动画的缩放方式。

●"HTML对齐"下拉列表框：用于确定动画窗口在浏览器窗口中的位置。

●"Animate水平对齐""Animate垂直对齐"下拉列表框：用于设置在浏览器窗口中动画的对齐位置。

4. GIF图像格式

在"发布设置"对话框的"其他格式"栏中勾选"GIF图像"复选框，在打开的图11-21所示面板中可以对图像文件的大小和颜色等属性进行设置。

●"匹配影片"复选框：勾选该复选框，可使GIF图像和Animate动画大小相同并保持原始图像的高宽比。

●"宽度"和"高度"文本框：用于设置导出的位图图像的"宽度"和"高度"值。

●"播放"下拉列表框：用于选择创建静止图像或动画。选择"静态"选项，播放时按照设置进行单次播放；选择"动画"选项，将激活"不断循环""重复次数"单选项，可设置GIF动画的循环或重复次数。

●"平滑"复选框：勾选该复选框，可消除导出位图的锯齿，从而生成高品质的位图图像，并改善文件的显示品质，但会增大GIF文件的大小。

5. JPEG图像格式

JPEG图像格式可将图像保存为高压缩比的24位位图。通常，GIF图像格式对于导出线条绘画效果较好，而JPEG图像输出格式更适合导出包含连续色调的图像（如照片、渐变色或嵌入位图）。在JPEG图像格式下，Animate会将SWF文件的第1帧导出为JPEG文件。在"发布设置"对话框的"其他格式"栏中勾选"JPEG图像"复选框，在图11-22所示面板中可以对各项参数进行设置。

●"匹配影片"复选框：勾选该复选框，可使JPEG图像和Animate动画大小相同并保持原始图像的高宽比。

●"宽""高"文本框：用于设置导出的位图图像的"宽度"和"高度"值。

●"品质"数值框：用于设置生成的图像品质和图像文件大小。

●"渐进"复选框：勾选该复选框，可在Web浏览器中逐步显示连续的JPEG图像，从而以较快的速度在网络连接较慢时显示加载的图像。

图11-22

6. PNG图像格式

PNG图像格式是唯一支持透明度（Alpha通道）的跨平台位图格式。通常Animate会将SWF文件中的第1帧导出为PNG文件。在"其他格式"栏中勾选"PNG图像"复选框，在图11-23所示面板中可以对各项参数进行设置。

图11-23

● "位深度"下拉列表框：用于设置导出的图像像素位数和颜色数。

● "平滑"复选框：勾选该复选框，可消除导出位图的锯齿，从而生成高品质的位图图像，并改善文件的显示品质，但会增大PNG文件的大小。

7. OAM包格式

OAM包格式是一种海报格式，在"其他格式"栏中勾选"OAM包"复选框，在图11-24所示面板中可以对各项参数进行设置。

● "从当前帧生成（PNG）"单选项：选中该单选项，可将当前帧的内容生成为PNG图片。

● "透明"复选框：勾选该复选框，可设置导出海报的透明效果。

● "使用此文件"单选项：选中该单选项，将启用"海报文件"文本框，用于设置海报路径。

图11-24

8. SVG图像格式

SVG图像格式用于导出隐藏图层。在"其他格式"栏中勾选"SVG图像"复选框，在图11-25所示面板中可以对各项参数进行设置。

图11-25

● "包括隐藏图层"复选框：勾选该复选框，将导出不可见图层。

● "嵌入"单选项：选中该单选项可嵌入位图。

● "链接"单选项：选中该单选项可链接位图。

● "复制图像并更新链接"复选框：勾选该复选框，可在复制图像的同时更新链接。

● "针对Character Animator优化"复选框：勾选该复选框，将针对Character Animator进行图像优化。

9. SWF归档格式

SWF归档格式是Animate CC 2020新引入的一种发布格式，可将不同的图层作为独立的 SWF 进行打包，然后导入Adobe After Effects中。只需在"输出名称"文本框中设置名称，如图11-26所示，其生成的归档文件将是一个zip文件。

10. Win和Mac格式

若想在没有安装Animate的计算机上播放Animate动画，则可将动画发布为可执行文件。在"其他格式"栏中勾选"Mac放映文件"复选框，影片将发布为适合苹果Mac操作系统App的可执行文件。在"其他格式"栏中勾选"Win放映文件"复选框，影片将发布为适合Windows操作系统的exe可执行文件。勾选这两个复选框后，在"发布设置"对话框中都将只出现"输出文件"文本框。

图11-26

11.3.2 发布动画

设置好动画发布格式并预览后，如果对预览动画效果满意，就可以发布动画。发布动画主要有两种方法：一种是选择【文件】/【发布】命令，另一种是按【Shift+F11】组合键。

动画发布完成以后，系统将自动在动画源文件所在位置生成一个动画文件。选择该文件，右击，在弹出的快捷菜单中选择"打开"命令即可播放动画。

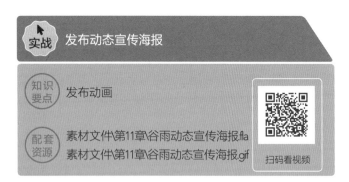

实战 发布动态宣传海报

知识要点 发布动画

配套资源 素材文件第11章谷雨动态宣传海报.fla
素材文件第11章谷雨动态宣传海报.gif

扫码看视频

操作步骤

1 打开"谷雨动态宣传海报.fla"素材文件，选择【文件】/【发布设置】命令，打开"发布设置"对话框。

2 在"其他格式"栏中勾选"GIF图像"复选框，在"播放"下拉列表框中选择"动画"选项，

然后选中"不断循环"单选项，单击 确定 按钮，如图11-27所示。

图11-27

3 选择【文件】/【发布】命令，稍等片刻即可完成发布操作，如图11-28所示。

图11-28

扫码看效果

11.4 综合实训：发布"迷路的小孩"动画

本实训将发布"迷路的小孩.fla"动画，在发布前先练习测试动画、下载动画等方法，然后将其发布为Animate格式。

11.4.1 实训要求

"迷路的小孩"动画是某网站的进入动画，完成该动画的制作后，需要先测试动画，然后才能发布动画，避免在网站使用过程中出错。

11.4.2 实训思路

（1）打开动画后，为了避免后期动画出现错误，需要先对动画进行测试。

（2）在测试过程中若出现错误，则需要及时修改，然后设置发布格式，为后期发布做好准备。

（3）所有设置完成后，可发布动画，并查看发布效果。

本实训完成后的参考效果如图11-29所示。

图11-29

网站的进入动画根据网站的类型不同而不同。常见的进入动画包括视频动画及位图、矢量动画两种，它们的使用范围以及优缺点如下。

● 视频动画：加载时间慢，表现力很强，常用于企业网站。

● 位图、矢量动画：加载时间相对视频动画较短，画面表现力和设计者的创意有直接关系，常用于各种个人网站等。

设计素养

11.4.3 制作要点

知识要点	组件、脚本
配套资源	素材文件\第11章\迷路的小孩.fla 效果文件\第11章\迷路的小孩.fla、迷路的小孩.gif

扫码看视频

完成本实训主要包括测试、优化和发布动画3个部分，其主要操作步骤如下。

1 打开"迷路的小孩.fla"素材文件，打开"动画测试"窗口，在窗口中查看是否有错误。

2 此时可发现测试没有错误，但是动画中的小鹿只是平移行走，不够美观。在"库"面板中双击"小鹿跳跃"元件，打开元件编辑页面。

3 删除元件中的小鹿图像，选择任意一张要导入的小狗图像，在打开的提示框中单击 是 按钮，自动生成逐帧动画。选择图层1中的所有帧，在"变形"面板中设置图片大小为"50%"。

4 打开"发布设置"对话框，在"其他格式"栏中选中"GIF图像"复选框，在"播放"下拉列表框中选择"动画"选项，然后选中"不断循环"单选项，最后发布并另存为效果。

学习笔记

巩固练习

1. 导出"有声飞机"动画

本练习将有声飞机动画发布为GIF动画文件和MOV视频文件，最终效果如图11-30所示。

> **配套资源**
> 素材文件\第11章\有声飞机.fla
> 效果文件\第11章\有声飞机.gif、有声飞机.mov

图11-30

2. 测试并发布"动态风光相册"

本练习先测试"动态风光相册"，然后根据需要修改动画文件，最后发布。本练习的参考效果如图11-31所示。

> **配套资源**
> 素材文件\第11章\动态风光相册.fla
> 效果文件\第11章\动态风光相册.html

图11-31

3. 测试交互式滚动广告

本练习将测试"交互式滚动广告.fla"动画文件，并对其进行优化，最后发布为网页格式。完成后的最终效果如图11-32所示。

图11-32

 学习笔记

在测试、优化和发布动画的过程中，若需要将动画导出为图片、影片、视频或GIF动画等格式，则可使用导出功能来完成。

1. 导出图像

使用Animate的导出图像功能可以将某一帧的画面导出为图像文件。首先在时间轴上选择要导出的帧，然后选择【文件】/【导出】/【导出图像】命令，打开"导出图像"对话框，如图11-33所示。其中主要参数的作用如下。

● "原来"按钮：单击该按钮，可查看图像原始效果。

● "优化后"按钮：单击该按钮，可查看图像优化后的效果。

● "2栏式"按钮：单击该按钮，会将图像显示区域分为两栏，在左侧显示图像原始效果，在右侧显示图像优化后的效果，以方便用户进行比较。

● "预设"栏：用于设置图像的参数，包括名称、优化的文件格式、有损、颜色、抖动、透明度等。

● "图像大小"栏：调整图像的尺寸大小。

● "颜色表"栏：显示当前图像的所有颜色。

设置完成后单击 保存 按钮，在打开的"另存为"对话框中设置图像的文件名，单击 保存(S) 按钮。

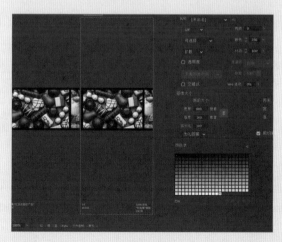

图11-33

2. 导出影片

使用Animate的导出影片功能可以将动画导出为SWF影片、JPEG序列、GIF序列和PNG序列。选择【文件】/【导出】/【导出影片】命令，打开"导出影片"对话框，

在"文件名"文本框中输入导出文件的名称，在"保存类型"下拉列表框中选择导出文件的类型，如图11-34所示。

图11-34

选择保存类型为SWF影片，单击"保存"按钮将直接导出SWF影片文件。选择保存类型为JPEG序列、GIF序列或PNG序列，单击 保存(S) 按钮后还会打开相应的设置对话框，在其中对图像的格式进行设置后，单击 确定 按钮可将动画中的每一帧都导出为一张图片。

3. 导出视频

使用Animate的导出视频功能可以将动画导出为视频文件。选择【文件】/【导出】/【导出视频/媒体】命令，打开"导出媒体"对话框，在其中进行相应设置后，单击 导出(E) 按钮即可导出视频文件，如图11-35所示。

图11-35

4. 导出动画GIF

使用Animate的导出功能可以将动画导出为GIF动画文件。选择【文件】/【导出】/【导出动画GIF】命令，打开"导出图像"对话框，在其中设置导出动画的参数后，单击 保存 按钮即可导出GIF动画文件。

第12章 动图制作实战范例

📖 本章导读

动图即动态图片，是指一组静态图像以指定的频率切换而产生某种动态效果的图片。常见的动图包括文字类动图、表情类动图、标志类动图3种形式。

知识目标

- 掌握文字类动图的相关知识
- 掌握表情类动图的相关知识
- 掌握标志类动图的相关知识

能力目标

- 能够制作文字类动图
- 能够制作动态表情
- 能够制作动态标志

情感目标

- 激发对各类动图的制作兴趣
- 提升对动图的设计与创新能力

12.1 文字类动图——“开学第一课”动图

文字类动图的特点就在于文字的“动”，但这个“动”不是随意、无秩序的动，而是需要根据动图主题，利用一些设计要点对文字进行精心安排。开学季即将到来，某少儿培训机构为了提升家长的好感度，将制作以“开学第一课”为主题的文字动图，以方便在各大App平台上传播。该动图的尺寸要求为380像素×380像素，形象设计和颜色选择要符合儿童的审美，动效的设计要可爱、美观。

12.1.1 行业知识

在设计文字类动图时，需要先了解文字类动图的设计技巧和展现方式，为后期制作打下基础。

1. 文字类动图的设计技巧

文字类动图是动图中的一种形式，主要是通过文字的动态表现展现动图内容。在设计时可采用以下4种技巧提高动图质量。

（1）文字要具备可读性

文字动图的主要功能是向用户传达设计者的意图和需要展现的信息。因此，在设计时需要先考虑文字动图的整体诉求，使其更具可读性，避免整个动图繁杂、凌乱，要易认、易懂，要能准确表达设计的主题。

（2）在视觉上应给人以美感

文字作为动图的主要形象，需同时具备传达功能和视觉美观度。因此在设计文字动图时，可为文字添加特殊效果，提升文字动图的美感。

（3）在设计上要富有创意

具有创意的文字动图往往更具吸引力。在设计时可从文字的形态特征、组合方式等方面进行，凸显创意性。

（4）合理设计动态元素

动图主要包括文字、图形和色彩等动态元素，这些元素的设计与排列应次序分明，以免造成画面混乱，使受众产生视觉疲劳，不利于接收动图信息。

● 一个动态元素：一个动态元素是指效果中只有一个动态元素。设计者在设计动图时，可分解动图主题，使用动态元素表现主题，让受众在观看动图时能够快速看到运动的元素，明确文字动图的主题。

● 多个动态元素：多个动态元素是指效果中有两个以上的动态元素。设计者在设计动图时，可根据动图主题，使用不同的动态元素来展现不同的效果，让画面中的多个元素都产生动态效果。同时，这些动态元素的运动应相互关联，并遵循一定的规律。

2. 文字类动图的展现方式

文字类动图的展现方式主要有滚动、跳动、飞行、旋转和爆炸组合等。

● 滚动：滚动是指文字以滚动的方式，从舞台的底部滚动到顶部，或从舞台左边滚动到右边，使其形成动画效果。

● 跳动：跳动是指利用挤压或拉伸使文字跳动起来。跳动会吸引用户的视线，而静止则能使用户方便地查看图像效果。

● 飞行：飞行是指文字从舞台外飞到舞台中，具有出其不意的效果。

● 旋转：旋转是指文字在舞台中沿着某个方向缓慢旋转。旋转时的速度不能太快，否则会出现模糊或失真的现象。

● 爆炸组合：爆炸组合是指文字中的全部字母或部分字母碎开，且碎开后又会沿着一定的路径重新组合为完整的画面。

12.1.2 案例分析

根据背景要求，可从形象构思和动效设计两个方面进行案例分析。

1. 形象构思

整个"开学第一课"动图的设计可从背景构思、文字构思、色彩构思几个方面着手。

（1）背景构思

根据设计要求，本案例主要针对的群体为儿童。在背景设计上可采用学习中常用的三角板、铅笔等作为背景，贴近儿童生活、符合儿童审美，如图12-1所示。

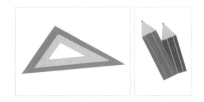

图12-1

（2）文字构思

根据案例分析，其文字主要是"开学第一课"。在对该文字进行构思时，可采用画笔书写的形式展现文字内容。同时还可对文字进行变形，以提高美观度。

（3）色彩构思

本案例的色彩主要是根据各个文具的颜色进行构思。以白色为主色，突出显示文字；以橙色、黄色、蓝色为辅助色，增强文字的整体识别性和美观性；其他点缀色用于提升动图的整体美观度。色彩构思方案如图12-2所示。

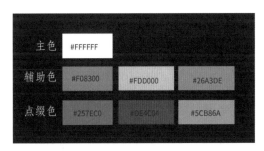

主色	#FFFFFF		
辅助色	#F08300	#FDD000	#26A3DE
点缀色	#257EC0	#DE4C04	#5CB86A

图12-2

2. 动效设计

根据设计要求以及文案和风格要求，可设置文字依次出现的效果，体现"开学第一课"主题。为了使文字更具美观性，可根据书写流程添加画笔效果，使文字更有韵律感和艺术感。

扫码看效果

本例完成后的参考效果如图12-3所示。

图12-3

12.1.3 制作文字动图背景

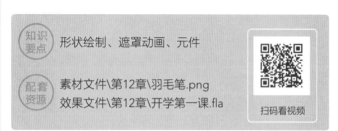

知识要点：形状绘制、遮罩动画、元件

配套资源：素材文件\第12章\羽毛笔.png
效果文件\第12章\开学第一课.fla

扫码看视频

制作"开学第一课"动图的第一步是制作动图背景，具体操作如下。

1　启动Animate CC 2020，选择【文件】/【新建】命令，打开"新建文档"对话框，在右侧的"详细信息"栏中设置"宽""高"分别为"380""380"，单击 创建 按钮，将舞台颜色设置为"#EFEFEF"。

2　选择"多角星形工具" ◎，在"属性"面板中设置"笔触"为"#F08300"，"笔触大小"为"30"，单击"矩形端点"按钮 ■，然后单击"尖角连接"按钮 ■，设置"尖角"为"5"，在"工具选项"栏中设置"样式"为"多边形"，"边数"为"3"，如图12-4所示。

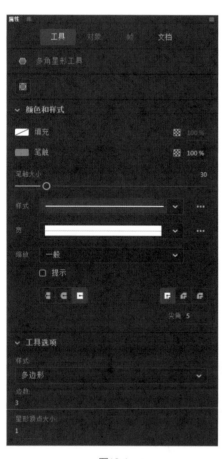

图12-4

3　在舞台中绘制三角形，选择"部分选取工具" ▶，拖曳锚点调整三角形的样式，效果如图12-5所示。

4　再次使用"多角星形工具" ◎ 在三角形的上方绘制颜色为"#FDD000"的三角形，并调整三角形的形状，效果如图12-6所示。

图12-5　　　　　　　　图12-6

5　使用相同的方法绘制其他三角形，效果如图12-7所示。

6　新建图层，选择"钢笔工具" ✎，绘制铅笔部分，并分别填充"#257EC0""#DE4C04"颜色，效果如图12-8所示。

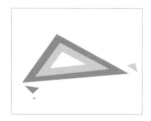 

图12-7　　　　　　　　图12-8

7　再次选择"钢笔工具" ✎，绘制笔头部分形状，并填充"#CCCCCC"颜色，效果如图12-9所示。

8　使用"线条工具" ✎ 在两个铅笔笔尖处各绘制一条斜线，为笔尖分别填充"#257EC0""#DE4C04"颜色。然后在两支铅笔中各绘制2条竖线，并设置颜色为"#5CB86A""#FFCC00"，效果如图12-10所示。

图12-9　　　　　　　　图12-10

12.1.4 制作文字动图

制作"开学第一课"动图的第二步是输入文字，便于后期制作文字动效，具体操作如下。

1 为了便于编辑，可先将舞台颜色设置为"#000000"。
选择"文本工具" 图 ，在三角形上方输入"开学第一
课"文字，并设置"字体"为"方正胖娃简体"，"填充"
为"#FFFFFF"，然后调整文字的大小和位置，如图12-11
所示。

图12-11

2 为了便于对文字进行编辑，可先锁定除文字图层外的
所有图层，然后选择文字，按两次【Ctrl+B】组合键
将文字分离成图形，如图12-12所示。

图12-12

3 选择"部分选取工具" 图 ，单击"学"字下方的"子"，
使其呈锚点显示，拖曳右侧的锚点，调整其位置和
形状。

4 使用相同的方法调整其他文字的锚点，然后调整文字
的位置，效果如图12-13所示。

5 为了便于后续展示文字，可先复制文字，选择所有文
字，按【Ctrl+C】组合键复制文字内容，然后新建图

层，按【Ctrl+Shift+V】组合键粘贴文字，使复制的文字与
下方文字对齐，然后隐藏和锁定复制的图层。

图12-13

6 选择"墨水瓶工具" 图 ，在"属性"面板中设置"笔
触"为"#FFFFFF"，"笔触大小"为"3"，如图12-14
所示。

图12-14

7 单击文字，对文字进行描边并将文字的实心部分删
除，效果如图12-15所示。

图12-15

8 选择【插入】/【新建元件】命令，打开"创建新元件"对话框，在其中设置"名称"为"画笔"，"类型"为"图形"，单击 确定 按钮，如图12-16所示。

图12-16

9 将"羽毛笔.png"素材文件拖曳到"库"面板中，然后添加到舞台中，并调整其大小和位置。

10 新建图层，在羽毛笔的笔尖处绘制一个由颜色"#FFFFFF～#000000"过渡的放射性圆形填充图形，并在圆形中心绘制一个白色的小圆作为亮点，效果如图12-17所示。

图12-17

11 返回主场景，新建"图层_5"，将绘制的元件拖入图层中，使用"任意变形工具" 将元件的中心点移动到小圆上，如图12-18所示。

图12-18

12 在"图层_5"上右击，在弹出的快捷菜单中选择"添加传统运动引导层"命令，创建引导层。

13 选择"图层_3"中的第1帧，右击，在弹出的快捷菜单中选择"复制帧"命令。再选择引导层的第1帧，右击，在弹出的快捷菜单中选择"粘贴帧"命令，如图12-19所示。

图12-19

14 将"图层_3"移动到引导层上方，选择"图层_3"中的第2～第60帧，按【F6】键插入关键帧，如图12-20所示。

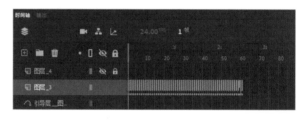

图12-20

15 隐藏除"图层_3"外的所有图层，选择"图层_3"的第1帧，选择"选择工具" ，按住鼠标左键选择除"开"上面一小部分外的所有文字，按【Delete】键删除选择的文字部分，效果如图12-21所示。

图12-21

16 选择"图层_3"的第2帧，在上一帧的基础上保留多一些的文字部分，并将其他部分删除，如图12-22所示。

图12-22

17 按照相同的方法让每一帧在前一帧的基础上保留更多的文字部分，并删除其他部分，其中"开"完全显示是在第10帧，"开学"完全显示是在第21帧，"开学第"完全显示是在第37帧，"开学第一"完全显示是在第41帧，所有文字完全显示是在第60帧，效果如图12-23所示。

图12-23

18 隐藏"图层_3"，在引导层中选择第1帧。选择"橡皮擦工具"，将显示的"开学第一课"文本的每个文字右侧都擦出一个小的缺口，用作引导线，效果如图12-24所示。

图12-24

19 显示引导层，在引导层的第10、第21、第37、第41、第60帧处插入关键帧。

20 其中在第1～第10帧显示"开"，在第11～第21帧显示"开学"，在第22～第37帧显示"开学第"，在第38～第41帧显示"开学第一"，在第42～第60帧显示"开学第一课"，并在各个文字的断开处，以及文字的中间区域插入关键帧，以方便后期编辑，如图12-25所示。

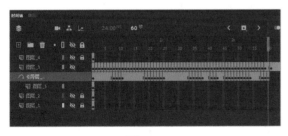

图12-25

21 显示"图层_5"，根据引导层插入关键帧，以方便编辑"画笔"图形元件，如图12-26所示。

图12-26

22 选择"图层_5"，在第1帧和第10帧处插入"画笔"图形元件，并将元件移动到"开"文字的断开处，为"图层_5"中的图形元件创建传统补间动画，如图12-27所示。

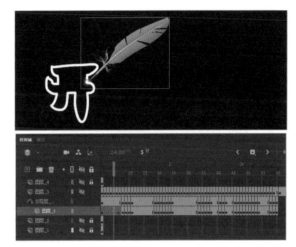

图12-27

23 使用相同的方法将剩下的帧中的图形元件移动到对应的文字上。针对单帧效果，只需将画笔元件放于对应的位置即可；由于文字较为复杂，容易造成中间断裂的情况，使其无法形成文字跟随效果，所以可在中间插入关键帧，通过拖曳元件的方式使动画更加完整。若是较为完整的线段，则可直接添加传统补间动画，如图12-28所示。

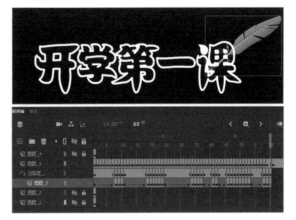

图12-28

24 显示所有图层，删除"图层_3"中的第62～第90帧，依次在"图层_4""图层_2""图层_1"的第90帧处插入关键帧，然后显示并解锁所有图层。

25 选择"图层_4"的第1帧，将其拖动到第61帧，确定文字的起始位置，如图12-29所示。

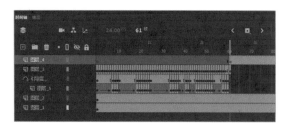

图12-29

26 新建图层，选择"钢笔工具" ，在文字的外侧绘制形状，如图12-30所示。

图12-30

27 选择"颜料桶工具" ，设置"填充"为"#26A3DE"，在绘制的形状中单击填充颜色，然后删除形状的外侧轮廓，效果如图12-31所示。

图12-31

28 选择【窗口】/【画笔库】命令，打开"画笔库"面板，双击"Artistic"/"Chalk Charcoal Pencil"/"Chalk -Scribble"画笔样式，将该画笔添加到样式中，如图12-32所示。

29 将舞台颜色设置为"#FFFFFF"，选择"画笔工具" ，打开"属性"面板，在"样式"下拉列表框中选择添加的画笔，然后在绘制的形状外侧涂抹，使整个形状过渡更加自然，效果如图12-33所示。

30 将"图层_6"拖曳到"图层_2"的上方，然后选择"图层_4"中的第61帧，按【F8】键将其中

的"开学第一课"文字转换为影片剪辑元件。

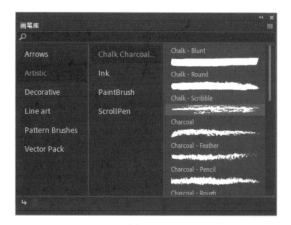

图12-32

图12-33

31 打开"属性"面板，在"滤镜"栏中单击"添加滤镜"按钮 ，在打开的下拉列表框中选择"投影"选项，设置"模糊X"为"9"，"模糊Y"为"0"，"距离"为"4"，"强度"为"60"，效果如图12-34所示。

图12-34

32 新建图层,在第61帧处按【F6】键插入关键帧,再次选择"画笔工具" ,设置"笔触"为"#DE4C04",在文字上涂抹,并将该图层移动到"图层_6"上方,效果图12-35所示。

图12-35

33 完成后按【Ctrl+S】组合键保存图像,然后按【Ctrl+Enter】组合键可发现文字随着画笔的移动依次出现。

12.2 表情类动图——"白熊"动态表情

发送表情类动图是日常生活中人与人之间交流信息的常用方式,企业发送表情类动图可增加客户的认同感;个人发送表情类动图可增加朋友间的互动,拉近朋友间的关系。下面制作一款以白熊为主题,大小为240像素×240像素的动态表情,要求该表情展现出白熊的表情变化,并体现出白熊憨态可掬的形象,同时还要具备立体感。

12.2.1 行业知识

在制作表情类动图前,需要先掌握表情类动图的基础知识,使后期制作"白熊"动态表情更加得心应手。

1. 表情类动图的类型

在移动互联网飞速发展的时代,表情类动图越来越受年轻网民的喜爱。通常,表情类动图分为企业表情类动图和个人表情类动图两种。

● 企业表情类动图:企业制作表情类动图通常有两种目的:一种是供企业内部使用,为的是提升企业文化,增加员工互动时的亲切感;另一种是供外部使用,为的是对外宣传企业。企业的商务人员和运营人员在社交平台中与客户交流沟通时,使用企业的专属表情类动图,一方面能提升企业的品牌形象,另一方面还能提升客户或潜在客户群体对企业的认同感和信赖感。

● 个人表情类动图:在个人交流过程中,表情类动图能够形象、生动地表达出复杂的内容,如个人情绪的层层递进展现。个人表情类动图常常有很多个性化的设计,如搞笑的动作和另类的文字,因此具有很强的趣味性。

2. 表情类动图制作流程

在制作表情类动图时,需要遵循其制作流程,这样制作的动图才能更符合需求。

(1)绘制草图

根据客户的需求先绘制草图,以此了解整个表情类动图的制作方向。绘制完成后,将草图发给客户确认,待客户确认后再进行下一步操作,避免后期制作动图时动图效果不符合客户需求而需要不断修改。

绘制草图时,设计者需要把动态表情的每个细节都绘制出来,若草图无法明确表现动图内容,则还需要单独绘制细节内容,再以文字的形式对动图效果进行补充, 如图12-36所示。

图12-36

(2)绘制关键部分的电子稿

确定草图内容后,还需要抽取其中的关键部分绘制电子稿,使客户通过电子稿确定动态表情的图形效果、色彩、线条等具体内容。图12-37所示为动态表情中某些关键部分的不同表情、角色形象的电子稿效果,客户可通过这些电子稿,了解该动图在不同表情时的形态效果,以及确定这些角色间的比例关系、线条的粗细关系、用色等内容。

图12-37

若是动图中有文字，则还需要跟客户确认文字的字体样式、字体大小等其他元素。

（3）绘制动图

确定关键部分后，即可开始绘制动图。绘制动图时，先根据草图绘制动图形象，然后制作动态效果。 在制作时，需要体现出动作的变化过程，且动作的展现要流畅。制作完成后检查动图是否存在错误，避免后期需要不断修改动图效果。

（4）定稿输出

完成动图的制作后，需要根据不同平台的要求导出动图。例如，微信平台对表情类动图的素材要求为：动图要为GIF格式，尺寸为240像素×240像素，图片文件大小不超过100KB，只能是16张或24张，动态表情设置循环播放，节奏流畅不卡顿，避免表情主体出现生硬的直角边缘，要合理安排图片布局，每张图片不应有过多留白，同一套表情中各表情风格须统一等。

12.2.2　案例分析

根据背景要求，整个案例可从形象构思和动效设计两个部分展开。

1. 形象构思

通过搜索可发现"白熊"多是憨态可掬的形象，如图12-38所示。在设计时可参考搜索的形象，通过线条的编辑，构思整个动态表情中的白熊形象，参考效果如图12-39所示。

图12-38

图12-39

2. 动效设计

在动效设计上可通过白熊左、右、上、下的摇摆体现白熊的形象，通过对摇摆过程中的远景对比，使动效更加具有立体感。

扫码看效果

本例完成后的参考效果如图12-40所示。

图12-40

12.2.3　绘制"白熊"图形

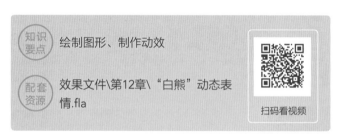

知识要点	绘制图形、制作动效
配套资源	效果文件\第12章\"白熊"动态表情.fla

扫码看视频

制作"白熊"动态表情的第一步是绘制图形，具体操作如下。

1 启动Animate CC 2020，选择【文件】/【新建】命令，打开"新建文档"对话框，在右侧的"详细信息"栏中设置"宽""高"分别为"240""240"，单击 创建 按钮，为了便于查看，可将舞台颜色设置为"#66CCCC"。

2 选择"矩形工具" ，在"属性"面板中设置"填充"为"#FFFFFF"，取消笔触，设置"矩形边角半径"为"90"，然后在舞台中绘制110像素×220像素的圆角矩形，如图12-41所示。

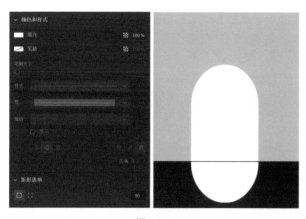

图12-41

3 使用"选择工具" 框选超出舞台部分的区域，按【Delete】键删除多余区域。

4 选择【窗口】/【对齐】命令，打开"对齐"面板，选择圆角矩形，单击"水平居中对齐"按钮和"底对齐"按钮，对图形进行对齐调整，如图12-42所示。

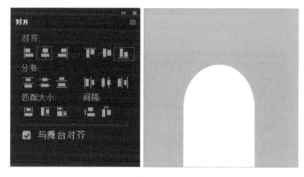

图12-42

5 选择"椭圆工具" ，设置"填充"为"#FFFFFF"，在舞台的空白处绘制40像素×40像素的正圆。

6 选择绘制的正圆，按【F8】键打开"转换为元件"对话框，保持默认设置不变，单击 按钮，如图12-43所示。

图12-43

7 选择圆元件，将其移动到形状的左侧，按住【Alt】键不放，向右拖曳复制圆，完成耳朵的绘制，效果如图12-44所示。

8 选择"椭圆工具" ，设置"填充"为"#666666"，在舞台的空白处绘制12像素×12像素的正圆，然后将其转换为元件，并复制到图像中，使其形成眼睛效果，如图12-45所示。

图12-44 　　　　　　 图12-45

9 再次选择"椭圆工具" ，设置"填充"为"#333333"，在舞台的空白处绘制26像素×26像素的正圆，然后在其上绘制"填充"为"#FFFFFF"的两个小圆，选择这3个小圆，将其转换为元件，并拖曳到图像中，使其形成鼻子效果，如图12-46所示。

10 选择"线条工具" ，设置"笔触"为"#666666"，在舞台的空白处绘制直线，然后调整弧度，将其转换为元件，并拖曳到图像中，使其形成嘴巴效果，如图12-47所示。

图12-46 　　　　　　 图12-47

11 选择"矩形工具" ，在"属性"面板中设置"填充"为"#66CCCC"，在鼻子和嘴巴的上方绘制48像素×60像素的圆角矩形，按两次【Ctrl+↓】组合键，使其在底部显示，并将其转换为元件，如图12-48所示。

12 选择"部分选取工具" ，单击白熊轮廓，将左侧的锚点向左拖曳，调整轮廓，使用相同的方法调整另一侧轮廓，效果如图12-49所示。

13 选择"白熊"的身体部分，按【F8】键打开"转换为元件"对话框，保持默认设置不变，单击 确定 按钮，将身体区域转换为元件，并按多次【Ctrl+↓】组合键，使其在底部显示。

14 此时可发现整个五官过大，不够美观，因此选择所有五官部分，选择"任意变形工具" ⊞，将五官缩小，然后再次调整五官的位置，可发现白熊更加可爱，效果如图12-50所示。

图12-48

图12-51

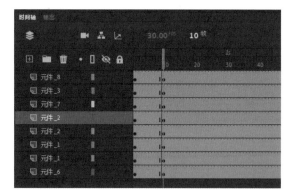

图12-49　　　　　图12-50

图12-52

12.2.4 制作"白熊"动效

动效能使白熊的表情变得生动形象。下面调整白熊的五官，使其形成较为立体的动效，具体操作如下。

扫码看效果

1 为了方便后期制作白熊的表情，可在第60帧处按【F5】键插入帧，然后选择所有元件，右击，在弹出的快捷菜单中选择"分散到图层"命令，将元件分散到图层，如图12-51所示。

2 删除最上层的空白层，框选所有图层的第10帧，按【F6】键插入关键帧，如图12-52所示。

3 按住【Shift】键不放依次选择白熊的五官，然后按【→】键向右移动，使其形成偏移效果，如图12-53所示。

图12-53

4 为了使偏移效果更加自然，还需要对耳朵进行调整。选择左侧耳朵，向左拖曳，使展现面变大，按【Ctrl+T】组合键打开"变形"面板，设置缩放比例为

"130"，选择右侧耳朵，向左拖曳，使其展现面减小，然后设置缩放比例为"60"，如图12-54所示。

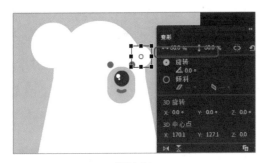

图12-54

5 根据近大远小的视觉效果，在调整大小时，除了调整耳朵外，还需要调整白熊的其他部分。这里选择右侧眼睛，按【Ctrl+Alt+S】组合键打开"缩放和旋转"对话框，设置"缩放"为"60"，单击 确定 按钮，如图12-55所示。

图12-55

6 使用相同的方法选择左侧眼睛，按【Ctrl+Alt+S】组合键打开"缩放和旋转"对话框，设置"缩放"为"120"，单击 确定 按钮。先调整鼻子和嘴巴的位置，然后调整整个五官的位置，提升美观度，效果如图12-56所示。

图12-56

7 框选所有图层的第5帧，在其上右击，在弹出的快捷菜单中选择"创建传统补间"命令，创建传统补间动画。

8 在"属性"面板中单击"编辑缓动"按钮，打开"自定义缓动"对话框，拖曳中间的调整线，调整缓动值，使整个动画播放更加自然，然后单击 保存并应用 按钮，应用缓动，如图12-57所示。

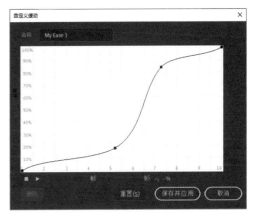

图12-57

9 按住【Shift】键选择所有图层的第1帧，按住【Alt】键不放，将其移动到第20帧处复制关键帧，然后在所有图层的第30帧处插入关键帧，如图12-58所示。

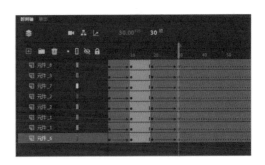

图12-58

10 按住【Shift】键不放依次选择白熊的五官，然后按【←】键向左移动，使其形成偏移效果，如图12-59所示。

图12-59

11 选择左侧耳朵，按【Ctrl+T】组合键打开"变形"面板，设置缩放比例为"60"，然后调整耳朵位置；选择右侧耳朵，设置缩放比例为"130"，然后调整耳朵位置。

12 使用相同的方法，调整眼睛、鼻子和嘴巴的位置，效果如图12-60所示。

图12-60

13 在所有图层的第40帧处按【F6】键插入关键帧，使用与前面相同的方法调整耳朵、面部等部分区域，使其形成白熊头部上扬的效果，如图12-61所示。

图12-61

14 在所有图层的第50帧处按【F6】键插入关键帧，使用与前面相同的方法调整耳朵、面部等部分区域，使其形成白熊低头的效果，如图12-62所示。

图12-62

15 按住【Shift】键选择所有图层的第1帧，按住【Alt】键不放，将其移动到第60帧处复制关键帧，然后在其他关键帧之间创建传统补间动画，如图12-63所示。

16 完成后按【Ctrl+S】组合键保存图像，然后按【Ctrl+Enter】组合键可发现白熊向左、右、上、

下摇摆，可爱而且美观。

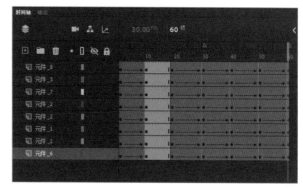

图12-63

12.3 标志类动图——"旅行网"动态标志

标志是以特定、明确的图形来表示和代表某事物的符号。即凡是代表和表示某个团体、结构、公司、厂商、会议、活动、商品等的符号都称为标志。海上旅行网需要制作用于网站宣传的动态标志，要求标志的大小为800像素×800像素，效果美观且动态地体现行驶的场景，以迎合网站主题。除此之外，还要体现网站名称，方便用户识别该网站。

12.3.1 行业知识

在制作标志类动图前，需要先掌握标志类动图的基础知识，使后期制作"旅行网"动态标志更加方便、快捷。

1. 标志的作用

标志按其展现方式，可分为静态和动态。两者的设计方式和展现方式不同，但作用和传递效果相同。对企业而言，标志主要有以下作用。

● 标志可以帮助企业树立统一的形象。在日常工作中经常使用的名片、信纸、信封等运用效果和设计方式统一的标志，可以给客户留下深刻印象。

● 标志是企业的特别身份证明，是区别于竞争对手的最好形式，优秀的标志可以在无形中加深客户对企业的记忆和提升好感度。

2. 动态标志的特征

动态标志需具有灵动性、情节性、融合性和传达性等特征。

● 灵动性：动态标志往往具有丰富的视觉文化造型。

例如，通过声音或艺术语言向用户讲述品牌故事和企业文化，或与用户进行互动，将标志内容生动地展现出来。图12-64所示为一家绿色饮品的动态标志，整个动态标志以旋转的绿色星云开始，缓缓地旋转逐渐组合成一片树叶，将饮品绿色、自然的理念展现出来。

现，能更好地体现标志的动态变化与内容的融合性。图12-66所示为虾米音乐的动态标志，该标志先在原标志的基础上以线条的方式逐渐延展，然后以新标志的形态替换原标志的效果，最后输入版本信息，使原标志与新标志的效果更好地融合。

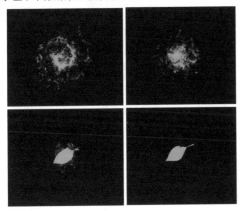

图12-64

● 情节性：动态标志能展现标志的具体发展情节。例如，一家动画公司的动态标志是一盏拟人化的台灯一步步轻盈地跳入屏幕中，然后慢慢抬起头，情节生动且具有戏剧性。动态标志的情节安排是体现和升华动态标志主题的关键因素，生动、合理和恰当的情节可以轻松吸引用户的注意力，让标志信息更具说服力。图12-65所示为Haier的动态标志，以线框、圆、矩形、点的不断变化来体现整个标志的情节内容。

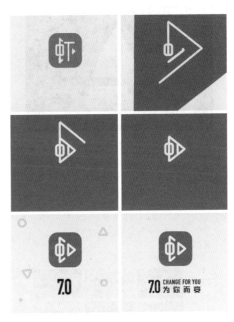

图12-66

● 传达性：标志的主要作用是传播信息。动态标志可以在传播信息的同时强化产品的行业特性与品牌特征，使用户通过标志在自己的认知中找到与之匹配的来源，促进对该信息理解的速度与深度，达到宣传的目的。图12-67所示为轻轨的动态标志，它生动、形象地传递了轻轨的行驶过程。

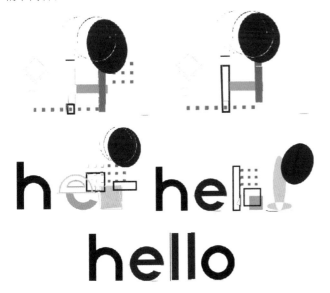

图12-65

图12-67

12.3.2 案例分析

根据背景要求，整个案例可从图形构思和动效设计两个部分展开。

1. 图形构思

由于标志的定位是海上旅行，那么大海、帆船等海上旅

● 融合性：传统的标志多以图形为主，其他元素为辅的形式展现，缺乏变化和活力。而动态标志具有极高的融合性，运动中的任何一个瞬间都可以作为标志内容独立展

行不可或缺的元素或工具就可以作为该标志的图形设计元素，因此可将帆船在大海中行驶的场景用平面的方式展现出来。图12-68所示为构思的帆船参考效果。

图12-68

在色彩的选择上，可使用蓝色作为主色，蓝色是大海的颜色，符合本例主题；使用绿色作为辅助色，清新自然，搭配行驶的轮船，能体现旅行的悠然自得。图12-69所示为色彩参考方案。

主色	#007683	#AEF4F2	#37B59F
辅助色	#D64363	#45AB7F	#FFFFFF
点缀色	#4F363D	#244578	#FFCC00

图12-69

2. 动效设计

在动效的设计上应迎合标志的主题，通过缓缓出现的山脉、行驶在海面的帆船等动效，体现设计需求与美观性和完整性。

动效展示完成后，还可围绕标志依次展现 扫码看效果 网站的文字内容，方便用户识别网站名称，加深用户对网站的印象。

本实例制作完成后的参考效果如图12-70所示。

图12-70

12.3.3 绘制"旅行网"标志背景

"旅行网"标志的背景主要包括海上、山脉和天空3个部分。下面分别进行绘制，具体操作如下。

1 启动Animate CC 2020，选择【文件】/【新建】命令，打开"新建文档"对话框，在右侧的"详细信息"栏中设置"宽""高"分别为"800""800"，单击 创建 按钮。

2 选择"椭圆工具" ■，在"属性"面板中设置"填充"为"#AEF4F2"，取消笔触，在舞台中绘制420像素×420像素的正圆，效果如图12-71所示。

3 选择"钢笔工具" ✐，在圆的下方确定一点，绘制海浪，效果如图12-72所示。

图12-71　　　　图12-72

4 选择"颜料桶工具" ▣，设置"填充"为"#007683"，在海浪下方单击，填充海水颜色，效果如图12-73所示。

5 选择"选择工具" ▶，选择绘制的海浪轮廓，按【Delete】键删除轮廓线，效果如图12-74所示。

图12-73　　　　图12-74

6 在舞台中选择海浪效果，按【Ctrl+X】组合键剪切海浪，新建图层，然后在新建的图层上，按【Ctrl+V】组合键粘贴海浪，并将其与天空效果对齐。

7 选择"线条工具" ✐，在"属性"面板中设置"笔触"为"#FFFFFF"，"笔触大小"为"5"，在场景中绘制

图12-75所示形状。

图12-75

8 选择"转换锚点工具" ，在线段的顶点处单击使其
呈路径显示，再次单击顶部锚点，拖曳调整线使顶点
平滑，如图12-76所示。

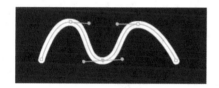

图12-76

9 使用相同的方法调整其他顶点的锚点，使其平滑显
示，如图12-77所示。

图12-77

10 选择"任意变形工具" ，调整线的大小和位
置，使其形成波浪效果，如图12-78所示。

图12-78

11 选择"选择工具" ，选择绘制的波浪，将其
移动到舞台的海浪中，调整其大小和位置，然
后按住【Alt】键不放，向左或向下拖曳波浪进行复制，并
按【Delete】键将多余区域删除，效果如图12-79所示。

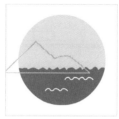

图12-79

12 新建图层，选择"钢笔工具" ，在海浪上方确
定一点，绘制山脉效果，如图12-80所示。

13 选择"颜料桶工具" ，设置"填充"为"#37B59F"，
然后在山脉中单击，填充山脉颜色，并删除轮廓
线，效果如图12-81所示。

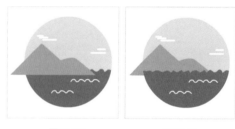

图12-80　　　　　　图12-81

14 新建图层，选择"线条工具" ，在"属性"面
板中设置"笔触"为"#FFFFFF"，"笔触大小"
为"8"，在场景中绘制图12-82所示形状。

15 分别将图层命名为"天空""大海""山脉""云
朵"，然后将"山脉"图层移动到"大海"图层
下方，效果如图12-83所示。

图12-82　　　　　　图12-83

12.3.4　制作帆船元件

帆船是传达旅行信息的关键，也是动画后
期制作的关键，因此可将其新建为元件，并在
迎合背景色调的基础上绘制帆船图形，且图形
效果应尽量简洁和有识别性，具体操作如下。

扫码看效果

1 按【Ctrl+F8】组合键打开"创建新元件"对话框，设
置"名称"为"帆船"，单击 确定 按钮，如图12-84
所示。

图12-84

2 选择"钢笔工具" ，绘制帆船底部的形状，注意绘制时整个形状是一个闭合的图形，避免后期无法填充颜色，效果如图12-85所示。

3 使用相同的方法绘制帆船的整个轮廓，效果如图12-86所示。

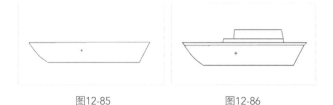

图12-85 　　　　　　　　　图12-86

4 选择"颜料桶工具" ，设置"填充"分别为"#D64363""#F3AC33""#45AB7F""#F2FFFF"，对帆船进行填充，完成后的效果如图12-87所示。

5 删除轮廓线，并调整帆船的位置，方便后期绘制船帆，效果如图12-88所示。

图12-87 　　　　　　　　　图12-88

6 选择"线条工具" ，在帆船的中间区域绘制一条竖线，并设置"笔触"为"#F2FFFF"，效果如图12-89所示。

7 选择"钢笔工具" ，绘制船帆的右侧形状，效果如图12-90所示。

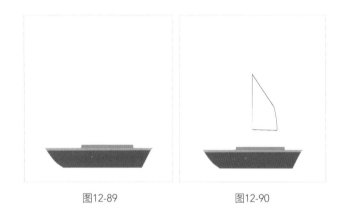

图12-89 　　　　　　　　　图12-90

8 选择"钢笔工具" ，绘制船帆的左侧形状，效果如图12-91所示。

9 选择"线条工具" ，在船帆的中间区域绘制斜线，方便后期填充不同的颜色，然后调整左侧斜线的弧度，效果如图12-92所示。

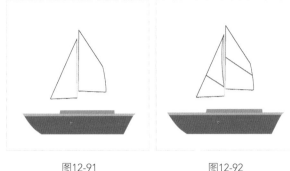

图12-91 　　　　　　　　　图12-92

10 由于船帆将填充白色，所以为了便于识别，可先将舞台颜色修改为深色，这里将舞台颜色设置为"#000000"，然后选择"颜料桶工具" ，设置"填充"分别为"#FFFFFF""#45AB7F""#94C7DF"，对帆船进行填充，效果如图12-93所示。

11 选择"矩形工具" ，在帆船的顶部绘制73像素×34像素的矩形，并设置"填充"为"#FF0066"，效果如图12-94所示。

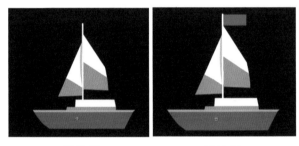

图12-93 　　　　　　　　　图12-94

12 在矩形上方右击，在弹出的快捷菜单中选择【变形】/【封套】命令，可发现矩形四周出现控制点，拖曳控制点使矩形呈红旗飘扬的效果，如图12-95所示。

13 选择"矩形工具" ，在帆船的中间区域绘制3个12.5像素×8像素的矩形，并设置"填充"为"#4F363D"，效果如图12-96所示。

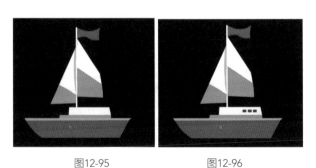

图12-95 　　　　　　　　　图12-96

14 选择"线条工具" ，在船底与船帆之间绘制斜线，效果如图12-97所示。

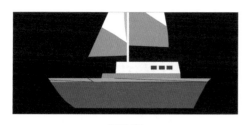

图12-97

15 选择"颜料桶工具" ![](）, 设置"填充"分别为 "#244578""#333333""#FFCC00", 然后进行填充, 并删除绘制的轮廓线, 效果如图12-98所示。

16 选择"线条工具" ![](）, 在船帆中绘制"笔触"分别为"#009933""#FFFFFF"、"笔触大小"均为"4"的直线, 用于美化帆船效果, 如图12-99所示。

图12-98

图12-99

12.3.5 制作"旅行网"标志动效

旅行网标志动效主要分为3个部分: 山脉和云朵的出现、行驶的帆船和文字的出现。制作"旅行网"标志动效的具体操作如下。

扫码看效果

1 返回场景, 再次将舞台颜色设置为"#FFFFFF"。依次将"天空""山脉""大海""云朵"转换为元件, 便于后期制作动效。

2 在所有图层的第60帧处按【F5】键插入帧, 然后选择"山脉"图层, 在第15帧处按【F6】键插入关键帧。选择第1帧, 在舞台中将山脉移动到海浪下方, 然后创建传统补间动画, 如图12-100所示。

图12-100

3 在"属性"面板中单击"编辑缓动"按钮 , 打开"自定义缓动"对话框, 拖曳中间的调整线调整缓动值,

使整个动画播放更加自然, 然后单击 保存并应用 按钮, 应用缓动, 如图12-101所示。

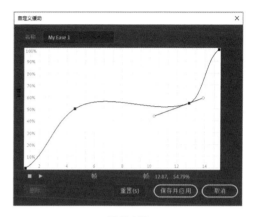

图12-101

4 将"云朵"图层移动到"山脉"图层下方, 在第1帧处按住鼠标左键, 将其移动到第15帧, 然后在第30帧处按【F6】键插入关键帧。选择第15帧, 在舞台中将云朵移动到山脉下方, 然后创建传统补间动画, 如图12-102所示。

图12-102

5 新建图层, 在其上右击, 在弹出的快捷菜单中选择"遮罩层"命令, 为图层添加遮罩, 然后将其他图层也添加到遮罩层中, 如图12-103所示。

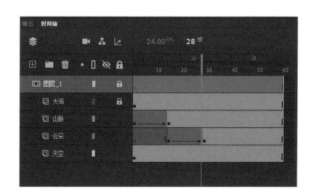

图12-103

6 由于圆外侧的区域不能显示到动画中, 所以选择"椭圆工具" ![](, 取消填充, 设置"笔触"为"#333333", "笔触大小"为"1", 在圆的上方按住【Shift】键不放绘制420像素×420像素的正圆, 如图12-104所示。

7 选择"颜料桶工具" ，设置"填充"为"#FFFFFF"，在绘制的圆中填充颜色，然后单击"锁定图层"按钮 🔒，锁定图层，使整个动画形成遮罩效果，如图12-105所示。

图12-104   图12-105

8 为了便于查看和后期制作动画，可锁定全部图层，在当前图层上单击"将图层显示为轮廓"按钮 📲，将遮罩层以轮廓的方式显示，如图12-106所示。

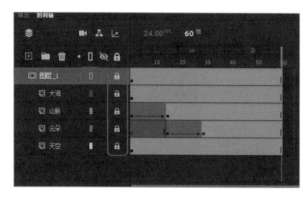

图12-106

9 再次新建图层，在第1帧处按住鼠标左键，将其移动到第30帧，将"帆船"元件移动到舞台的左侧，然后在第60帧处单击，按【F6】键插入关键帧，如图12-107所示。

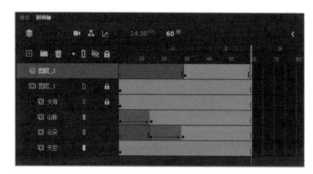

图12-107

10 在第30帧处调整帆船的起始位置，在第60帧处确定帆船到达的位置，然后右击，在弹出的快捷菜单中选择"创建传统补间"命令，创建传统补间动画，如图12-108所示。

图12-108

11 为了使整个帆船在舞台的固定位置行驶，需要为帆船创建遮罩动画。新建图层，在其上右击，在弹出的快捷菜单中选择"遮罩层"命令，为图层添加遮罩，如图12-109所示。

12 取消锁定图层，选择"矩形工具" ▭，设置"填充"为"#FFFFFF"，在圆的外侧绘制550像素×500像素的矩形。

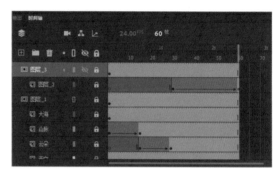

图12-109

13 单击"锁定图层"按钮 🔒 锁定图层，使整个动画形成遮罩效果，此时拖曳播放标记可发现帆船只是在固定位置行驶，如图12-110所示。

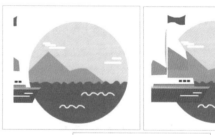

图12-110

14 新建图层，选择所有图层的第90帧，按【F5】键插入帧，选择新建的图层，在第60帧处按【F6】键插入关键帧。

15 选择"椭圆工具"，在图像的下方绘制正圆，然后在中间位置绘制一条直线，删除下方的半圆和直线，预留圆弧效果，便于后期制作文字，如图12-111所示。

图12-111

16 选择"文本工具"，在舞台中输入"WAVE TRAVEL NETWORK"文本，设置"字体"为"汉仪中圆简"，"填充"为"#007683"，"大小"为"40"，效果如图12-112所示。

图12-112

17 按【Ctrl+B】组合键打散文字，选择"W"字母，将其移动到弧线的左侧端口。

18 使用"任意变形工具"调整"W"字母的位置，使其与弧线的方向相同，效果如图12-113所示。

图12-113

19 在第61帧处按【F6】键插入关键帧，将"A"字母拖曳到"W"字母的上方，调整其位置，效果如图12-114所示。

20 使用相同的方法，添加一个字母插入一个关键帧，最终形成文字的逐帧动画，效果如图12-115所示。

图12-114　　　　　　　图12-115

21 删除弧线和多余文字，效果如图12-116所示。

22 选择"矩形工具"，设置"填充"为"#D64363"，在图形的下方绘制495像素×75像素的矩形。

23 选择"文本工具"，在矩形的上方输入"海浪旅行网"文本，设置"字体"为"汉仪粗黑简"，"填充"为"#FFFFFF"，"大小"为"60"，效果如图12-117所示。

图12-116　　　　　　　图12-117

24 完成后按【Ctrl+S】组合键保存图像，然后按【Ctrl+Enter】组合键查看动画效果。

学习笔记

巩固练习

1. 制作FLAS文字动图

本练习将制作FLAS文字动图，在设计时可根据提供的素材，使用补间动画制作动效。本练习的参考效果如图12-118所示。

配套资源
素材文件\第12章\背景.fla
效果文件\第12章\FLAS动效.fla

图12-118（续）

2. 制作"书法培训"标志动态图标

本练习将制作"书法培训"标志动态图标，要求图标要体现书法效果，其动态要有连续性和美观性。完成后的最终效果如图12-119所示。

配套资源
效果文件\第12章\书法培训动图图标.fla

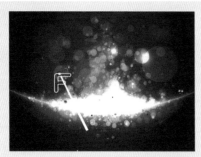

图12-118

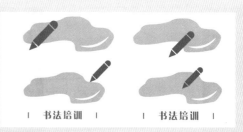

图12-119

 技能提升

在新媒体环境下，动图主要以动态图片的形式进行传播，运用也较为广泛。动图介于传统静态图片和动态视频之间，是二者的完美结合，其具有以下3个显著特点。

● 扩大信息量：能够有效传达信息是动图比较重要的功能。传统静态图片展现的信息量有限，而动图使用动态化设计，运用画面的动态效果传递出一系列图像，承载了更加全面、具体的信息量，用户也能从变化的图像及文字中获取更多信息。

● 形式新颖，效果更丰富：动图与传统静态图片不同，动图以动态化的方式呈现，使原本静止的画面不再单一，形式更加新颖。另外，传统静态图片主要通过充分调动用户的视觉感官来吸引其注意力；而动图基于现代媒体技术，不仅具有丰富多彩的视觉图像，还能够融入声音等元素，与动态的画面协调配合，使效果更丰富，并能快速吸引用户的注意力，给用户留下深刻的印象。

● 传播性更强：随着媒介和传播技术的多样化，动图的传播范围也更加广泛，用户在不同场景、不同渠道中都可以便捷地接收到动图传递的信息。

第13章

广告动画实战范例

本章导读

广告动画是较为常见的动画类型，并且由于广告具有较高的商业价值，所以常用来宣传企业、品牌或各种营销信息。随着互联网和移动互联网的快速发展，广告也在不断更新，目前较常用的广告有App开屏广告、网幅广告和H5广告等。

知识目标

< 掌握App开屏广告的相关知识
< 掌握网幅广告的相关知识
< 掌握H5广告的相关知识

能力目标

< 能够制作开屏广告动画
< 能够制作网幅广告动画
< 能够制作H5广告动画

情感目标

< 激发对各类广告动画的制作兴趣
< 培养对各类广告动画的审美能力

13.1 App开屏广告——"6·18"天猫开屏广告

当用户进入App时，其启动界面会出现一个广告，该广告即开屏广告。广告的内容可能是商品促销，也可能是品牌宣传。6·18即将到来，天猫将在一些App平台投放红包派送广告，以吸引更多用户浏览天猫活动页面，提升6·18活动销量。

13.1.1 行业知识

开屏广告是App启动时出现的广告，一般以图片、动图或视频的方式呈现。开屏广告一般固定展示时间为5秒，展示完毕将自动关闭并进入App主界面。

1. 开屏广告的特点

开屏广告具有整屏显示、位置优质、强制性曝光等特点。

● 整屏显示：开屏广告以整屏的方式显示，具有较强的视觉冲击力，能最大程度地吸引用户查看，从而提高用户的点击率和品牌的曝光率。

● 位置优质：开屏广告作为进入App的首要入口，会优先接触到用户。

● 强制性曝光：由于开屏广告具有固定的展示时间，因此可向使用App的用户强制性曝光广告。

2. 开屏广告的类别

由于开屏广告在手机屏幕上展示，因此其尺寸大小一般设置为1080像素×1920像素、640像素×960像素、720像素×1280像素，以适配市面上大部分手机的屏幕。

在进行开屏广告的设计前，需要先了解开屏广告的类别，从而有针对性地进行制作。开屏广告可根据广告位尺寸、广告目的和广告图像形式划分为不同的类别。

（1）按照广告位尺寸划分

按照广告位尺寸可将开屏广告划分为全屏式开屏广告和底部保留式开屏广告两类。

● 全屏式开屏广告：全屏式开屏广告是一种整体性的，能给用户带来沉浸式体验的广告形式。图13-1所示为全屏式开屏广告。

● 底部保留式开屏广告：底部保留式开屏广告是指在开屏广告的底部保留150像素左右的尺寸，用于投放App的名称、Logo以及宣传语，以达到提高App曝光度的目的。图13-2所示为底部保留式开屏广告。

图13-1　　　　　　　图13-2

（2）按照广告目的划分

按照广告目的可将开屏广告划分为App下载、活动宣传、节日宣传等类型，企业可根据需求制作与目的相符的开屏广告进行推广和宣传。图13-3所示为活动宣传开屏广告，该广告的文案为重点内容，主要引导用户了解详情并参加活动。图13-4所示为产品展示开屏广告，该广告重点突出产品和服务，以及为用户带来的具体利益，并兼顾产品展示。

图13-3　　　　　　　图13-4

（3）按照广告图像形式划分

按照广告图像形式可将开屏广告划分为静态开屏广告、动态开屏广告和视频开屏广告3种。

● 静态开屏广告：静态开屏广告是指采用静态的图片体现广告内容，制作简单，设计性不强。

● 动态开屏广告：动态开屏广告是指采用动静结合的方式，将图片、文字、图形等通过依次出现、抖动、飘落、旋转、放大缩小等形式对广告内容进行展现，使展现的效果更加直观，信息量更加丰富，画面冲击力也更强。图13-5所示为动态开屏广告，该广告将树叶的飘动和树木的摇摆制作为动态动画，更加具有美观性。

图13-5

● 视频开屏广告：视频开屏广告是指以视频的形式进行展现，通常可直接在开屏广告中运用产品宣传视频，这样更加直观和真实。图13-6所示为视频开屏广告，以视频形式展现能承载更丰富的品牌内容。

图13-6

3. 开屏广告的组成元素

在设计开屏广告前，需要先了解开屏广告的组成元素，再有针对性地设计开屏广告。

● 图像：图像是开屏广告不可或缺的元素。在设计开屏广告的图像时，除了要美观、符合广告主题外，还需注意文件大小。文件过大会导致开屏广告加载过慢，而太小又会使开屏广告清晰度过低，降低用户的观感。

● 文案：文案属于广告整体宣传的点睛之笔，可根据开屏广告的定位和广告内容，设计文案信息。

● 点击按钮：开屏广告的点击区域是除跳过按钮以外的整屏区域，能够获得较多的点击量。设置点击按钮其实是为用户跳转建设心理预期，使用户明确该按钮是用来点击下载、点击领取（活动）、点击查看的。该按钮并不一定需要添加，可根据开屏广告需求确定。

● 跳过倒计时：跳过倒计时大部分位于开屏广告的右上角，倒计时时间由App控制，不需要设计者设计。

13.1.2 案例分析

6·18开屏广告是针对天猫6·18活动而制作的，主要通过派送红包、领取优惠券的方式宣传6·18活动，吸引更多用户进入天猫活动页，预览活动商品。

6·18活动属于大型电商活动，在广告效果的展现上营造氛围感和美观性。在设计时，要求通过文字和矢量图形体现广告的内容，其主色调为蓝色，在文字内容的选择上可使用"红包""优惠券""促销"等文字迎合广告主题。该开屏广告主要针对1080像素×1920像素的手机屏幕，因此广告的大小要符合手机屏幕的大小，且以全屏的方式展现。同时，还要具备跳转按钮，以方便快速进入天猫活动页面。

根据背景要求，整个案例可从内容构思、动效设计和开屏广告音效3个部分展开。

1. 内容构思

6·18开屏广告的主题是宣传6·18活动，因此可以围绕该主题进行设计。

（1）整体风格

在整体风格上，由于整个开屏广告采用全屏展现，所以可以采用图13-7所示风格进行设计。

排版风格：为了突出"6·18促销"的主题，广告中应有较为明确的主体物。本案例可采用居中对齐的方式，将主体物或主体文字置于画面中间，然后在上方和下方添加次要文字和按钮，使整个广告主体明确，并且在按钮上方区域添加卡通人物，提升整个开屏广告的美观度

文案：通过倾斜的文案增强广告的设计感

背景：使用亮度较高的蓝色作为背景色，与主体文字的黄色和紫色形成一定的对比，在凸显主体内容的同时增强视觉吸引力

图13-7

（2）色彩风格

根据广告主题和设计要求，本案例以蓝色为主色，辅助色主要在主色的基础上获取，点缀色较显眼的黄色和紫色，以活跃画面，凸显主体内容，整体色调搭配（颜色过多，这里只做部分参考）如图13-8所示。

背景颜色色调

| #8175F9 | #7EBFFD | #4050FD | #3A86F6 | #000066 |

主体文字色调

| #FFEF12 | #F45BFA | #9517D0 | #FFFFFF |

按钮主要色调

| 48C9FE | #FAADFD | #CC3300 |

图13-8

（3）文案

根据案例设计要求及6·18开屏广告的定位，对本实例的文字进行编辑。

主要文案：

6·18年中大促

次要文案：

百万红包派送中——

点缀文案：

瓜分百万红包　全场不止2折

狂欢之夜

按钮文字：

点击领取优惠券

2. 动效设计

为了使动效有连续性的展现，可按照动效的出现方式进行设计。

● 开屏动效：开屏动效用于体现活动氛围。在绘制的纸盒中发射不同颜色、大小的小球图像，体现活动的欢快、热烈，吸引用户继续向下浏览，也为后期6·18促销文字的出现做好铺垫。

● 文字动效：文字动效属于开屏广告的第二个动效。由于整个开屏广告的目的是宣传6·18活动，因此依次展现文案内容可凸显文字并宣传活动信息。

● 人物效果动效：在动效中可添加人物抢红包动效，体现该广告的定位。

● 按钮动效：制作跳转按钮动效，方便用户快速进入活动页面。

整体动效示意图如图13-9所示。

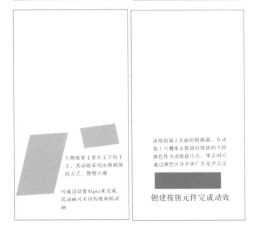

图13-9

3. 开屏广告音效

为了提升开屏广告的识别度，还可添加音效。在音效的选择上，可考虑较为欢快的音效，在音效的设计上，可采用 "向右淡出" 方式展现，以增强视听感。

扫码看效果

本例完成后的参考效果如图13-10所示。

图13-10

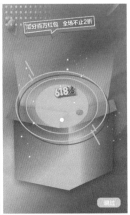

图13-10（续）

13.1.3 制作6·18开屏广告的背景

制作6·18开屏广告的背景是制作开屏广告动效的前提，主要包括添加背景、绘制纸盒形状、添加文字以及绘制按钮4个部分，具体操作如下。

1　启动Animate CC 2020，选择【文件】/【新建】命令，打开"新建文档"对话框，在右侧的"详细信息"栏中设置"宽""高"分别为"1080""1920"，单击 创建 按钮，将舞台颜色设置为"#EFEFEF"。

2　将"背景素材.png"素材文件拖曳到舞台中，调整其大小和位置，效果如图13-11所示。

3　新建图层，选择"钢笔工具" ，在"属性"面板中设置"笔触"为"#FFFFFF"，"笔触大小"为"5"，在图像上方绘制形状，效果如图13-12所示。

4　再次选择"钢笔工具" ，在"属性"面板中设置"笔触"为"#FFFFFF"，"笔触大小"为"0.1"，在图像下方绘制形状。由于是上方图形的投影，因此在设置笔触大小时，可选择最小笔触，避免线与线之间出现缝隙无法填充，效果如图13-13所示。

5　选择"颜料桶工具" ，打开"颜色"面板，设置"颜色类型"为"线性渐变"，然后设置"渐变颜色"为"#8175F9～#7EBFFD"，单击投影部分填充渐变效果，如图13-14所示。

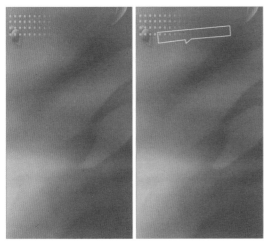

图13-11　　　　　图13-12

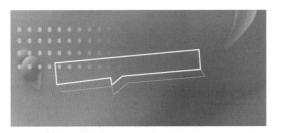

图13-13

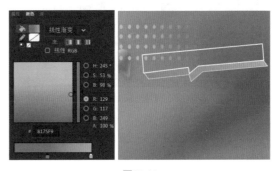

图13-14

6　删除投影外侧的线条，选择"文本工具" ，输入"瓜分百万红包　全场不止2折"文字，在"属性"面板中设置"字体"为"方正兰亭中粗黑_GBK"，"填充"为"#FFFFFF"，调整其大小和位置并倾斜显示，效果如图13-15所示。

7　为了能快速选择内容，可先将背景图层锁定，选择上方所有内容，按【F8】键打开"转换为元件"对话框，设置"名称"为"上方文字"，单击 确定 按钮，如图13-16所示。

图13-15

图13-16

8　在"属性"面板的"滤镜"栏中单击"添加滤镜"按钮 ，在打开的下拉列表框中选择"投影"选项，打开"投影"面板，设置"模糊X"为"0"，"模糊Y"为"0"，"距离"为"7"，"强度"为"33%"，"角度"为"127°"，"阴影"为"#2B166F"，"品质"为"中"，如图13-17所示。

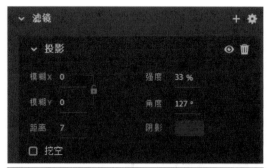

图13-17

9 新建图层，选择"矩形工具" ，绘制大小为425。像素×425像素的矩形，打开"颜色"面板，设置"颜色类型"为"线性渐变"，然后设置"渐变颜色"为"#4050FD～#3A86F6"，为矩形填充渐变颜色，如图13-18所示。

10 选择"渐变变形工具" ，单击矩形调整颜色的渐变方向，效果如图13-19所示。

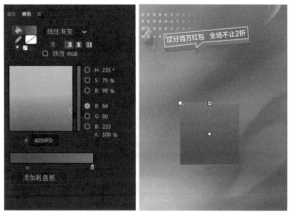

图13-18   图13-19

11 选择矩形，右击，在弹出的快捷菜单中选择【变形】/【扭曲】命令，拖曳调整点使其呈菱形显

示，如图13-20所示。

12 使用相同的方法绘制盒子下方的两面，并设置渐变颜色为"#48C9FE～#465DFF"，效果如图13-21所示。

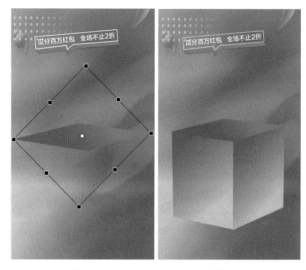

图13-20   图13-21

13 新建图层，选择"钢笔工具" ，在矩形上方绘制图13-22所示形状。

14 选择"颜料桶工具" ，打开"颜色"面板，设置"颜色类型"为"线性渐变"，"渐变颜色"为"#50F3FF～透明"，在形状中单击填充效果，并使用"渐变变形工具" 对渐变效果进行调整，如图13-23所示。

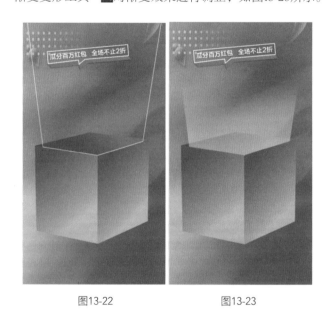

图13-22   图13-23

15 新建图层，使用相同的方法绘制盒盖，并设置"渐变颜色"为"#478FFD～#A9D7F9"，完成后的效果如图13-24所示。

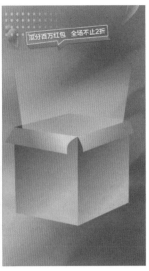

图13-24

完成后设置"不透明度"为"60%",效果如图13-29所示。

16 选择盒盖部分,按【F8】键打开"转换为元件"对话框,设置"名称"为"盒盖",单击 确定 按钮,如图13-25所示。

21 在圆的上方再绘制724像素×544像素的圆,取消填充,并设置"笔触"为"#51FEFF","笔触大小"为"8",效果如图13-30所示。

17 在"属性"面板的"滤镜"栏中单击"添加滤镜"按钮➕,在打开的下拉列表框中选择"投影"选项,打开"投影"面板,设置"模糊X"为"59","模糊Y"为"105","距离"为"28","强度"为"36%","角度"为"45°","阴影"为"#000066","品质"为"中",如图13-26所示。

图13-27　　　　　　　　图13-28

图13-25　　　　　　　图13-26

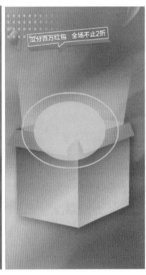

图13-29　　　　　　　　图13-30

18 选择盒体部分,按【F8】键打开"转换为元件"对话框,设置"名称"为"盒体",单击 确定 按钮,如图13-27所示。

19 在"属性"面板的"滤镜"栏中单击"添加滤镜"按钮➕,在打开的下拉列表框中选择"投影"选项,打开"投影"面板,设置"模糊X"为"58","模糊Y"为"67","距离"为"30","强度"为"40%","角度"为"45°","阴影"为"#000066","品质"为"中",如图13-28所示。

20 新建图层,选择"椭圆工具" ⬤ ,绘制537像素×428像素的圆,并设置"填充"为"#03FFFF",

22 依次选择圆和圆弧部分,将其转换为元件,然后选择圆弧元件,在"属性"面板的"滤镜"栏中单击"添加滤镜"按钮➕,在打开的下拉列表框中选择"投影"选项,打开"投影"面板,设置"模糊X"为"29","模糊Y"为"31","距离"为"25","强度"为"71%","角度"为"127°","阴影"为"#6439F1","品质"为"中",如图13-31所示。

23 将"圆素材.png"素材文件拖曳到舞台中,调整其大小和位置,然后选择绘制的圆和素材,将其创建为元件,并命名为"圆素材",如图13-32所示。

24 将"6·18文字.png"素材文件拖曳到舞台中，调整其大小和位置并倾斜显示，然后选择文字素材，将其创建为元件，如图13-33所示。

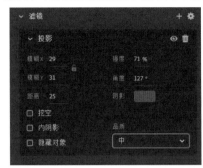

图13-31

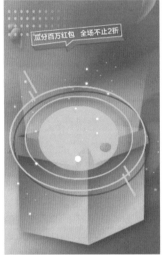

图13-32　　　　　图13-33

25 在"属性"面板的"滤镜"栏中单击"添加滤镜"按钮➕，在打开的下拉列表框中选择"投影"选项，打开"投影"面板，设置"模糊X"为"39"，"模糊Y"为"7"，"距离"为"21"，"阴影"为"#5C5FFF"，"品质"为"低"，如图13-34所示。

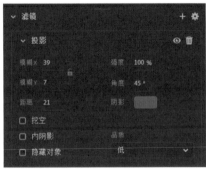

图13-34

26 在"属性"面板的"滤镜"栏中单击"添加滤镜"按钮➕，在打开的下拉列表框中选择"调整颜色"选项，打开"调整颜色"面板，设置"亮度"为"13"，"对比度"为"1"，"色相"为"1"，如图13-35所示。

图13-35

27 新建图层，选择"文本工具"，输入"百万红包派送中——"文字，在"属性"面板中设置"字体"为"汉仪雁翎体简"，"填充"为"#FFFFFF"，调整文字大小和位置并倾斜显示，效果如图13-36所示。

28 在"属性"面板的"滤镜"栏中单击"添加滤镜"按钮➕，在打开的下拉列表框中选择"投影"选项，打开"投影"面板，设置"模糊X"为"12"，"模糊Y"为"17"，"距离"为"6"，"阴影"为"#BB10EA"，"品质"为"低"，如图13-37所示。

图13-36　　　　　图13-37

29 新建图层，设置前景色为"#F45BFA"，选择"钢笔工具"，在文字的下方绘制图13-38所示形状，并填充"#F45BFA"颜色，然后调整各个文字的距离，方便后期进行动画制作。

30 选择"文本工具"，输入"狂欢之夜"文字，设置"字体"为"方正艺黑简体"，"填充"为"#FFFFFF"，调整文字大小和位置并倾斜显示，效果如图13-39所示。

图13-38 图13-39

31 新建图层，将"人物.png、购物袋1.png、购物袋2.png"素材拖曳到舞台中，调整它们的大小和位置，效果如图13-40所示。

32 新建图层，选择"基本矩形工具" ▤ ，打开"属性"面板，设置"填充"为"#48C9FE"，"笔触"为"#5565FA"，"笔触大小"为"18"，"矩形边角半径"为"30"，然后在下方绘制一个矩形，效果如图13-41所示。

图13-40 图13-41

33 将矩形转换为按钮元件，在"属性"面板的"滤镜"栏中单击"添加滤镜"按钮 ➕ ，在打开的下拉列表框中选择"斜角"选项，打开"斜角"面板，

设置"模糊X"为"17"，"模糊Y"为"0"，"距离"为"3"，"强度"为"94%"，"角度"为"45°"，"阴影"为"#970CC8"，"加亮显示"为"#FFFFFF"，如图13-42所示。

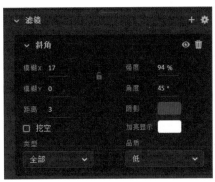

图13-42

34 选择"文本工具" T ，输入"点击领取优惠券"文字，在"属性"面板中设置"字体"为"方正艺黑简体"，"填充"为"#FFFFFF"，"大小"为"72"，效果如图13-43所示。

35 新建图层，选择"基本矩形工具" ▤ ，绘制大小为180像素×80像素的圆角矩形，设置"填充"和"笔触"为"#D1D1D1"，"笔触大小"为"2"。

36 选择"文本工具" T ，输入"跳过"文字，设置"字体"为"汉仪中黑简"，"填充"为"#FFFFFF"，调整文字的大小和位置。

37 将"天猫图标.png"素材文件添加到左上角，然后调整其大小和位置，效果如图13-44所示。

图13-43 图13-44

13.1.4　制作小球发射动效

小球发射动效主要是通过引导层动画来完成，不同路径的小球产生的发射效果可提升整个动效的美观度。制作小球发射动效的具体操作如下。

扫码看效果

1 选择【文件】/【导入】/【导入到库】命令，打开"导入"对话框，选择所有圆球素材，单击 打开(O) 按钮，将素材导入库中。

2 按【Ctrl+F8】组合键打开"创建新元件"对话框，设置"名称"为"圆球"，在"类型"下拉列表框中选择"图形"选项，单击 确定 按钮，如图13-45所示。

3 将"库"面板中的"圆球1.png"素材拖曳到舞台中，并调整其大小和位置。

图13-45

4 使用相同的方法，将"库"面板中的其他圆球素材分别制作成图形元件，如图13-46所示。

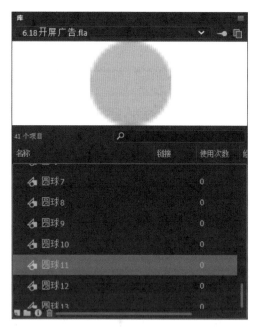

图13-46

5 按【Ctrl+F8】组合键打开"创建新元件"对话框，设置"名称"为"圆球动效1"，在"类型"下拉列表框

中选择"影片剪辑"选项，单击 确定 按钮，如图13-47所示。

图13-47

6 在"图层_1"上，右击，在弹出的快捷菜单中选择"添加传统运动引导层"命令，为"图层_1"添加运动引导层，如图13-48所示。

图13-48

7 为了便于查看各个颜色的球体，可先将舞台颜色修改为"#000000"，选择"铅笔工具" ✐ ，在"属性"面板中设置"笔触"为"#FF0000"，单击"铅笔模式"按钮 ，在打开的下拉列表框中选择"平滑"选项，选择引导层的第1帧，在舞台中绘制一条曲线，选择引导层的第25帧，按【F5】键插入帧，如图13-49所示。

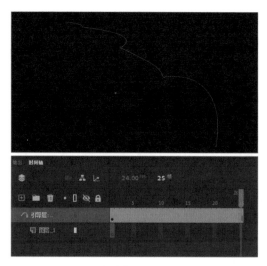

图13-49

8 选择"图层_1"，单击第1帧，将"库"面板中的图形元件"圆球"拖曳到舞台中，并放置到曲线下方的端

点上，如图13-50所示。

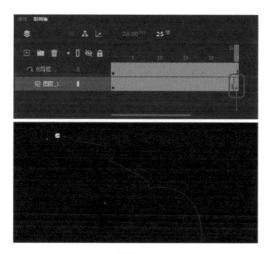

图13-50

9 在第25帧处按【F6】键插入关键帧，使用"选择工具"▷将"圆球"元件拖曳到曲线上方的端点上，如图13-51所示。

图13-51

10 在"图层_1"的第15帧处右击，在弹出的快捷菜单中选择"创建传统补间"命令，为路径创建传统补间动画。

11 打开"属性"面板，在"补间"栏中勾选"调整到路径"复选框，如图13-52所示。

图13-52

12 使用相同的方法，将"库"面板中的其他圆球图形元件分别制作成"圆球动效2"～"圆球动效13"效果。这里绘制的路径可以是不同的曲线，这样会使圆球的出现更加自然，如图13-53所示。

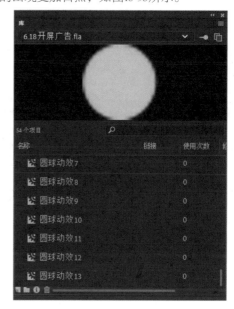

图13-53

13 按【Ctrl+F8】组合键打开"创建新元件"对话框，设置"名称"为"圆球飘落"，在"类型"下拉列表框中选择"影片剪辑"选项，单击 确定 按钮，如图13-54所示。

图13-54

14 分别将"库"面板中的"圆球动效1""圆球动效4""圆球动效8""圆球动效10"拖曳到舞台中，并调整它们的大小和位置，在"图层_1"的第26帧处单击，按【F5】键插入帧，效果如图13-55所示。

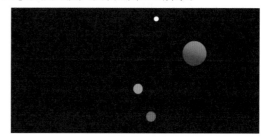

图13-55

15 新建图层，在"图层_2"的第10帧处按【F6】键插入关键帧，分别将"库"面板中的"圆球动效2""圆球动效5""圆球动效7""圆球动效12"拖曳到舞台中，并调整它们的大小和位置，然后在第36帧处按【F5】键插入帧，如图13-56所示。

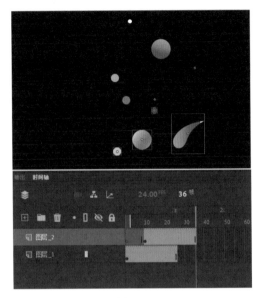

图13-56

16 新建图层，在"图层_3"的第20帧处按【F6】键插入关键帧，分别将"库"面板中的"圆球动效4""圆球动效6""圆球动效8""圆球动效11""圆球动效13"拖曳到舞台中，并调整它们的大小和位置，然后在第45帧处按【F5】键插入帧，如图13-57所示。

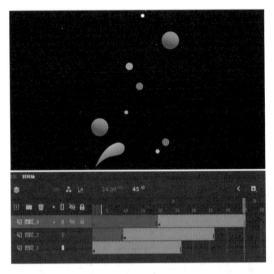

图13-57

17 返回场景，对各个图层进行重命名，并调整图层间的顺序，然后在第60帧处按【F5】键插入

帧，如图13-58所示。

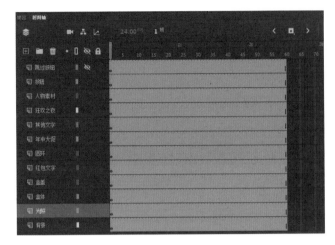

图13-58

13.1.5 制作6·18文字和按钮动效

小球发射动效制作完成后，还需要应用到场景中，然后依次为文字和按钮创建动效，整个动效要具有次序性和美观性，具体操作如下。

扫码看效果

1 在"光照"图层上新建图层，并命名为"圆球动效"，将"圆球飘落"元件拖曳到图像中，调整其大小和位置。为了方便调整，可先隐藏其他图层，并使盒体和盒盖图层只显示线框，然后调整"圆球飘落"元件的大小，在第20帧处按【F6】键插入关键帧，并删除多余帧，如图13-59所示。

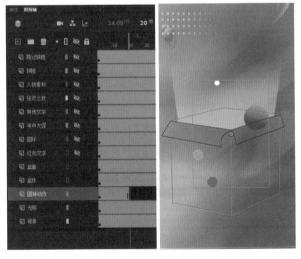

图13-59

2 显示"盒体""盒盖""红包文字"图层，选择"红包文字"图层的第1帧，按住鼠标左键拖曳到第20帧，

然后在第29帧处按【F6】键插入关键帧。

3 选择第20帧，将"红包文字"元件向下拖曳到舞台外侧，然后创建传统补间动画，如图13-60所示。

图13-60

4 显示"圆环""年中大促"图层，选择"圆环""年终大促"图层的第1帧，按住鼠标左键拖曳到第29帧，然后在第40帧处按【F6】键插入关键帧。

5 选择第29帧中的圆环、"年中大促"文本和形状，将其转换为元件，然后使用"任意变形工具"  缩小形状和文字，再创建传统补间动画，如图13-61所示。

图13-61

6 显示其他文字图层，选择其他文字图层的第1帧，按住鼠标左键拖曳到第40帧，然后在第50帧处按【F6】键插入关键帧。

7 选择第40帧中的其他文字，将其转换为元件，再将文字拖曳到舞台的右侧，然后创建传统补间动画，如图13-62所示。

图13-62

8 显示"狂欢之夜"图层，选择"狂欢之夜"图层的第1帧，按住鼠标左键拖曳到第50帧，然后在第60帧处按【F6】键插入关键帧。

9 在"狂欢之夜"图层上右击，在弹出的快捷菜单中选择"添加传统运动引导层"命令，为"狂欢之夜"图层添加运动引导层。

10 选择"铅笔工具" ，在"属性"栏中设置"笔触"为"#FF0000"，在舞台中绘制一条曲线，效果如图13-63所示。

11 在第50帧处选择"狂欢之夜"图层中的所有图形，将其转换为元件，然后拖曳元件到曲线左下角的端点上，如图13-64所示。

图13-63　　　　　　图13-64

12 在第60帧处选择"狂欢之夜"元件，将该元件拖曳到曲线右上角的端点上，然后创建传统补间动画，如图13-65所示。

13 在除"圆球动效"图层外所有图层的第95帧处按【F5】键插入帧，然后选择"人物素材"图层的第1帧，按住鼠标左键拖曳到第60帧，将人物素材转换为元件，在第70帧处按【F6】键插入关键帧，如图13-66所示。

255

图13-65

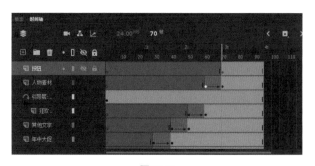

图13-68

16 双击按钮元件，进入按钮元件编辑页面，选择"图层_1"的"指针经过"帧，按【F6】键插入关键帧，然后选择按钮图形，在"属性"面板中设置"填充"为"#FAADFD"，如图13-69所示。

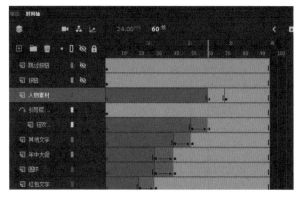

图13-66

14 选择第60帧，在"属性"面板的"色彩效果"栏中选择"Alpha"选项，设置"Alpha"为"6%"，然后创建传统补间动画，如图13-67所示。

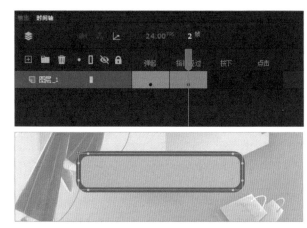

图13-69

17 选择"图层_1"的"按下"帧，按【F6】键插入关键帧，选择按钮图形，在"属性"面板中设置"填充"为"#CC3300"，如图13-70所示。

图13-67

15 选择"按钮"图层的第1帧，按住鼠标左键拖曳到第70帧，如图13-68所示。

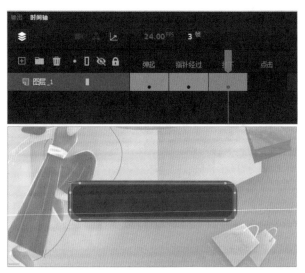

图13-70

18 返回场景，显示所有图层，按【Ctrl+Enter】组合键预览效果，此时发现小球发射在纸盒的背面。为了使动效更加和谐，可双击"盒体"元件，进入编辑页面，选择顶部矩形，按【Delete】键删除顶部，效果如图13-71所示。

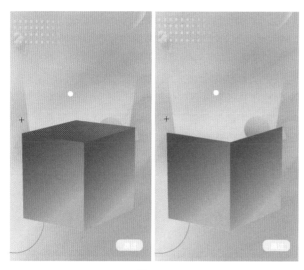

图13-71

19 返回场景，再次播放发现小球发射正常。

13.1.6 为6·18开屏广告添加声音

一个完整的6·18开屏广告除了动画外，声音也是较为重要的部分，在动画中添加欢快的声音，可吸引用户点击查看该开屏广告内容。为动画添加声音的具体操作如下。

扫码看效果

1 选择【文件】/【导入】/【导入到库】命令，在打开的"导入到库"对话框中选择"广告配乐.mp3"素材文件，单击 打开(O) 按钮，如图13-72所示。

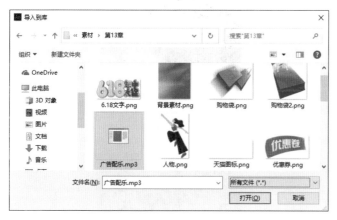

图13-72

2 在"时间轴"面板中单击"新建图层"按钮□，新建图层并将其命名为"音乐"，如图13-73所示。

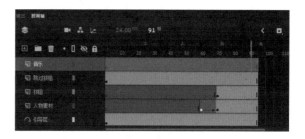

图13-73

3 打开"库"面板，选择"广告配乐.mp3"选项，按住鼠标左键不放，将其拖曳到舞台上方，发现新建图层上方已经添加了音频，如图13-74所示。

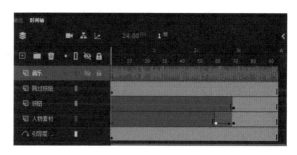

图13-74

4 在"属性"面板的"声音"栏的"效果"下拉列表框中选择"向右淡出"选项，设置声音效果，如图13-75所示。

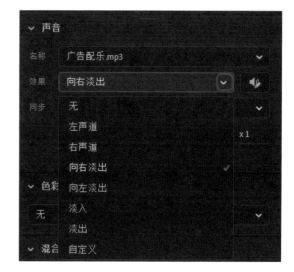

图13-75

5 在"同步"下拉列表框中选择"开始"选项，设置声音同步效果，如图13-76所示。

6 在"声音循环"下拉列表框中选择"循环"选项，设置声音循环效果，如图13-77所示。

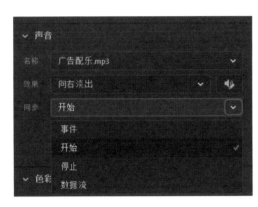

图13-76

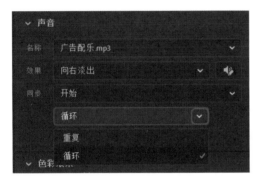

图13-77

7 单击"效果"下拉列表框右侧的"编辑声音封套"按钮 <img>，打开"编辑封套"对话框，拖曳下方的滑块将声音拖曳到结尾处，确定上方声音的调整点，向上拖曳调整点提高音量；再选择下方的声音调整点，向下拖曳调整点降低音量，完成后单击 <img> 按钮，如图13-78所示。

8 按【Ctrl+Enter】组合键测试动画，在动画播放的整个过程中都可听到添加的声音，完成后按【Ctrl+S】组合键保存文件。

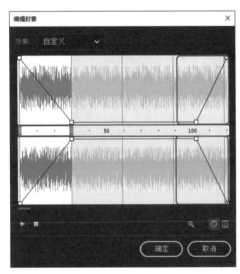

图13-78

13.2 网幅广告——"小智"音箱网幅广告

随着互联网的普及，以及电商行业的飞速发展，网幅广告的设计成为各大企业和品牌必不可少的营销手段。"小智"音箱是某品牌新推出的智能产品，主题为"智能音箱·专为年轻人打造"，为了推广新产品，获得更高的曝光率，要求制作1024像素×768像素的网幅广告动画，为了体现商品，要求以蓝色为主色，在设计中要包含扇子元素，提升新意度，展现方式要新颖，符合年轻人的审美需求，其动效展现要连贯、美观。

13.2.1 行业知识

网幅广告是互联网上常见的广告形式，也是以限定尺寸表现商家广告内容的广告方式。本节主要讲解网幅广告的主要形式、使用尺寸和设计要点。

1. 网幅广告的主要形式

网幅广告通过图像和文字、动画来表现广告内容。根据不同格式可将网幅广告分为静态、动态、交互3种形式。

（1）静态

静态形式的网幅广告是指网站页面中固定的广告图片，格式一般为JPG，是比较常见的一种广告表现形式。静态形式的网幅广告制作简单，并且可以投放于大部分网站。但随着互联网技术的不断发展，这种广告形式相对于动态广告来说有些单一，如图13-79所示。

图13-79

（2）动态

动态形式的网幅广告常包含一些动态效果，如移动、闪烁、变大、变小、旋转等，格式一般为GIF或SWF。动态形式的广告能传达给用户更多的广告信息，同时使用户加深对广告的印象，如图13-80所示。

图13-80

（3）交互

随着互联网技术的发展，静态形式和动态形式的网幅广告已经不能满足广告主的更多需求，用户也希望与广告进行互动，而不是单向地接收广告信息，此时交互形式的网幅广告应运而生。交互形式的网络广告类型很多，如游戏、回答问题、下拉菜单、填写表格等，如图13-81所示。

图13-81

2. 网幅广告的使用尺寸

网幅广告的使用尺寸因网幅广告类型的不同而有所区别。

● 横幅网幅广告：横幅网幅广告又称旗帜广告，是横跨于网页上的矩形公告牌。当用户点击横幅网幅广告时，可以链接到广告主的网页。横幅网幅广告有全横幅、半横幅、垂直旗帜之分，全横幅网幅广告尺寸为468像素×60像素，半横幅网幅广告尺寸为234像素×60像素，垂直旗帜网幅广告尺寸为120像素×240像素。

● 通栏网幅广告：通栏网幅广告实际上是横幅网幅广告的一种升级，比横幅网幅广告更长，面积更大，更具表现力和吸引力。通栏网幅广告的常用尺寸为760像素×90像素、468像素×60像素、250像素×60像素、728像素×90像素、950像素×90像素、658像素×60像素。

● 弹出式网幅广告：弹出式网幅广告是一种在线广告。当用户进入网页时，将自动开启一个新的浏览器视窗，以吸引用户到相关网址浏览，起到宣传的作用。弹出式网幅广告的尺寸为400像素×300像素。

● 按钮网幅广告：按钮网幅广告是一种小面积的广告，常用尺寸有125像素×125像素、120像素×90像素、120像素×60像素、88像素×31像素。

● 对联网幅广告：对联网幅广告是指利用网站页面左右两侧的竖式广告位设计的广告，常用尺寸为120像素×270像素、1024像素×768像素。

3. 网幅广告的设计要点

网幅广告是网络广告早期常用的一种形式，其设计不是简单地直接组合各种视觉元素，还需要遵循以下设计要点。

● 构图合理，视觉导向清晰：合理的构图能增强视觉导向性，使广告画面结构清晰、条理分明。因此，构图要做到均衡、稳定，或是个性突出、具有创新性。设计者在设计网幅广告时，应根据大众的阅读习惯，建立从上到下、从左到右、从大到小、从实到虚等的视觉导向，使用户的视线在画面内按一定的顺序流动，逐步接收广告信息，如图13-82所示。

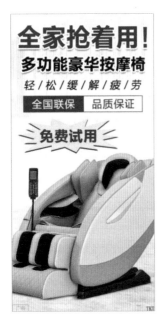

图13-82

● 广告文案简洁：网幅广告尺寸有限，因此文案内容不宜过多，只需用简短的广告文案表达出主要广告信息。在编辑广告文案时，文案的字体不要超过3种，并使用稍大或个性化的字体突出主题内容，如图13-83所示。

图13-83

● 动效要生动：网幅广告的动效对产品的可用性体验有多维度的影响。在网幅广告中，动效不仅是一种视觉装饰，还能够提升产品的参与度并扩展交流的范围。在网幅广告中，动效常以动态聚焦、示意过渡、空间转场、按钮动效化等形式展现。

13.2.2 案例分析

根据背景要求，整个案例可从案例定位、内容构思和动效设计3个方面展开。

1. 案例定位

结合案例背景，设计者可以明确本案例面向的用户为喜欢智能产品的年轻人，他们更喜欢视觉吸引力强、新颖独特的广告作品。另外，在设计中需要运用扇子元素，可采用3D展现方式，提升整个效果的立体感。

2. 内容构思

该网幅广告的主题为"智能音箱·专为年轻人打造"，根据背景和案例定位对文案、风格等进行设计。

（1）文案

根据项目背景，本案例从广告主题、产品名称和活动内容3个方面梳理文案。由于网幅广告尺寸有限，在构思文案时，广告文案应尽量简洁，且明确展示广告信息，以下为本案例的文案展示。

广告主题：

智能音箱·专为年轻人打造

产品名称：

小智音箱 新品上市

活动内容：

活动即将开始

（2）风格

本案例的风格思路如下。

① 整体风格

本案例的产品是智能音箱，面向的用户为年轻用户，因此本案例的整体风格以时尚、简约、雅致为主。

② 色彩风格

该品牌要求主色为蓝色，为了使整个色调更加统一和美观，可在蓝色的基础上，搭配明亮的黄色调作为辅助色，冷暖搭配对比强烈，再使用白色和红色作为点缀色，使整体画面灵动、时尚，色彩搭配如图13-84所示。

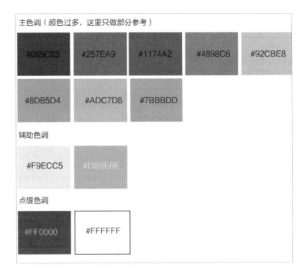

图13-84

③ 排版风格

由于该尺寸的网幅广告类似于方形，所以为了提升美观度，可采用横版Banner形式，使用户快速抓住重要信息，方便浏览。同时采用中心式排版风格，将产品放置在画面中心，使整个产品信息更加直观。

3. 动效设计

根据设计要求以及文案和风格要求，可将本案例的动效分为4个部分。

● 开屏扇子动效：扇子动效属于网幅广告的开始动效，通过扇叶的逐帧变化形成扇子展开效果，复制多个扇子动效使其形成大小不一的扇子展开动画，时尚、美观，吸引更多年轻用户继续向下浏览。

扫码看效果

● 产品展示动效：在扇子动效的展现过程中加入产品展示动效，将产品逐渐展现，更好地凸显产品。

● 广告文字动效：在产品展示过程中，文字动效的出现可以提升主题的互动性，便于用户了解广告内容。

● 闪烁动效：闪烁动效主要起着美化文字的作用。

整体动效示意图如图13-85所示。

图13-85

本例完成后的参考效果如图13-86所示。

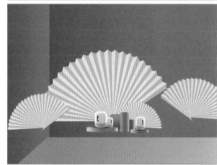

图13-86

第**13**章

广告动画实战范例

Animate CC 动画制作核心技能一本通（移动学习版）

13.2.3　绘制广告背景

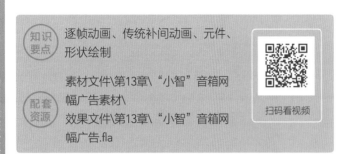

> 知识要点：逐帧动画、传统补间动画、元件、形状绘制
>
> 配套资源：素材文件\第13章\"小智"音箱网幅广告素材\
> 效果文件\第13章\"小智"音箱网幅广告.fla
>
> 扫码看视频

制作"小智"音箱网幅广告前需要先绘制广告背景，该广告背景以渐变的矩形作为设计点，不同的渐变效果使矩形更加具有立体感，具体操作如下。

1 启动Animate CC 2020，选择【文件】/【新建】命令，打开"新建文档"对话框，在右侧的"详细信息"栏中设置"宽""高"分别为"1024""768"，单击 创建 按钮。

2 选择"矩形工具" ■，绘制200像素×816像素的矩形，在其上右击，在弹出的快捷菜单中选择【变形】/【扭曲】命令，对矩形进行倾斜显示，效果如图13-87所示。

3 打开"颜色"面板，设置"颜色类型"为"线性渐变"，"渐变颜色"为"#085C83～#257EA9"，为矩形填充渐变色，效果如图13-88所示。

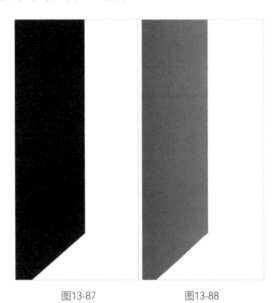

图13-87　　　　　图13-88

4 继续使用"矩形工具" ■绘制827像素×651像素的矩形，打开"颜色"面板，设置"渐变颜色"为"#085C83～#1174A2"，效果如图13-89所示。

5 使用相同的方法绘制底部矩形，并对矩形进行扭曲，使其与上方矩形的边线重合，打开"颜色"面板，设

置"渐变颜色"为"#4898C6～#92CBE8"，效果如图13-90所示。

图13-89

图13-90

13.2.4　制作扇形元件

扇子是广告中的一个重要元素，为了使扇子形成依次展现的效果，可在创建的元件中制作逐帧动画，具体操作如下。

扫码看效果

1 按【Ctrl+F8】组合键打开"创建新元件"对话框，设置"名称"为"扇子"，单击 确定 按钮，如图13-91所示。

图13-91

2 使用"钢笔工具" ■绘制扇叶正面形状，并填充"#F9ECC5"颜色，效果如图13-92所示。

图13-92

3 再次使用"钢笔工具" 绘制扇叶背面形状，并填充 "#D8BE6E"颜色，效果如图13-93所示。

图13-93

4 选择扇叶正面和背面，按【F8】键打开"转换为元件"对话框，设置"名称"为"扇叶"，单击 确定 按钮，如图13-94所示。

图13-94

5 在第2帧处按【F6】键创建关键帧，打开"库"面板，将"扇叶"元件拖曳到舞台中，使用"任意变形工具" 旋转扇叶，使其形成第2片扇叶，如图13-95所示。

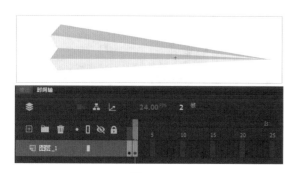

图13-95

6 在第3帧处按【F6】键创建关键帧，打开"库"面板，将"扇叶"元件拖曳到舞台中，使用"任意变形工具" 旋转扇叶，使其形成第3片扇叶，如图13-96所示。

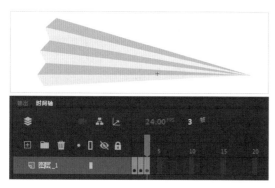

图13-96

7 使用相同的方法，按照一帧一扇叶的方式制作整个扇子，使其形成扇子打开的逐帧动画效果，如图13-97所示。

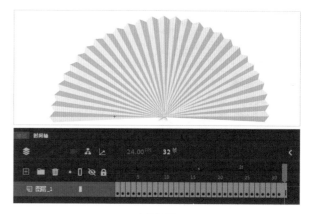

图13-97

8 返回场景，新建图层，在"库"面板中将"扇子"元件拖曳到舞台中，调整其大小和位置，然后复制多个元件并调整元件的方向，效果如图13-98所示。

9 按【Ctrl+Enter】组合键查看扇子的动画效果，如图13-99所示。

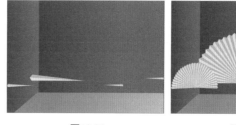

图13-98　　　　　　　　图13-99

13.2.5　制作主体部分

"小智"音箱网幅广告的主要目的是宣传产品，而主体部分是展示产品的主要位置。在制作时需要先绘制衬托产品的形状，再添加产品，以方便后期进行动画制作，具体操作如下。

扫码看效果

1 新建图层，选择"矩形工具" ，绘制272像素×285像素的矩形，打开"颜色"面板，设置"渐变颜色"为"#0D628A～#4797C5"，然后使用"渐变变形工具" 调整渐变方向，如图13-100所示。

2 使用相同的方法绘制矩形的其他面，使其形成立体效果。完成后选择所有形状，将其转换为元件，效果如图13-101所示。

3 选择"矩形工具" ，设置"矩形边角半径"为"5"，绘制200像素×400像素的矩形，打开"颜色"面板，设置"渐变颜色"为"#8DB5D4～#0D6289～#0F648D～#ADC7D8"，使用"渐变变形工具" 调整渐变方向，然后将其转换为元件，如图13-102所示。

图13-100

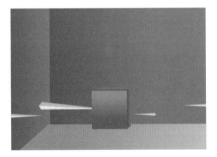

图13-101

图13-102

4 复制圆柱，然后使用"任意变形工具" 缩小元件，并按【Ctrl+↓】组合键将元件移动到圆柱后面，如图13-103所示。

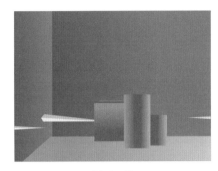

图13-103

5 选择"矩形工具" ，设置"矩形边角半径"为"5"，绘制650像素×100像素的矩形，打开"颜色"面板，设置"渐变颜色"为"#7BBBDD～#0D6289～#136A92～#89C4E3"，使用"渐变变形工具" 调整渐变方向，并使用"选择工具" 调整矩形的下方，使其形成圆弧效果，如图13-104所示。

图13-104

6 选择"椭圆工具" ，绘制椭圆，打开"颜色"面板，设置"颜色类型"为"径向渐变"，"渐变颜色"为"#7BBBDD～#0D6289～#136A92～#89C4E3"，使用"渐变变形工具" 调整渐变方向，然后同时选择椭圆和矩形，将它们创建为元件，效果如图13-105所示。

7 复制立体圆柱体，然后选择"任意变形工具" ，缩小立体圆柱体元件，将元件移动到圆柱前面，分别调整各个形状的位置，效果如图13-106所示。

8 由于整个形状的色调显得昏暗，所以可依次对形状的颜色进行调整。这里选择最里侧的圆柱，在"属性"面板的"滤镜"栏中单击"添加滤镜"按钮 ，在打开的下拉列表框中选择"调整颜色"选项，打开"调整颜色"面板，设置"亮度"为"-12"，"对比度"为"23"，"色相"为"6"，如图13-107所示。

图13-105　　　　　　　　图13-106

图13-107

9 选择外侧的圆柱，在"属性"面板的"滤镜"栏中单击"添加滤镜"按钮■，在打开的下拉列表框中选择"调整颜色"选项，打开"调整颜色"面板，设置"亮度"为"3"，"对比度"为"12"，"饱和度"为"4"，如图13-108所示。

图13-108

10 选择右侧的圆柱体，在"属性"面板的"滤镜"栏中单击"添加滤镜"按钮■，在打开的下拉列表框中选择"调整颜色"选项，打开"调整颜色"面板，设置"亮度"为"3"，"对比度"为"23"，"色相"为"9"，如图13-109所示。

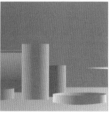

图13-109

11 选择左侧的圆柱体，在"属性"面板的"滤镜"栏中单击"添加滤镜"按钮■，在打开的下拉列表框中选择"调整颜色"选项，打开"调整颜色"面板，设置"亮度"为"3"，"对比度"为"27"，如图13-110所示。

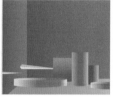

图13-110

12 新建图层，将"'小智'音箱1.png""'小智'音箱2.png"素材文件拖曳到舞台中，调整它们的大小和位置并将其转换为元件，效果如图13-111所示。

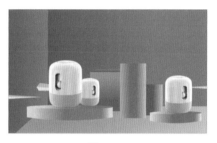

图13-111

13 新建图层，将其移动到"图层_4"的下方，在场景的空白处使用"椭圆工具"◎绘制椭圆，打开"颜色"面板，设置"渐变颜色"为"#000000～#1869A4～透明"，使用"渐变变形工具"■调整渐变方向，使其形成投影效果，如图13-112所示。

图13-112

14 分别将投影复制到音响的下方，调整投影的大小和位置，形成由深到浅的投影效果，如图13-113所示。

15 同时选择形状、音响、投影所在图层，在其上右击，在弹出的快捷菜单中选择"合并图层"

第13章　广告动画实战范例

命令，将其合并为一个图层，方便后期进行动画制作，完成后将合并后的图层命名为"主体部分"，如图13-114所示。

图13-113

图13-114

13.2.6 制作广告文字部分

文字能很好地展现产品信息，方便用户了解广告中的产品内容。制作广告文字部分的具体操作如下。

扫码看效果

1 新建图层，选择"矩形工具"■，在"属性"面板中设置"填充"为"#6CAACE"，"笔触"为"#FFFFFF"，"笔触大小"为"4"，在中间区域绘制947像素×337像素的矩形，效果如图13-115所示。

图13-115

2 在矩形的中间绘制893.5像素×287.65像素的矩形，并设置"渐变颜色"为"#7BBBDD～257EA9"，效果如

图13-116所示。

图13-116

3 选择"文本工具"■，设置"字体"为"方正兰亭黑简体"，"填充"为"#FFFFFF"，在矩形框中输入"智能音箱·专为年轻人打造"文字，调整文字的大小和位置，效果如图13-117所示。

图13-117

4 再次选择"文本工具"■，设置"填充"分别为"#FFFFFF""#FF0000"，在矩形框中输入"新品上市 小智音箱"文字，调整文字的大小和位置，效果如图13-118所示。

图13-118

5 选择"矩形工具"■，绘制450像素×60像素的矩形，打开"颜色"面板，设置"颜色类型"为"线性渐变"，"渐变颜色"为"#FFCC66～#FFFFCC～#FFCC66"，使用"渐变变形工具"■调整渐变方向，并按【Ctrl+↓】组合键将矩形移动到文字下方，如图13-119所示。

图13-119

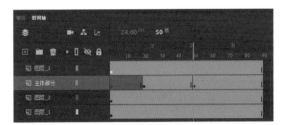

图13-121

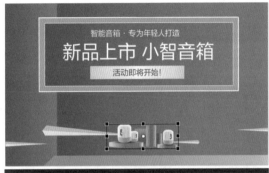

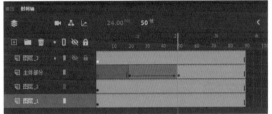

图13-122

6　选择所有文本和文本下的矩形，将其转换为元件，完成整个场景的制作，如图13-120所示。

图13-120

13.2.7 制作广告动效

整个广告动效分为3个部分：扇子的展开动画、图形的缩小放大动画、文字从浅到深动画。由于扇子动画已在元件中完成制作，因此这里只需制作图形和文字动画，具体操作如下。

扫码看效果

1　在所有图层的第90帧处按【F5】键插入帧，选择"主体部分"图层的第1帧，按住鼠标左键拖曳到第20帧，然后在第50帧处按【F6】键插入关键帧，如图13-121所示。

2　选择第20帧中主体部分的形状，使用"任意变形工具" 缩小形状，并创建补间动画，如图13-122所示。

3　在"属性"面板中单击"编辑缓动"按钮，打开"自定义缓动"对话框，拖曳中间的调整线调整缓动值，使整个动画播放更加自然，然后单击 保存并应用 按钮应用缓动，如图13-123所示。

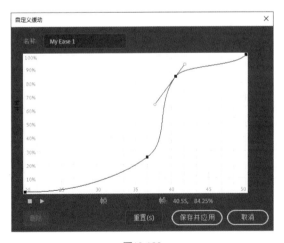

图13-123

4　选择"图层_3"的第1帧，按住鼠标左键拖曳到第30帧，然后在第40帧处按【F6】键插入关键帧，如图13-124所示。

5 选择第30帧，在"属性"面板的"色彩效果"栏中选择"Alpha"选项，设置"Alpha"为"5%"，如图13-125所示。

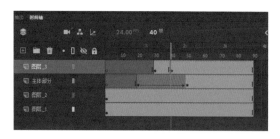

图13-124

图13-125

6 选择第40帧，在"属性"面板的"色彩效果"栏中选择"Alpha"选项，设置"Alpha"为"40%"，如图13-126所示。

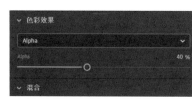 

图13-126

7 选择第50帧，按【F6】键插入关键帧，在"属性"面板的"色彩效果"栏中选择"Alpha"选项，设置"Alpha"为"70%"，如图13-127所示。

图13-127

8 选择第60帧，按【F6】键插入关键帧，在"属性"面板的"色彩效果"栏中选择"Alpha"选项，设置"Alpha"为"100%"，如图13-128所示。

9 按【Ctrl+F8】组合键打开"创建新元件"对话框，设置"名称"为"星光"，"类型"为"图形"，单击

按钮，如图13-129所示。

图13-128

图13-129

10 将"星光.png"素材文件拖曳到舞台中，调整其大小和位置并将其转换为元件，如图13-130所示。

11 缩小"星光"元件，在第2帧处按【F6】键插入关键帧，并放大元件，然后在第3帧处按【F6】键插入关键帧，并缩小元件。使用相同的方法，依次在第4~6帧插入关键帧，并缩放元件，如图13-131所示。

图13-130　　　　　　　　图13-131

12 返回场景，新建图层，在第60帧处按【F6】键插入关键帧，然后将"星光"元件拖曳到舞台中，调整其大小和位置。

13 完成后按【Ctrl+S】组合键保存文件，按【Ctrl+Enter】组合键查看整个广告效果，如图13-132所示。

图13-132

13.3　H5广告——爱利箱包H5广告

H5广告凭借其丰富多样的形式、强大的互动性和良好的视听效果得到用户的快速认可，越来越多的行业选择使用H5广告来进行产品与品牌的宣传和推广，以提高用户关注度。爱利是一家集研发、生产、营销、物流于一体的箱包企业，产品线涵盖拉杆箱、背包、女包、户外背包、旅行周边等百余种品类，提供全方位的生活旅行解决方案，能满足大众多样化的出行需求。根据该品牌的实际情况及产品特点，要求制作尺寸为640像素×1150像素的H5广告动画，需要在该广告中展现品牌潮流、个性的特点，能够吸引用户接受、尝试产品，并产生情感共鸣，提高产品忠诚度。在设计上要以水彩插画风格为主，使广告充满活力，并具有生动的表现力和独特的艺术魅力。

13.3.1　行业知识

在移动互联网时代，H5是一种全新的信息链接与展现方式，受到了用户的广泛关注。

1．H5广告的特点

H5是HTML5的缩写，而HTML5是第5代超文本标记语言（Hyper Text Markup Language）的简称。浏览器通过解码HTML，可以显示网页内容，使用户看到H5广告的设计内容。大多数H5广告都具有跨平台性和本地储存性。

● 跨平台性：H5广告能兼容PC、Mac、iOS和Android等几乎所有的电子设备平台，可以轻松将推广内容植入各种不同的开发、应用平台上，具有很好的跨平台性和兼容性。H5广告的这种特性不但可以降低开发与运营成本，还能使产品和品牌获得更多展现机会。

● 本地储存性：H5广告具有本地储存性，用户只需要扫描H5二维码，就可以查看H5广告的内容。H5广告拥有更短的启动时间和更快的联网速度，而且无须下载，不占用储存空间，适合手机等移动电子产品。

生活中常用的H5一词并不是指HTML5本身，而是指运用HTML5制作的H5页面效果。通过HTML5能够独立完成视频、音频、画面的制作，制作出来的广告不仅有较好的视听效果，也因灵活性高、开发成本低、制作周期短、可操作性与互动性强、展现方式多样、表现形式丰富等特性成为当下网络广告的良好选择。

2．H5广告的类型

经过近几年的发展，H5广告的潜力被逐渐发掘。为了使H5广告获得更多关注，设计者也在不断创新H5广告的内容设计。当前H5广告主要有以下4种。

● 活动运营型H5广告：活动运营型H5广告是通过文字、画面和音乐等方式为用户营造活动场景，从而达到营销目的。活动运营型H5广告包括游戏、节日营销、测试题等多种形式。如今的活动运营型H5广告需要有更强的互动性和更高质量、更具话题性的内容来促使用户分享传播。图13-133所示为"国航的新春"H5页面，在设计上，该页面通过儿时过节记忆和如今过节烦恼的对比，体现团圆的重要性，并通过文字"国航祝您新春阖家团圆"，达到借新春祝福宣传国航的目的。

图13-133

● 品牌宣传型H5广告：品牌宣传型H5广告等同于品牌的小型官网，广告内容更倾向于塑造品牌形象，向用户传达品牌的精神态度。在设计上需要运用符合品牌形象的视觉语言，让用户对品牌留下深刻印象。图13-134所示为腾讯云"十年筑梦 伴你同行"H5广告，该广告通过展现腾讯云品牌

10年的发展历程进行品牌宣传。

图13-134

● 产品推广型H5广告：产品推广型H5广告主要展现产品信息，包括产品的功能、作用、类型等信息。在设计时，设计者可在H5广告页面中运用交互技术来展示产品特性，吸引用户购买。图13-135所示为"享域：享域出游季"H5广告，该广告通过小故事的方式讲解产品特点，帮助用户快速了解产品优势。

图13-135

● 总结报告型H5广告：总结报告型H5广告主要是总结企业的产品、业绩、经验教训等内容。这种H5广告的页面就像是PPT，本身不具备互动性，但是为了视觉美观，也可以添加动态的切换展示效果，让整体页面更具动感。图13-136所示为"网易新闻 长安汽车：2020健康自检报告"H5页面，该页面采用问答的方式，当问答结束后，需要输入用户名字，然后以图像与文字相结合的方式将报告内容体现出来。

图13-136

3．H5广告的主要动效类型

根据H5广告使用场景、内容的不同，可将H5广告的动效分为内页动效、转场动效、内容动效、辅助动效、功能动效5种。

（1）内页动效

在H5广告中，内页动效常用于依次展现广告的内容，使整体更具动感和趣味。常见的内页动效有淡入淡出、放大、飞入飞出、旋转等。

（2）转场动效

在H5广告中，转场动效常用于内容的承上启下、场景的过渡或空间转换，能让内容过渡更加自然、用户体验更加流畅。常见的转场动效有上移转场、下移转场、左移转场、右移转场、放大缩小转场、立体翻转、旋转转场等。

（3）内容动效

内容动效即通过动效来表现具体内容的一种动效类型。该类动效具有面积大、持续时间长等特点，常用于以视觉体验为主的H5广告。但需要注意的是，该类动效的专业跨度较大，为了让动效内容更具展现性，往往由一些专业能力较强的人员来制作。

根据交互的类型还可将内容动效分为无交互内容动效和有交互内容动效两种。

● 无交互内容动效：无交互内容动效是指以动画或视频的形式，将动效置入H5广告中，使其按照制作的特效播放。

● 有交互内容动效：有交互内容动效是指在无交互内容动效的基础上加入交互的按钮或动作，让用户的操作与H5动效产生关联，以增强H5的互动性。

（4）辅助动效

辅助动效在H5广告中所占面积较小，具有持续时间短、渲染力强、增强细节的作用。辅助动效能增强广告细节的表现力，提升整个广告效果的趣味性。常见的辅助动效有声效按钮、闪烁动效、光芒动效、滚动动效、Loading动效等。

（5）功能动效

功能动效常用于测试类H5广告中，起着内容引导和提示作用，具有持续时间短、展示面积小、动效强度低的特点。常见的功能动效有提示翻页、单击按钮、选中某选项、分享位置、点击进入等。

4. H5广告的创意形式

交互往往是H5广告页面中某一个部分的展现，要让整个H5页面效果吸引用户的眼球，还需要有创意的动态效果。

● 快闪：快闪是一种在短时间内快速闪过大量文字或图片信息的表现形式。快闪作为一种新颖、前卫的创意形式，非常符合年轻人的需求，也可以用于H5广告中。设计者可在快闪后直接插入活动内容或产品介绍，有效提高用户转化率。图13-137所示为凯迪拉克快闪H5广告，该广告通过快速闪烁的广告信息和松弛有度的节奏感，创造出强烈的视觉冲击效果，也传达出"开车就像快进"的产品卖点。

图13-137

● 一镜到底：一镜到底是一种专业的视频拍摄手法，是指视频看上去没有经过剪辑，没有镜头切换，一个镜头从头到尾完整记录整个事件的发生过程。这种形式也常用于H5广告中。通过一幅长图或一个长镜头将所需表述的场景和交互铺陈开来，流畅展现广告内容。图13-138所示为相宜本草"20周年经典重温"H5广告，该广告以一镜到底的创意形式讲述了相宜本草蚕丝面膜原料的由来，通过完整的故事情节促使用户记住该品牌的产品。

● 3D：3D创意形式在H5广告中也较为常见，是指在H5广告中搭建虚拟的3D模型，使用户身临其境地融入广告中，具有十足的视觉冲击力。图13-139所示为"小米10梦幻之作"H5广告，该广告将小米10放入一个3D构建的"太空舱"中，滑动屏幕可以看到"太空舱"中手机的各个角度，供用户欣赏和了解产品信息。

图13-138

图13-139

● 多屏互动：多屏互动是指用户在多个屏幕上体验活动，其操作会同时反映到其他屏幕上，一般以双屏互动为主。在H5广告中使用多屏互动不但能实现手机、平板电脑、电视之间的互动，还能帮助企业打造出互动性强的H5广告页面效果。图13-140所示为中国平安"传递炬能量，接力不凡"H5广告。在该广告中，用户通过两个手机之间的配合，使火炬从一个手机传递到另一个手机，具有较强的趣味性。

图13-140

● 游戏互动：游戏互动是一种常见的H5广告创意形式，通过游戏的形式与用户互动，同时宣传品牌与产品。随着H5广告的大规模应用，游戏互动的创意形式走进了大众的视野，其满足了用户利用碎片化时间玩游戏的需求，因此受到越来越多用户的欢迎。图13-141所示为"八达岭奥莱2020周年庆"H5广告，该广告通过轻松有趣的小游戏让用户对该企业产生好感，过关的用户还可登录八达岭奥莱会员抽奖，不仅预热了中秋节的节日气氛，还很好地宣传了品牌。

图13-141

13.3.2 案例分析

根据背景要求，整个案例可从设计构思、动效设计两个方面展开。

1. 设计构思

制作该H5广告可从主题方案、文案、风格出发。

（1）主题方案

根据背景要求，本案例的广告产品为箱包，由箱包可以联想到旅行，但旅行无法充分表达爱利箱包"奇幻、劲潮"的产品特征。因此，本案例选择加入比较奇幻的元素，如小孩、小狐狸和旅行箱一起流浪世界。根据设计要求，本案例需设计8张H5广告页面。

● H5广告封面：封面1张，主要内容为广告的主人公——小孩带着小狐狸一起流浪世界的旅行探索日记，趁着年轻去旅行、去探索。

● H5广告内页：内页5张，可选择著名旅游景点的照片作为背景。本案例选择了内蒙古、西安、北京、成都、三亚等5个城市的景点。

● H5广告尾页：尾页2张，第1张作为小孩的旅行总结，第2张围绕广告主题和产品定位展现品牌形象。

由于H5广告是一个完整的页面，所以为了操作方便，

可对每个页面采用元件的方式进行设计。

（2）文案

根据主题方案，可以从H5广告的不同页面来梳理文案，文案不仅要展现广告主题，还要展现每个城市不同的特色。图13-142所示为文案示例。

图13-142

（3）风格

根据主题方案和文案，该H5广告的风格设计思路如下。

① 整体风格

根据主题方案，本案例中的箱包产品需要展现出潮流、个性的特点，以满足年轻人的个性化需求。因为案例整体为水彩插画风格，所以在展现上可采用多张插画的切换来提升美观度。

② 排版风格

由于本案例的H5广告为竖版形式，因此所有页面均采用上下式的排版风格，将文案置于页面上方，便于用户观看。

2. 动效设计

根据设计要求以及文案和风格要求，本案例可按照不同的页面进行动效设计，然后通过动效的组合形成动画效果。

● 首页动效：首页动效主要起着吸引用户继续浏览的作用。旋转的星球、行走的人物、逐渐展现的文字，不但有趣味性，还迎合了年轻人的审美需求。

● 内页动效：首页跳转后将进入内页，不同的场景展现可提升整个动效的整体性。

● 尾页动效：尾页主要是对广告内容的总结，其动效主要是对结束语的展现，要做到简单易于识别。

整体动效示意图如图13-143所示。

学习笔记

文字动效
采用竖排的方式
文字依次出现形成动画
主要动画为传统补间动画

人物行走动效
采用骨骼动画使人物产生行走效果

月球动效
采用逐帧动画的方法
切换月球图片形成动画

背景

H5广告封面动效

文字动效
采用竖排的方式
文字依次出现形成动画
主要动画为传统补间动画

热气球飞行动效
采用传统补间动画的方式
使热气球形成飞行效果

背景

H5广告内页1动效

文字动效
采用竖排的方式
文字依次出现形成动画
主要动画为传统补间动画

流星飞行动效
使用传统补间动画制作
流星飞行动画

背景

H5广告内页2动效

文字动效
采用竖排的方式
文字依次出现形成动画
主要动画为传统补间动画

飞机飞行动效
使用引导动画制作
飞机飞行动画

背景

H5广告内页3动效

文字动效
采用竖排的方式
文字依次出现形成动画
主要动画为传统补间动画

背景

H5广告内页4动效

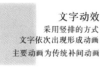

文字动效
采用竖排的方式
文字依次出现形成动画
主要动画为传统补间动画

船行使动效
使用传统补间动画制作
船行使动画

背景

H5广告内页5动效

文字动效
采用竖排的方式
文字依次出现形成动画
主要动画为传统补间动画

背景

H5广告尾页1动效

图13-143

3. 音效

在设计的结尾，为了提升H5广告的识别度，还可添加音效。音效可选择较为欢快的音

扫码看效果

乐，提升整个H5广告的整体性。

本例完成后的参考效果如图13-144所示。

图13-144

第13章 广告动画实战范例

273

图13-144（续）

随着H5广告的不断发展，应用技术也不断提高，这些技术增强了H5广告的创意性和互动性，也提升了设计人员的专业性和设计素养。

◎ **物理引擎技术**：物理引擎技术是一种仿真程序技术，可创建一种虚拟环境，并在环境中集中物理世界的规律。在这个虚拟的环境中，除了物体的相互作用（如运动、旋转和碰撞）外，还包括施加到物体上的力（如重力）。H5中的物理引擎技术主要用于H5游戏开发，在编辑器中创建虚拟世界，使H5游戏形成流畅的动画，从而打造真实的重力和运动效果。

◎ **重力感应技术**：重力感应技术原是指对地球重力方向的感知，H5广告中的重力感应是指使用手机的传感器，感受在变换手机握持姿势时的重心变化，从而使H5广告中的内容随着重心的变化而变化。该技术能增强用户的互动感和体验感，常用于赛车游戏H5广告中。

◎ **人脸识别技术**：人脸识别技术可将人脸图像输入识别系统中，计算机根据人物的脸部特征进行人脸识别。用户只需打开手机摄像头就可以直接获取人脸图像，操作方便快捷。人脸识别技术常用于美妆、高科技产品宣传等H5广告中。

◎ **720度全景技术**：720度全景技术又被称为3D实景技术。在H5广告中运用720度全景技术可将H5页面打造成三维立体空间，让用户产生置身其中的感觉。720度全景技术常用于旅游景点展示、酒店展示、全景展示、空间展示、虚拟场景展示、公司宣传、汽车三维展示等场景。

设计素养

13.3.3 制作H5广告封面元件

知识要点	骨骼动画、传统补间动画、引导动画、逐帧动画、绘制形状、文字输入
配套资源	效果文件\第13章\H5广告音频.mp3、H5广告封面素材\、H5广告内页素材\、H5广告尾页\ 效果文件\第13章\爱利箱包H5广告.fla

扫码看视频

H5广告封面属于H5广告的第一个页面，为了便于后期对各个页面进行串联，可将该页面制作成元件，具体操作如下。

1 启动Animate CC 2020，选择【文件】/【新建】命令，打开"新建文档"对话框，在右侧的"详细信息"栏中设置"宽""高"分别为"640""1150"，单击 创建 按钮。

2 按【Ctrl+F8】组合键打开"创建新元件"对话框，在"名称"文本框中输入"人物形象"，在"类型"下拉列表框中选择"影片剪辑"选项，单击 确定 按钮，如图13-145所示。制作该元件主要是便于对人物的各个部件进行绘制。

图13-145

3 选择"铅笔工具" ，设置"笔触"为"#000000"，"笔触大小"为"0.1"，在舞台中绘制人物脑袋部分，效果如图13-146所示。

4 选择"颜料桶工具" ，设置"填充"为"#FFE5DC"，为人物形象填充颜色，效果如图13-147所示。

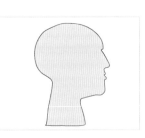

图13-146   图13-147

5 再次选择"铅笔工具" ，绘制人物头发部分，效果如图13-148所示。

6 为了使头发和脑袋更加贴合，可选择绘制的头发，打开"属性"面板，单击"扩展以填充"按钮，如图13-149所示。

图13-148 　　　　　　　图13-149

7 打开"颜色"面板，为头发填充"#000000"颜色，并删除轮廓线，如图13-150所示。

8 使用"画笔工具" 绘制人物的眉毛、眼睛和鼻子等，绘制时可不停更换画笔样式来调整整个效果，完成后选择整个头部将其转化为元件，效果如图13-151所示。

9 使用"铅笔工具" 在空白区域绘制左臂，并填充"#067490"颜色，然后将其转换为元件，效果如图13-152所示。

图13-150 　　　图13-151 　　　图13-152

10 再次使用"铅笔工具" 在空白区域绘制身体部分，并填充"#067490"颜色，然后将其转换为元件，效果如图13-153所示。

11 使用相同的方法绘制人物的其他部分，并分别填充"#7A4800""#644371""#FFE5DB"颜色，然后分别转换为元件，经过简单组装的人物效果如图13-154所示。

12 返回场景，按【Ctrl+F8】组合键打开"创建新元件"对话框，在"名称"文本框中输入"H5广告封面"，在"类型"下拉列表框中选择"影片剪辑"选项，单击 确定 按钮。

图13-153 　　　　　　图13-154

13 由于各个页面是以元件的形式进行后期展现的，因此在制作该页面时，可先选择"矩形工具" ，绘制640像素×1150像素的矩形，并设置"填充"为"#FFFFFF"，"笔触"为"#000000"，"笔触大小"为"1"，然后锁定该图层避免其移动。

14 选择【文件】/【导入】/【导入到库】命令，打开"导入到库"对话框，选择"H5广告封面素材"文件夹中的所有素材，单击 打开(O) 按钮，如图13-155所示。

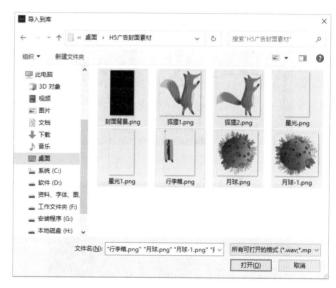

图13-155

15 新建图层，打开"库"面板，将"封面背景.png"拖曳到舞台中，使其与矩形重合，然后锁定图层，效果如图13-156所示。

16 再次新建3个图层，分别将"星光.png、月球.png、狐狸1.png、行李箱.png"素材拖曳到对应图层中，分别转换为元件，效果如图13-157所示。

17 新建图层，将人物相关元件拖曳到舞台中，调整其大小和位置，组装出人物形象，效果如图13-158所示。

18 选择"骨骼工具" ，将鼠标指针移动至人物的头部，然后按住鼠标左键不放向躯干拖曳，创建第一条骨骼，如图13-159所示。

19 继续使用"骨骼工具" ，从躯干出发，依次连接左右手，然后连接腿和脚，完成骨骼的创建，如图13-160所示。

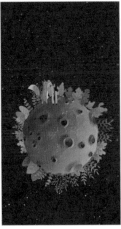

图13-156　　　　　　　图13-157

图13-158

图13-159

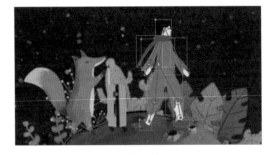

图13-160

20 在所有图层的第40帧处按【F5】键插入帧。将播放标记拖曳到第10帧，使用"选择工具" 分别选择人物的手和脚，使其形成行走效果，如图13-161所示。

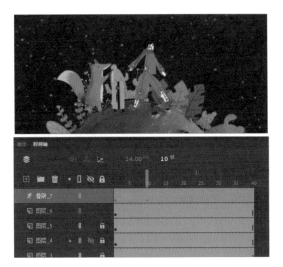

图13-161

21 将播放标记拖曳到第20帧，使用"选择工具" 再次选择人物的手、腰、脚，并分别移动，使其形成下一步行走效果，如图13-162所示。

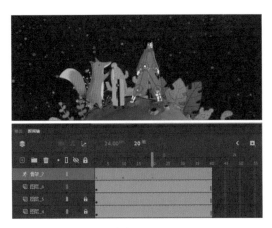

图13-162

22 使用相同的方法在第30帧和第40帧，使用"选择工具" 选择人物的手、脚、头，并分别移动，使其形成动作展示效果，如图13-163所示。

23 将"图层_6"移动到"骨架_7"图层上，解除"图层_5"的锁定，在其第10帧处按【F6】键插入关键帧，然后删除小狐狸，将"狐狸2.png"移动到原狐狸的位置，并转换为元件，如图13-164所示。

24 在第20帧处按【F6】键插入关键帧，然后删除小狐狸，将"狐狸1.png"对应的元件移动到原

狐狸的位置。使用相同的方法分别在第30帧和第40帧处插入关键帧，并分别添加狐狸元件，形成行走动画，如图13-165所示。

25 解除"图层_4"的锁定，在其第10帧处按【F6】键插入关键帧，然后删除月球，将"月球-1.png"移动到原月球的位置，并转换为元件，效果如图13-166所示。

图13-163

图13-164

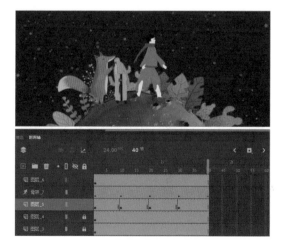

图13-165

26 在第20帧处按【F6】键插入关键帧，然后删除月球，将"月球1.png"对应的元件移动到原月球的位置。使用相同的方法分别在第30帧和第40帧处插入关键帧，并分别添加月球元件，使其形成转换动画，然后创建传统补间动画，如图13-167所示。

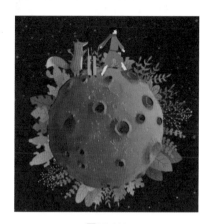

图13-166

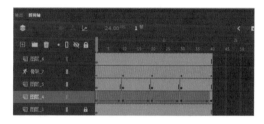

图13-167

27 使用相同的方法，解除"图层_3"的锁定，并在其第10帧处按【F6】键插入关键帧，删除原星光，然后添加"星光1.png"素材。使用相同的方法，在第20、第30和第40帧处插入关键帧，并分别应用星光效果，使其形成闪烁星光，如图13-168所示。

图13-168

28 新建图层，选择"文本工具" T，在"属性"面板中设置"字体"为"方正喵呜体"、"大小"为"39"、"填充"为"#FFFFFF"，然后在舞台的上方输入"我带着你"文字，如图13-169所示。

图13-169

29 在第10帧处按【F6】键插入关键帧，使用"文本工具" T输入"你带上行李箱"文字，效果如图13-170所示。

30 在第20帧处按【F6】键插入关键帧，使用"文本工具" T输入"咱们一起出发"文字。然后在第30帧处按【F6】键插入关键帧，使用"文本工具" T输入"浏览世界各地"文字，完成H5广告封面的制作，效果如图13-171所示。

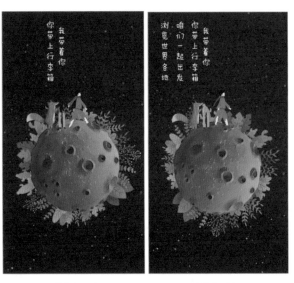

图13-170　　　　　图13-171

31 为了使人物运动效果更加自然，在"骨架_7"图层上选择第10帧，然后在"属性"面板的"缓动"栏中设置"强度"为"100"，如图13-172所示。

32 使用相同的方法，在"骨架_7"图层上依次选择第20、第30和第40帧，然后在"属性"面板的"缓动"栏中设置"强度"为"100"。

33 为了使球体运动效果更加自然，在"图层_4"上选择第1帧，在"属性"面板的"补间"栏中

设置"缓动强度"为"-100"，然后选择第39帧，在"属性"面板的"补间"栏中设置"缓动强度"为"100"，如图13-173所示。

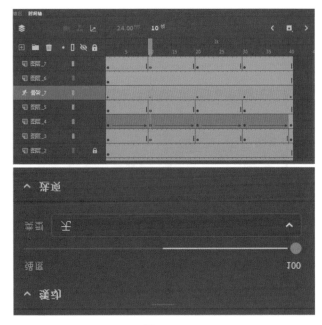

图13-172

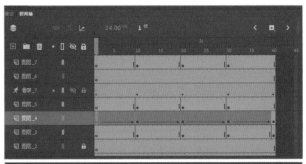

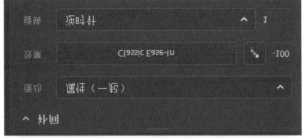

图13-173

13.3.4 制作H5广告内页元件

H5广告内页分为5个部分，分别对应内蒙古、西安、北京、成都、三亚，每个部分对应一个元件。制作H5广告内页元件的具体操作如下。

扫码看效果

1 按【Ctrl+F8】组合键打开"创建新元件"对话框，在"名称"文本框中输入"H5广告内页1"，在"类型"下拉列表框中选择"影片剪辑"选项，单击 确定 按钮。

2 选择"矩形工具" ，绘制640像素×1150像素的矩形，并设置"填充"为"#FFFFFF"，"笔触"为"#000000"，"笔触大小"为"1"，然后锁定该图层避免其移动。

3 选择【文件】/【导入】/【导入到库】命令，打开"导入到库"对话框，选择"H5广告内页素材"文件夹中的所有素材，单击 打开(O) 按钮。

4 新建图层，打开"库"面板，将"内页素材 (11).png"拖曳到舞台中，使其与矩形重合，锁定图层。

5 新建图层，分别将"内页素材 (1).png～内页素材 (9).png"拖曳到对应图层中，并分散到舞台中，分别将素材转换为元件，然后选择所有图层的第30帧，按【F5】键插入帧，效果如图13-174所示。

6 在"内页素材__9__png"图层的第5帧处按【F6】键插入关键帧，然后选择第1帧，并将图13-175中所标记的元件拖曳到下方空白区域，然后创建传统补间动画。

图13-174　　　　　　图13-175

7 在"内页素材__8__png"图层的第7帧处按【F6】键插入关键帧，然后选择第1帧，并将图13-176中所标记的元件拖曳到下方区域，然后创建传统补间动画。

8 在"内页素材__7__png"图层的第10帧处按【F6】键插入关键帧，然后选择第1帧，并将图13-177中所标记的元件拖曳到下方区域，然后创建传统补间动画。

图13-176　　　　　　图13-177

9 使用相同的方法，分别为其他热气球图层创建传统补间动画，注意不同热气球对应的帧要呈阶梯状出现，这样的动画更具动感，且效果美观，如图13-178所示。

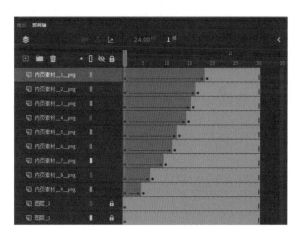

图13-178

10 新建图层，在第10帧处按【F6】键插入关键帧，选择"文本工具" ，在"属性"面板中设置"字体"为"方正喵呜体"，"大小"为"35"，"填充"为"#6D6D6D"，然后在舞台的上方输入"想带你去辽阔的内蒙古"文字，如图13-179所示。

11 在第18帧处按【F6】键插入关键帧，使用"文本工具" 输入"在内蒙古乘热气球"文字，效果如图13-180所示。

12 在第25帧处按【F6】键插入关键帧，使用"文本工具" ⊤ 输入"看漫天热气球在万里晴空中升起"文字，完成H5广告内页1的制作，效果如图13-181所示。

图13-179

图13-180　　　　　　　图13-181

13 按【Ctrl+F8】组合键打开"创建新元件"对话框，在"名称"文本框中输入"H5广告内页2"，在"类型"下拉列表框中选择"影片剪辑"选项，单击 确定 按钮。

14 使用与前面相同的方法，选择"矩形工具" ■，绘制640像素×1150像素的矩形，然后锁定该图层避免其移动。

15 新建2个图层，将"内页素材 (12).png""内页素材 (13).png"素材拖曳到对应图层中，并将素材转换为元件，然后选择所有图层的第20帧，按【F5】键插入帧，效果如图13-182所示。

16 选择"图层_3"，在第15帧处按【F6】键插入关键帧，选择元件将其移动到左侧舞台的外侧，创建传统补间动画，效果如图13-183所示。

17 新建图层，选择"文本工具" ⊤，在"属性"面板中设置"字体"为"方正喵喵体"，"大小"

为"35"，"填充"为"#FFFFFF"，然后在舞台的上方输入"想带你去庄严肃穆的西安"文字，效果如图13-184所示。

18 在第6帧处按【F6】键插入关键帧，使用"文本工具" ⊤ 输入"在古城上眺望"文字。在第12帧处按【F6】键插入关键帧，使用"文本工具" ⊤ 输入"缅怀历史回味曾经辉煌"文字，完成H5广告内页2的制作，效果如图13-185所示。

图13-182　　　　　　　图13-183

图13-184　　　　　　　图13-185

19 按【Ctrl+F8】组合键打开"创建新元件"对话框，在"名称"文本框中输入"H5广告内页3"，在"类型"下拉列表框中选择"影片剪辑"选项，单击 确定 按钮。

20 使用与前面相同的方法，选择"矩形工具" ■，绘制640像素×1150像素的矩形，然后锁定该图层避免其移动。

21 新建2个图层，将"内页素材 (14).png""内页素材 (15).png"素材拖曳到对应图层中，并将素材

转换为元件，然后选择所有图层的第20帧，按【F5】键插入帧，如图13-186所示。

22 在"图层_3"上右击，在弹出的快捷菜单中选择"添加传统运动引导层"命令，为图层添加引导层。

23 选择"引导层: 图层_3"，选择"铅笔工具" ✐，在舞台中绘制引导路径，如图13-187所示。

图13-186　　　　　　　图13-187

24 选择飞机元件，将其拖曳到路径的一端，使其与端点重合，如图13-188所示。

25 在"图层_3"的第20帧处按【F6】键插入关键帧，然后将飞机元件拖曳到路径的另一端，创建传统补间动画，如图13-189所示。

 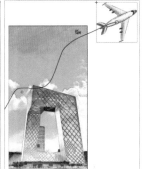

图13-188　　　　　　　图13-189

26 新建图层，在第5帧处按【F6】键插入关键帧，选择"文本工具" T，在"属性"面板中设置"字体"为"方正喵喵体"，"大小"为"35"，"填充"为"#0D3597"，然后在舞台的上方输入"想带你去繁华的北京"文字，如图13-190所示。

27 在第10帧处按【F6】键插入关键帧，使用"文本工具" T输入"在天安门城楼下合影留念"文字。在第15帧处按【F6】键插入关键帧，使用"文本工具" T输入"记录这座古老城市崛起的痕迹"文字，完成H5广告内页3的制作，如图13-191所示。

图13-190　　　　　　　图13-191

28 创建"H5广告内页4"元件，使用与前面相同的方法绘制矩形。

29 新建2个图层，将"内页素材 (16).png"素材拖曳到对应图层中，并将素材转换为元件，然后选择所有图层的第20帧，按【F5】键插入帧，效果如图13-192所示。

30 新建图层，使用与前面相同的方法，在第5、第10、第15、第20帧处插入关键帧，然后使用"文本工具" T在对应的帧中输入图13-193所示文字，完成H5广告内页4的制作。

31 创建"H5广告内页5"元件，使用与前面相同的方法绘制矩形。

图13-192　　　　　　　图13-193

281

32 新建2个图层，将"内页素材 (18).png""内页素材 (19).png"素材拖曳到对应图层中，并将素材转换为元件，然后选择所有图层的第20帧，按【F5】键插入帧，如图13-194所示。

33 选择"图层_3"的第20帧，按【F6】键插入关键帧，然后将船元件拖曳到图像的左侧，并创建传统补间动画，如图13-195所示。

图13-194 图13-195

34 新建图层，使用与前面相同的方法，在第1、第5、第10、第15帧处插入关键帧，然后使用"文本工具" T，在对应的帧中输入图13-196所示文字，完成H5广告内页5的制作。

图13-196

13.3.5 制作H5广告尾页元件

H5广告尾页分为两个部分：第一部分是对旅游的情感总结，第二部分是对箱包的广告宣传。制作H5广告尾页元件的具体操作如下。

1 创建"H5广告尾页1"元件，使用与前面相同的方法绘制矩形。

2 选择【文件】/【导入】/【导入到库】命令，打开"导入到库"对话框，选择"H5广告尾页素材"文件夹中的所有素材，单击 打开(O) 按钮。

3 新建6个图层，分别将"封面背景.png、星光.png、草坪.png、草.png、流星.png、人物形象.png"素材拖曳到对应图层中，并将"流星"素材转换为元件，效果如图13-197所示。

4 选择所有图层的第20帧，按【F5】键插入帧。选择"星光"所在图层，在第5帧处按【F6】键插入关键帧，删除原星光，然后添加"星光1.png"素材，使用相同的方法，在第10、第15、第20帧处插入关键帧，并交替应用"星光"素材，使其形成闪烁星光效果，如图13-198所示。

 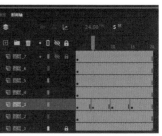

图13-197 图13-198

5 选择"流星"所在图层，使用"任意变形工具" 缩小流星元件，在该图层的第20帧处按【F6】键插入关键帧，将流星元件拖曳到"人物形象.png"素材左侧，并放大元件，使其形成近大远小的效果，然后创建传统补间动画，如图13-199所示。

6 新建图层，使用与前面相同的方法，在第1、第3、第6、第9、第12、第15、第18、第20帧处插入关键帧，然后使用"文本工具" T在对应的帧中输入图13-200所示文字，完成H5广告尾页1的制作。

7 创建"H5广告尾页2"元件，使用与前面相同的方法绘制矩形。新建3个图层，分别将"封面背景.png、星

光.png、箱包.png"素材拖曳到对应图层中，效果如图13-201所示。

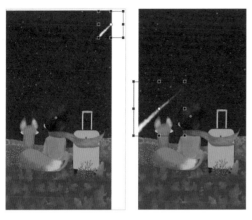

图13-199

图13-200

8 新建图层，使用"文本工具" 输入图13-202所示文字，分别设置"字体"为"方正喵呜体""方正兰亭细黑_GBK"，调整文字的大小和位置，完成H5广告尾页2的制作。

图13-201　　　　图13-202

13.3.6　拼合H5广告

扫码看效果

完成整个H5广告页面的制作后，即可根据页面的出场顺序拼合H5广告，使其形成完整的H5广告，具体操作如下。

1 返回场景，将"H5广告封面"元件拖曳到场景中，然后在第40帧处按【F5】键插入帧。

2 为了使不同页面过渡自然，可先使用不同场景的背景制作专场动画，再插入页面效果。新建图层，在第36帧处按【F6】键插入关键帧，将"H5广告内页1"中的背景元件拖曳到舞台中，使用"任意变形工具" 将该元件缩小，效果如图13-203所示。

3 在第45帧处插入关键帧，将该元件放大到与舞台大小相同，完成后创建传统补间动画，如图13-204所示。

图13-203　　　　　　　图13-204

4 新建图层，在第40帧处按【F6】键插入关键帧，将"H5广告内页1"元件拖曳到舞台中，然后在第70帧处插入关键帧，如图13-205所示。注意：这里的间隔帧以制作元件的帧数为准。

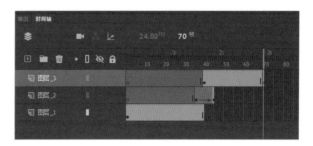

图13-205

5 新建图层，在第67帧处按【F6】键插入关键帧，将"H5广告内页2"中的背景元件拖曳到舞台中，使用

283

"任意变形工具" ▣ 将该元件缩小，效果如图13-206所示。

6 在第75帧处插入关键帧，将该元件放大到与舞台大小相同，完成后创建传统补间动画。

7 新建图层，在第70帧处按【F6】键插入关键帧，将 "H5广告内页2" 元件拖曳到舞台中，然后在第90帧处插入关键帧，效果如图13-207所示。

图13-206   图13-207

8 新建图层，在第90帧处按【F6】键插入关键帧，将 "H5广告内页3" 元件拖曳到舞台中，然后在第110帧处插入关键帧。

9 新建图层，在第110帧处按【F6】键插入关键帧，将 "H5广告内页4" 元件拖曳到舞台中，然后在第130帧处插入关键帧。

10 使用相同的方法，将 "H5广告内页5" "H5广告尾页1" "H5广告尾页2" 元件插入图层中，如图13-208所示。

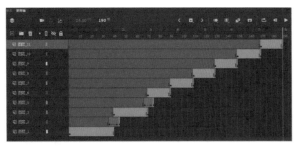

图13-208

13.3.7 为H5广告添加声音

下面为H5广告添加声音，以增强H5广告的特色，具体操作如下。

1 新建图层，选择【文件】/【导入】/【导入到舞台】命令，在打开的 "导入" 对话框中选择 "H5广告音频.mp3" 素材文件，单击 打开(O) 按钮，如图13-209所示。

2 此时可发现声音已经添加到新建的图层中，如图13-210所示。

3 按【Ctrl+Enter】组合键测试动画，在动画播放的整个过程中都可以听到添加的声音，完成后按【Ctrl+S】组合键保存文件。

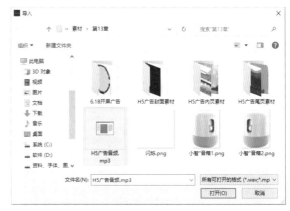

图13-209

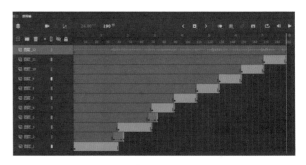

图13-210

巩固练习

1. 制作新春宣传广告动画

本练习将使用提供的素材制作新春宣传广告动画，该动画要将春节的欢乐体现出来，还需要展现宣传广告的企业。本练习的参考效果如图13-211所示。

> 配套资源　素材文件\第13章\新春宣传广告动画\
> 效果文件\第13章\新春宣传广告动画.fla

图13-211

2. 制作家装节产品推广H5动画

本练习将使用提供的素材制作家装节产品推广H5动画，要求该动画要美观，能很好地展现推广内容。本练习的参考效果如图13-212所示。

> 配套资源　素材文件\第13章\家装节产品推广H5动画\
> 效果文件\第13章\家装节产品推广H5动画.fla

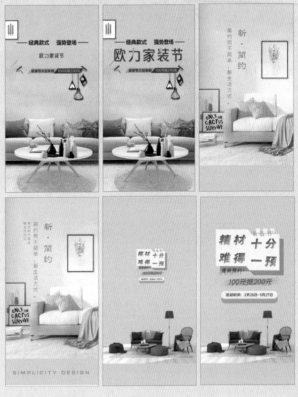

图13-212

3. 制作图书推广广告动画

本练习将使用提供的素材制作图书推广广告动画，要求该动画要美观，能很好地展现推广内容。本练习的参考效果如图13-213所示。

> 配套资源　素材文件\第13章\图书推广广告动画素材\
> 效果文件\第13章\图书推广广告动画.fla

学习笔记

第13章　广告动画实战范例

285

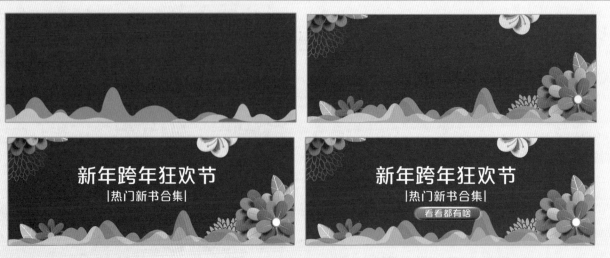

图13-213

广告投放媒体是将广告信息传递给用户的媒介，选择合适的广告投放媒体，能保证将广告信息准确地传递给用户。

● 视频类媒体：视频类媒体在用户的日常生活和工作中都比较常见，有着高传播性、高转化率等多个优势，适合多种行业的广告投放。常见的视频类媒体有腾讯视频、优酷视频、抖音短视频、快手短视频等。

● 电商类媒体：电商类媒体拥有大量的固定用户和活跃用户，其广告资源位广、广告覆盖多，用户定位也非常精准，适合服饰鞋包、餐饮食品、文化娱乐、日用百货、数码家电等行业的广告投放。常见的电商类媒体有天猫、京东、唯品会等。

● 社交类媒体：社交类媒体投放的广告类型非常广泛，且用户覆盖面较广，定位精准，能够在短时间内使用户主动传播广告内容，实现广告内容的大范围传播。常见的社交类媒体有微信、小红书等。

● 资讯类媒体：资讯类媒体拥有大量优质内容，用户比较广泛，适合电商、游戏、教育培训、金融、旅游等行业的投放广告。常见的资讯类媒体有新浪、百度、腾讯、搜狐、网易、知乎等。

● 搜索引擎类媒体：在搜索引擎类媒体投放的广告范围较广，既可以是商品销售类广告，如汽车、服装、食品、首饰等；也可以是服务类广告，如网络维护、安全服务、大数据服务、软件开发、产品设计等。常见的搜索引擎类媒体有百度搜索、360搜索、谷歌搜索等。

第 14 章

网页动画实战范例

本章导读

随着互联网的迅速发展，越来越多的企业对网页的视觉美观和动效展现提出了更高的要求，主要表现为进入网页时的动画，以及网页首页的动效。

知识目标

< 掌握进入动画的相关知识
< 掌握首页动画的相关知识

能力目标

< 能够制作网页进入动画
< 能够制作首页动画

情感目标

< 激发对网页动画的制作兴趣
< 培养对进入动画和首页动画的设计思维

14.1 进入动画——制作"旅行网"网页进入动画

网页的进入动画直接影响着用户对网页的整体印象，优秀的网页会根据网页的主题有对应的进入动画。"旅行网"是一家专注于旅行的网站，现需要制作以"畅想旅行生活"为主题的进入动画，其尺寸要求为1024像素×576像素，在设计时要求对旅行热门景点进行滚屏显示，并且实现单击按钮进行跳转的功能。

14.1.1 行业知识

在制作进入动画前，可先对网页进入动画的常用技术和作用进行了解，避免设计中出错。

1. 构建网页进入动画的常用技术

随着计算机和网络的发展，网页进入动画的方式也呈多样化趋势。构建一个网页进入动画一般涉及页面设计、服务器的搭建与维护、数据与程序的开发等方面。使用Animate构建网页进入动画，主要涉及网页常用的JavaScript脚本的应用、网页导航中按钮的事件类型、声音和视频的应用，以及外部内容的处理等。

2. 进入动画的作用

进入动画通常出现在网站页面打开之前，其作用主要有以下两点。

● 通过进入动画为网站页面赢取更多的加载时间。在进入动画中可通过进度条、缓冲显示等方式展现动画，避免用户在等待过程中产生不耐烦的情绪。

● 利用动态的动画演示，将网站的主题和特点告知用户，给用户留下深刻的印象。通过对产品的滚动展现，方便用户了解网页内容；也可在其中添加跳转按钮，方便用户快速转换页面。

14.1.2 案例分析

根据背景要求，可以从整体布局、动效设计两个部分进行分析。

1. 整体布局

该进入动画的主题是"畅想旅行生活"，为了迎合主题，可选择热门风景图片作为背景。为了在动画中体现热门旅行地点，可在下方设计轮播条，方便后期制作轮播动画。

在文字的设计上可直接将主题文字放在中间区域进行展现，通过对文字大小的调整，使动画效果更具设计感。

2. 动效设计

该进入动画由各个动画组合而成，包括从无到有的背景、缓慢出现的主题文字，以及滚动的轮播条动画，不但展现了热门景点，而且宣传了动画主题，最后的"点击进入"按钮还为用户提供了跳转功能。

扫码看效果

整体动效示意图如图14-1所示。

图14-1

本例完成后的参考效果如图14-2所示。

图14-2

14.1.3 制作进入动画背景

知识要点	形状、传统补间动画、元件脚本
配套资源	素材文件\第14章\网站进入动画素材\ 效果文件\第14章\网站进入动画.fla

扫码看视频

首先启动Animate，然后新建动画文件，在其中导入素材，并将需要的素材转换为元件，最后使用补间动画和遮罩动画制作进入效果，具体操作如下。

1 启动Animate CC 2020，新建一个1024像素×576像素的HTML5 Canvas动画文件，并保存为"网站进入动画.fla"。

2 设置"舞台颜色"为"#000000"，将所有素材文件都导入"库"面板中，将"网页背景.jpg"素材移动到舞台中间。按【F8】键打开"转换为元件"对话框，设置"名称"为"背景"，"类型"为"图形"，单击 确定 按钮，如图14-3所示。

图14-3

3 在第24帧处按【F6】键插入关键帧，在第48帧处按【F5】键插入帧，如图14-4所示。

图14-4

4 选择第1帧中的"背景"元件，将其向下移动一段距离，在"属性"面板中设置"Alpha"为"5%"，然后在第1～第24帧之间创建传统补间动画，使其形成逐渐显示效果，如图14-5所示。

5 新建图层，在第24帧处按【F6】键插入关键帧，在中间区域输入"畅"文字，设置"字体"为"方正毡笔黑简体"，"大小"为"100pt"，如图14-6所示。

图14-5

图14-6

6 在第27帧处按【F6】键插入关键帧，在"畅"的右侧
输入"想"文字，如图14-7所示。

图14-7

7 在第30、第32、第34、第36、第38帧处按【F6】键插
入关键帧，依次输入"旅行生活！"文字，并将字体
大小调整为"68"，如图14-8所示。

图14-8

14.1.4 制作滚动条

滚动条主要用于显示热门景区风景，吸引更
多用户对该景区产生兴趣。在制作时可采用滚动
浏览的方式对风景进行展现，具体操作如下。

扫码看效果

1 新建图层，在第24帧处按【F6】键插入关
键帧，在舞台下方绘制1050像素×125像素的矩形，设
置"笔触"为"#FFFFFF"，"填充"为"#000000"，"Alpha"
为"50"，效果如图14-9所示。

图14-9

2 选择矩形，按【F8】键打开"转换为元件"对话框，
设置"名称"为"滚动图片"，"类型"为"影片剪辑"，
单击 确定 按钮，如图14-10所示。

3 双击转换后的元件进入编辑窗口，在第240帧处按
【F5】键插入帧。

4 新建图层，将"1.png"～"6.png"素材添加到舞台中，
并排列到黑色矩形中，效果如图14-11所示。

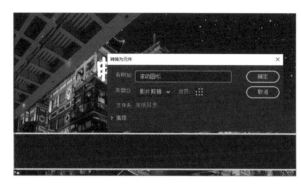

图14-10

图14-11

5 选择矩形中的所有图片，按住【Alt】键不放向右拖曳
复制图片，选择所有图片，将图片转换为元件，效果
如图14-12所示。

图14-12

6 在第240帧处插入关键帧，将元件向左移动，使其形
成滚动动效，完成后为其创建传统补间动画，效果如
图14-13所示。

图14-13

7 返回场景，在第30帧处按【F6】键插入关键帧，创
建传统补间动画，将第24帧中元件的Alpha值设置为
"0"，如图14-14所示。

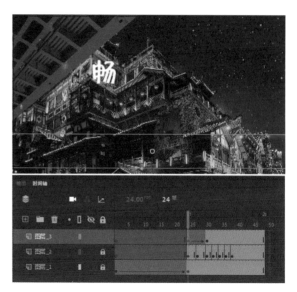

图14-14

14.1.5 制作按钮元件

"点击进入"按钮元件能方便用户快速跳转
到首页。在制作时先绘制和美化按钮形状，然后
添加脚本增强按钮的互动感，具体操作如下。

扫码看效果

1 按【Ctrl+F8】组合键新建一个名为"按钮"
的影片剪辑元件。

2 选择"矩形工具" ■，在舞台中绘制580像素×120像
素的矩形，并设置"矩形边角半径"为"60"，效果
如图14-15所示。

图14-15

3 打开"颜色"面板，设置"颜色类型"为"线性渐变"，
设置"渐变颜色"为"#103563～#E9C9B6"，然后使
用"渐变变形工具" ■调整渐变效果，如图14-16所示。

4 新建图层，选择"矩形工具" ■，在矩形的上方绘制
450像素×50像素的矩形。

5 打开"颜色"面板，设置"颜色类型"为"线性渐变"，
设置"渐变颜色"为"透明～#BDCCD4"，然后使用
"渐变变形工具" ■调整渐变效果，如图14-17所示。

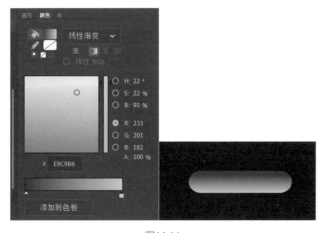

图14-16

图14-17

6 新建图层，选择"矩形工具" ，在矩形的下方绘制 450像素×50像素的矩形。打开"颜色"面板，设置 "颜色类型"为"线性渐变"，"渐变颜色"为"#FFFFFF～ 透明"，然后使用"渐变变形工具" 调整渐变效果，并将 该图层移动到"图层_1"的下方，效果如图14-18所示。

图14-18

7 按【Ctrl+F8】组合键新建名为"按钮元件"的按钮元 件，从"库"面板中将"按钮"元件移动到舞台中， 依次按【F6】键插入3个关键帧，如图14-19所示。

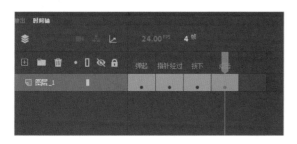

图14-19

8 选择"指针经过"帧中的元件，在"属性"面板的"色 彩效果"栏中设置"样式"为"色调"，再设置"色

调、红色、绿色、蓝色"分别为"50%、169、36、0"，如 图14-20所示。

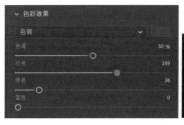

图14-20

9 选择"按下"帧中的元件，在"属性"面板的"色彩 效果"栏中设置"样式"为"色调"，再设置"色调、 红色、绿色、蓝色"分别为"50%、210、210、0"，如图 14-21所示。

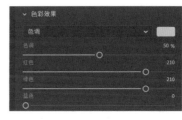

图14-21

10 新建图层，在矩形中输入"点击进入"文字，在 "属性"面板中设置"字体"为"方正毡笔黑简 体"，"大小"为"74"，效果如图14-22所示。

图14-22

11 将文字转换为元件，然后在"滤镜"栏中单击 "添加滤镜"按钮 ，在打开的下拉列表框中选 择"发光"选项，设置"模糊X"为"20"，"模糊Y"为 "21"，"颜色"为"#103563"，效果如图14-23所示。

图14-23

12 返回场景，新建图层，在第38帧处插入关键 帧。从"库"面板中将"按钮"元件移动到舞台

中，调整其大小和位置，如图14-24所示。

图14-24

13 在"属性"面板中设置"按钮元件"元件的实例名称为"anniu"，如图14-25所示。

图14-25

14 新建图层，将其重命名为"脚本"。在第48帧处插入关键帧。按【F9】键打开"动作"面板，在其中输入如下脚本。

```
this.stop(); //停止播放
this.anniu.addEventListener("click", goToNextFrame.
bind(this)); //为anniu添加click事件
function goToNextFrame(){
    this.gotoAndPlay(this.currentFrame+1); //跳转到下一帧
并播放
}
```

效果如图14-26所示。

图14-26

15 按【Ctrl+Enter】组合键测试动画，在动画播放的整个过程中都可听到添加的声音。按【Ctrl+S】组合键保存文件，并对整个效果进行发布。

14.2 首页动画——制作"旅行网"首页动画

> 网页是展示企业内容的主要平台，也是企业的门面。因此网页需要具有视觉吸引力，能使用户产生浏览和点击的欲望。在网页中添加动画可提升网页内容的表现力。对"旅行网"的首页进行动画设计，以吸引更多年轻用户了解和预览该首页。在制作"旅行网"首页动画时，要求首页尺寸为1920像素×5000像素，该页面要具备导航栏、Banner、相关板块、页尾等部分。在导航栏中要对热门类目进行展现，在Banner中要以七夕为主题，在相关板块中要对热门景点进行展现，要具备时尚和美观等特点。页尾部分需要对网站内容进行总结，方便用户选择。在动效的设计上要能快速转换到对应页面，各个导航栏目要便于用户查看。

14.2.1 行业知识

在进行网站首页动画的设计前，需要先了解网站首页的组成和设计要求，以方便后期进行动画设计。

1. 网站首页组成

在设计首页动画前，需要先了解网站首页的组成，为后期设计打下基础。

● 导航栏：导航栏主要用于显示网页的栏目，起着分类展示的作用。在设计导航栏时，需要将网页的栏目显示出来，便于用户查看二级内容。图14-27所示导航栏主要由Logo和企业类目组成，用户只需单击栏目链接，即可查看内容。

● Banner：Banner一般位于导航栏下方，主要展现网页的活动内容，如宣传活动、宣传广告、主推商品或具体利益点等。Banner需要调动色彩、版式、字体、形式感等因素来营造视觉印象，它的画面不但要有较强的视觉影响力，还要突出卖点。图14-28所示Banner由企业宣传广告和创建网站按钮组成，不但起到了宣传企业的作用，还便利了用户操作。

● 相关板块：相关板块主要是展现网页的主要内容。在设计相关板块时，应该遵循与网页整体风格相一致的原则，在主推内容的设计上要注意突出网页的风格主题以及主打系列商品，并延续整个网页或品牌的色彩。从营销目的上，需要提炼功能卖点，直击消费者痛点，吸引其注意力。图14-29所示相关板块将企业的经典项目案例通过图文并茂的方式展现出来，直观地表现出企业在这些类型项目中的实力。

图14-27

图14-28

● 页尾：页尾属于首页的结尾部分。在页尾中除了需要对首页进行总结外，还可添加分类信息，使其与导航栏对应，便于用户重新浏览网页。图14-30所示页尾左侧放置了二维码，中间区域是网站重要内容的链接，右侧展示了联系方式，不但起到了宣传的作用，还便于用户查看企业信息。

图14-29

图14-30

2. 网页的设计要求

在了解了网站首页的组成后，还需要掌握网页动画的设计，避免出现制作的网页动画效果不符合需求的情况。

● 主题鲜明：网页的主题不同，其展现的方法也不同。如新闻类网页采用图文结合的方式展现主题，娱乐类网页采用音乐和视频结合的方式展现主题。只有主题鲜明的网页才能获得用户肯定，因此设计者需要按照企业需求，以与主题相契合的设计方式和风格来展现网页的内容，使网页主题鲜明、特点突出。

● 合理的网页版式布局：版式布局主要通过文字和图形结合把网站中各板块之间的有机联系体现出来，以达到最佳的视觉效果。在进行网页设计时，首先要做好版式布局，这样设计的效果才能既符合需求又美观。

● 适合的网页风格：网页风格是对品牌形象、主营商品类型、服务方式等内容的集中体现，也是影响用户第一印象的直观因素。设计者在进行网页视觉设计时，一定要综合考虑品牌文化、商品信息、目标用户、市场环境和季节等因素，明确企业的品牌定位，做到网页风格和企业定位相统一。

● 合理搭配页面元素：网页的构成元素众多，且每一个元素都有其独特的意义。因此设计者在制作网页时，要在规划网页的基础上，合理搭配各元素，以突出重要信息，快速地对用户进行引导。例如，在设计商品推荐时，推荐的内容就应该选择企业的爆款或新款，以集中引流，增加人气。

● 合理使用动效：在网页中可添加动效，如导航动效、图像动效、跳转动效等。导航动效是指为导航栏中的内容添加动效，方便用户快速选择合适的页面进行转换。图像动效主要是对视觉点制作动效，提高整个网页的美观度。跳转动效属于跳转页面的一种，可以在跳转时呈现出不同的效果。

14.2.2 案例分析

根据背景要求，整个案例可从整体布局和动效设计两个部分展开。

1. 整体布局

整体布局可从主题方案、风格等出发。

（1）主题方案

本案例主要是针对年轻用户，结合案例背景，设计者可根据网页的各个部分进行网页设计。

● 导航栏：根据企业的定位和提供的Logo素材，可将导航栏分为左、中、右3个部分，左侧用于放置Logo素材，中间为网页栏目，右侧为登录与注册按钮，使整个内容更加直观，符合年轻人的偏好。

● Banner：Banner属于整个网页的视觉点。根据案例背景需要，为Banner设计七夕主题，可采用嫦娥奔月的故事作为设计点，形象又美观。

● 相关板块：相关板块主要是对旅游景点进行展现。在设计时为了区分重点，可将相关板块分为热门景点和热销景点两个部分。热门景点可方便用户了解景点信息，热销景点可让用户了解更多景点信息。

● 页尾：页尾属于首页的结尾部分。在页尾可对首页的内容进行总结，方便用户在浏览时快速进行其他选择。

（2）风格

由于网页主要针对年轻群体，因此可选择符合年轻群体的简约风格。在设计时，可采用不同颜色的板块组合，添加风景图片和不同颜色板块的文字介绍，既美观又时尚。

2. 动效设计

根据设计要求以及整体布局，对网页的不同部分进行动效设计。

● 导航栏：导航栏动效主要是对各个栏目创建下拉动画，方便用户了解对应栏目的具体内容。可单独显示栏目，使其更加具有实用性。

● Banner：Banner主要起美化作用，在其中添加小鸟飞行动画，让网页动静结合，提升美观度。

● 相关板块：相关板块动效主要展现热门景点，可添加按钮元件使整个景点有点击感。不同类目还需要设计对应的板块，便于用户查看更多旅行照片。

整体动效示意图如图14-31所示。

扫码看效果

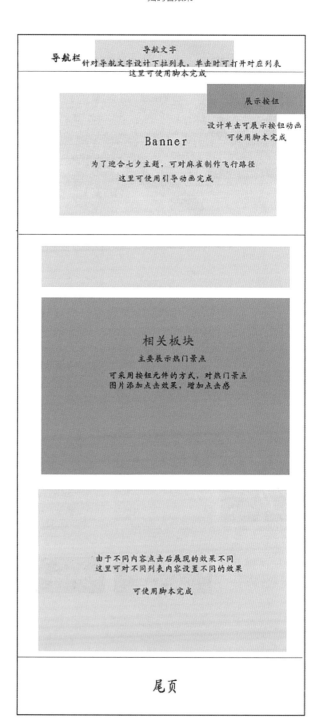

图14-31

本例完成后的参考效果如图14-32所示。

图14-32

14.2.3　制作"旅行网"导航栏动效

知识要点　逐帧动画、传统补间动画、元件、形状绘制

配套资源　素材文件\第14章\旅行网Logo.png、旅行网素材\
效果文件\第14章\"旅行网首页.fla

扫码看视频

　　导航栏主要在首页的顶部展现,要展现Logo和主要栏目,并且通过按钮的形式展现导航内容。制作"旅行网"导航栏动效的具体操作如下。

1 启动Animate CC 2020,新建一个1920像素×5000像素的HTML5 Canvas动画文件,并保存为"旅行网首页.fla"。

2 选择"矩形工具"，在"属性"面板中设置"填充"为"#EEEEEE",取消笔触,在舞台的顶部绘制1920像素×150像素的矩形。

3 新建图层,将"旅行网Logo.png"和"旅行网素材"文件夹中的所有素材添加到"库"面板中,然后将"旅行网Logo.png"素材拖曳到矩形左侧,调整其大小和位置,效果如图14-33所示。

图14-33

4 选择"文本工具"，在Logo的右侧输入图14-34所示文字,并设置中文"字体"为"方正经黑简体","填充"为"#FFFFFF",英文"字体"为"方正博雅宋_GBK","填充"为"#140000",调整文字大小和位置。

图14-34

5 选择"矩形工具"，在"属性"面板中设置"填充"为"#AAAAAA",在"DEWEY旅行"文字下方绘制矩形,效果如图14-35所示。

6 在"库"面板中,将QQ图标和微信图标拖曳到矩形右侧,调整其大小和位置。使用"文本工具"　输

入"登录 | 注册"文字，设置"字体"为"方正兰亭准黑_GBK"，调整文字大小和位置，效果如图14-36所示。

图14-35

图14-36

7 按【Ctrl+F8】组合键新建名为"热区"的按钮元件，进入元件编辑窗口。按【F6】键插入3个关键帧，然后在"点击"帧中绘制一个矩形，如图14-37所示。

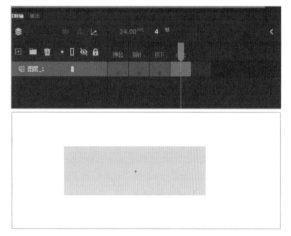

图14-37

8 按【Ctrl+F8】组合键新建名为"介绍"的图形元件，选择"矩形工具" ■，在"属性"面板中设置"填充"为"#CCCCCC"，取消笔触，绘制400像素×105像素的矩形。

9 选择"矩形工具" ■，绘制4个95像素×105像素的矩形，并设置"填充"分别为"#EB6877""#1F74AD""#00A0E9""#AA89BD"，效果如图14-38所示。

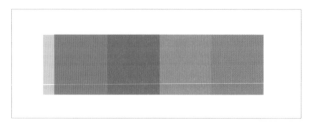

图14-38

10 在"库"面板中，将图14-39所示矢量图形拖曳到矩形上方，调整其大小和位置。使用"文本工具" Ⅰ 输入文字，并设置"字体"为"方正少儿简体"，调整文字的大小和位置。

图14-39

11 选择整个效果，按【F8】键将其转换为名为"热门类目"的图形元件，如图14-40所示。

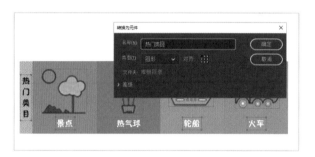

图14-40

12 在第16帧处按【F6】键插入关键帧，将元件向左边移动一个图片的位置，然后在第1～第16帧之间创建传统补间动画，如图14-41所示。

图14-41

13 新建图层，从"库"面板中将"热区"按钮元件移动到舞台中，并使用"任意变形工具" ■ 调整元件的形状，如图14-42所示。在"属性"面板中设置"实例名称"为"requ"。

14 在第7帧处插入关键帧，然后在第16帧中调整"热区"按钮元件的大小，使其覆盖整个图片，如图14-43所示。

15 新建图层，将其重命名为"脚本"，选择第1帧，按【F9】键打开"动作"面板，在其中输入下脚本（见图14-44）。

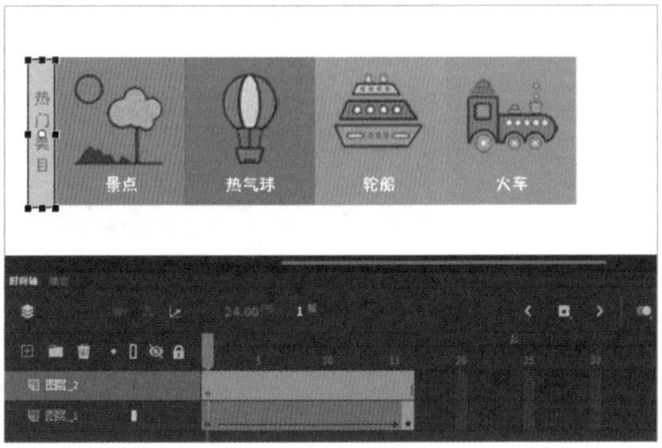

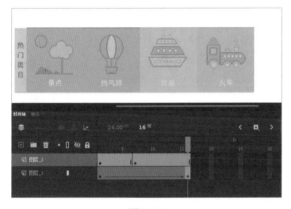

图14-42

图14-43

```
this.stop(); //停止播放
this.requ.addEventListener("click", movieClipClick.
bind(this)); //为requ实例添加click事件
function movieClipClick() {
    this.play(); //开始播放
}
```

图14-44

16 在第16帧处插入关键帧，在"动作"面板中输入如下脚本（见图14-45）。

```
this.stop();//停止播放
```

图14-45

17 新建名为"背景条"的图形元件，进入元件编辑窗口。选择"矩形工具" ▣，在"属性"面板中设置"填充"为"#EEEEEE"，绘制80像素×140像素的矩形，如图14-46所示。

图14-46

18 新建名为"目的地"的图形元件，从"库"面板中将"背景条"元件拖曳到舞台中。选择"文本工具" ▼，在"属性"面板中设置"字体"为"方正兰亭细黑_GBK"，"大小"为"11"，"填充"为"#000000"，在矩形中输入图14-47所示文本。

图14-47

19 使用相同的方法创建"旅游攻略""酒店""车票预定""攻略"菜单列表，效果如图14-48所示。

图14-48

20 新建名为"目的地菜单"的影片剪辑元件，使用"文本工具" T 在舞台中输入"目的地"文字，在"属性"面板中设置"字体"为"方正品尚准黑简体"，"大小"为"28"，"填充"为"#003366"，如图14-49所示。

图14-49

21 新建图层，从"库"面板中将制作的"热区"按钮元件拖曳到舞台中，调整其大小和位置，使按钮元件遮住文字，在"属性"面板中设置"实例名称"为"btmenu"，如图14-50所示。

图14-50

22 新建图层，从"库"面板中将"目的地"元件拖曳到舞台中，调整其大小和位置。选择所有图层的第15帧，按【F6】键插入关键帧。选择"图层_3"的第15帧，将图像向下移动。然后在第1～第15帧之间创建传统补间动画，如图14-51所示。

图14-51

23 新建图层，在"目的地"文本下方绘制矩形。在"图层_4"上右击，在弹出的快捷菜单中选择"遮罩层"命令，将"图层_4"转换为遮罩层，将"图层_3"转换为被遮罩层，效果如图14-52所示。

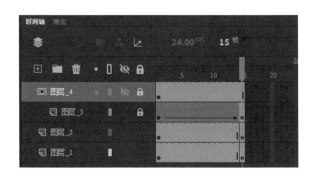

图14-52

24 新建"图层_5"，选择第1帧，按【F9】键在"动作"面板中输入如下脚本（见图14-53）。

```
this.stop(); //停止播放
this.btmenu.addEventListener("mouseover", btmenu_
clickHandler.bind(this)); //为btmenu添加mouseover事件
this.btmenu.addEventListener("mouseout", btmenu_
clickHandler1.bind(this)); //为btmenu添加mouseover事件
function btmenu_clickHandler() {
    this.gotoAndPlay(1); //跳转到第1帧
}
function btmenu_clickHandler1() {
    this.gotoAndStop(0); //跳转到第0帧并停止播放
}
```

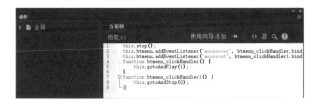

图14-53

25 在第15帧处插入关键帧，然后在"动作"面板中输入如下脚本。

```
this.stop(); //停止播放
```

26 使用相同的方法创建"旅游攻略菜单""酒店菜单""车票预定菜单""攻略菜单"列表，如图14-54所示。

27 返回场景，新建图层，从"库"面板中将"目的地菜单""旅游攻略菜单""酒店菜单""车票预定菜单""攻略菜单"等元件依次拖曳到舞台顶部。

28 新建图层，在所有图层的第50帧处按【F6】键插入关键帧，在"图层_4"的第50帧处按【F9】键，在"动作"面板中输入如下脚本。

```
this.stop(); //停止播放
```

29 完成导航栏的制作，按【Ctrl+Enter】组合键查看导航栏效果，如图14-55所示。

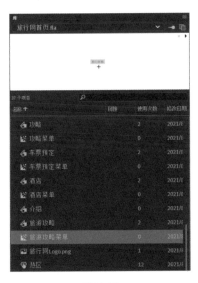

图14-54

图14-55

14.2.4　制作"旅行网"Banner动效

扫码看效果

"旅行网"Banner是整个视觉的亮点，采用逐渐显示的方式展现整个Banner，然后通过飞舞的麻雀体现美观度。制作"旅行网"Banner动效的具体操作如下。

1 新建图层，选择"矩形工具" ▢，设置"填充"为"#000000"，绘制1920像素×750像素的矩形。

2 新建图层，在"库"面板中将图14-56所示Banner素材拖曳到矩形上方，调整素材大小和位置，使其与矩形对齐，并将其转换为元件。

图14-56

3 在"图层_6"的第20帧处按【F6】键插入关键帧，选择第1帧，打开"属性"面板，在"色彩效果"栏中选择"Alpha"选项，设置"Alpha"为"0%"，然后在第1~第20帧之间创建传统补间动画，如图14-57所示。

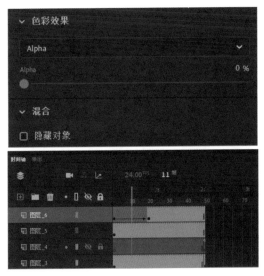

图14-57

4 按【Ctrl+F8】组合键新建名为"麻雀1"的影片剪辑元件。

5 在"图层_1"上右击，在弹出的快捷菜单中选择"添加传统运动引导层"命令，为"图层_1"添加运动引导层。

6 选择"铅笔工具"✏️，在"属性"面板中设置"笔触"为"#FF0000"，选择引导层的第1帧，在舞台中绘制一条曲线，选择引导层的第40帧，按【F5】键插入帧，如图14-58所示。

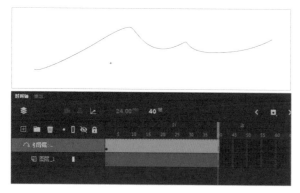

图14-58

7 选择"图层_1"，单击第1帧，将"库"面板中的麻雀图像拖曳到舞台中，将其转换为元件，并调整大小，然后放置到曲线左侧的端点上，如图14-59所示。

图14-59

8 在第40帧处按【F6】键插入关键帧，使用"选择工具"▶将麻雀元件拖曳到曲线右侧的端点上，然后创建传统补间动画，如图14-60所示。

图14-60

9 使用相同的方法，将"库"面板中的另一只麻雀图像制作成"麻雀2"元件。

10 返回场景，新建图层，将制作的"麻雀1""麻雀2"元件添加到Banner中，调整它们的大小和位置，然后将其他麻雀图像直接添加到Banner上方，效果如图14-61所示。

图14-61

11 新建图层，在第20帧处按【F6】键插入关键帧。从"库"面板中将"介绍"元件拖曳到舞台中，并调整其大小和位置，效果如图14-62所示。

图14-62

12 在第50帧处按【F6】键插入关键帧，将元件向右拖出舞台外，然后创建传统补间动画，如图14-63所示。

图14-63

13 完成Banner的制作，按【Ctrl+Enter】组合键查看Banner效果，如图14-64所示。

图14-64

14.2.5 制作"旅行网"相关板块动效

"旅行网"相关板块位于Banner的下方,主要是对热门景区进行展现。制作相关板块动效的具体操作如下。

扫码看效果

1 选择"矩形工具" ,取消填充颜色,设置"笔触"为"#AAAAAA","笔触大小"为"1",在Banner的下方绘制3个550像素×170像素的矩形。

2 将"库"面板中的图标拖曳到刚绘制的矩形上方,并调整它们的大小和位置,效果如图14-65所示。

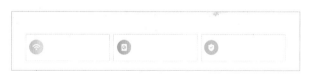

图14-65

3 选择"文本工具" ,输入图14-66所示文字,并设置"字体"为"思源黑体 CN",调整文字大小、颜色和位置,然后对重点文字放大和加粗显示。

图14-66

4 按【Ctrl+F8】组合键新建名为"图片1"的按钮元件,使用"矩形工具" 绘制560像素×700像素的矩形,并设置"填充"为"#000000"。按3次【F6】键创建关键帧,选择第1帧,将海边素材拖曳到矩形上方,使其与矩形重合,效果如图14-67所示。

5 选择第2帧,在矩形上方输入"马尔代夫"文字,并设置"字体"为"汉仪菱心体简","填充"为"#666666",调整文字大小和位置,效果如图14-68所示。

图14-67　　　　　　　　图14-68

6 按【Ctrl+F8】组合键新建名为"图片2"的按钮元件,使用"矩形工具" 绘制560像素×700像素的矩形,使用与前面相同的方法,添加风景图片并输入文字,效果如图14-69所示。

图14-69

7 使用相同的方法新建名为"图片3""图片4"的按钮元件,在其中绘制1120像素×700像素的矩形,然后添加风景图片并输入文字,效果如图14-70所示。

8 返回场景,将创建的图片元件添加到矩形下方,选择"矩形工具" ,绘制3个560像素×700像素的矩形,设置"填充"分别为"#75A8C7""#8F82BC""#66CCD0",效果如图14-71所示。

图14-70

图14-71

像素的矩形，并设置"填充"为"#000000"，如图14-73所示。

图14-72

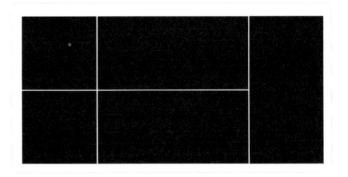

图14-73

9 选择"文本工具" **T** ，输入图14-72所示文字，并设置"字体"为"思源黑体 CN"，调整文字的大小和位置，然后对重点文字放大显示。

10 按【Ctrl+F8】组合键新建名为"矩形"的影片剪辑元件，使用"矩形工具" **□** 绘制2个415像素×396像素、2个835像素×396像素和1个415像素×800

11 按【Ctrl+F8】组合键新建名为"热销板块"的影片剪辑元件，将"矩形"元件拖曳到舞台中，分别在矩形上方添加图14-74所示图片，然后在图片上方输入文字。

学习笔记

图14-74

12 返回场景，将"热销版块"元件拖曳到图片的下方，并在元件上方输入"热销"文字，效果如图14-75所示。

图14-75

13 新建名为"海岛"的影片剪辑元件。使用"文本工具" T 在舞台中输入"海岛"文字，在"属性"面板中设置"字体"为"思源黑体 CN"，"大小"为"40"，"填充"为"#000000"。

14 新建图层，从"库"面板中将制作的"热区"按钮元件拖曳到舞台中，调整并移动其位置，使按钮元件遮住文字，在"属性"面板中设置"实例名称"为"haid"，如图14-76所示。

图14-76

15 新建图层，从"库"面板中将"矩形"元件拖曳到舞台中，按照矩形的大小添加海岛素材。选择所有图层的第15帧，按【F6】键插入关键帧。选择"图层_3"的第15帧，将元件向下移动。然后在第1~第15帧之间创建传统补间动画，效果如图14-77所示。

图14-77

16 新建图层，在"海岛"文本下方绘制矩形。在"图层_4"上右击，在弹出的快捷菜单中选择"遮罩层"命令，将"图层_4"转换为遮罩层，将"图层3"转换为被遮罩层，如图14-78所示。

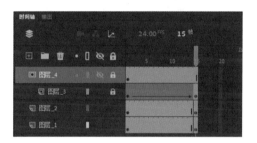

图14-78

17 新建"图层_5"，选择第1帧，按【F9】键在"动作"面板中输入如下脚本（见图14-79）。

```
this.stop(); //停止播放
this.haid.addEventListener("mouseover", haid_clickHandler.
bind(this)); //为haid添加mouseover事件
this.haid.addEventListener("mouseout", haid_clickHandler1.
bind(this)); //为haid添加mouseover事件
function haid_clickHandler() {
    this.gotoAndPlay(1); //跳转到第1帧
}
function haid_clickHandler1() {
    this.gotoAndStop(0); //跳转到第0帧并停止播放
}
```

图14-79

18 在第15帧处插入关键帧，然后在"动作"面板中输入如下脚本。

```
this.stop(); //停止播放
```

19 返回场景，将"海岛"元件拖曳到"热销"文字的旁边，效果如图14-80所示。

图14-80

20 完成相关板块的制作，按【Ctrl+Enter】组合键查看相关板块的效果，如图14-81所示。

图14-81

图14-81（续）

14.2.6 制作"旅行网"页尾

"旅行网"页尾位于整个首页的底部，主要是对前面的内容进行呼应。制作"旅行网"页尾的具体操作如下。

扫码看效果

1 新建图层，选择"矩形工具" ▣，在图片的下方绘制1920像素×460像素的矩形，设置"填充"为"#E5E5E5"。

2 选择"文本工具" T，输入图14-82所示文字，设置"字体"为"思源黑体 CN"，"填充"为"#0D0000"，调整文字大小和位置，并对最上方的文字设置加粗显示。选择"线条工具" ✐，在文字的右侧绘制颜色为"#A0A0A0"的竖线。

去旅行	寻优惠	看攻略	查服务
跟团游	特卖	攻略	帮助中心
自由行	订酒店	游记	会员俱乐部
公司旅行	特惠游		航班查询

图14-82

14.2.7 添加音乐并发布网页

完成整个首页的制作后，可为网页添加音乐，提升整个网页的试听感，具体操作如下。

扫码看效果

1 选择"图层_1"～"图层_4"图层，将其拖曳到时间轴的顶部，方便选择各个选项，如图14-83所示。

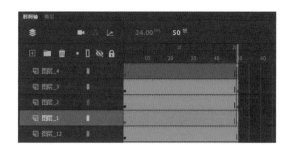

图14-83

2 新建图层，选择【文件】/【导入】/【导入到舞台】命令，在打开的"导入"对话框中选择"背景音乐.mp3"素材文件，单击 打开(O) 按钮，如图14-84所示。

3 此时可发现声音已经添加到新建的图层中，如图14-85所示。

4 选择【文件】/【发布设置】命令，打开"发布设置"对话框，设置"输出名称"为"旅行网首页"，单击"选择发布目标"按钮 ，可设置发布位置，勾选"导出图像资源"复选框，设置"导出为"为"图像资源"，单击 发布(P) 按钮，完成发布操作，如图14-86所示。

图14-84

图14-85

图14-86

5 按【Ctrl+Enter】组合键测试动画，在动画播放的整个过程中都可以听到添加的声音，完成后按【Ctrl+S】组合键保存文件。

学习笔记

第14章

网页动画实战范例

1. 制作家具网站首页动画

本练习将使用提供的素材制作家具网站首页动画，要求制作的动画要有互动性。本练习的参考效果如图14-87所示。

配套 素材文件\第14章\家具素材.png
资源 效果文件\第14章\家具首页.fla

图14-87

2. 制作汽车网站首页动画

本练习将制作汽车网站首页动画，包括载入动画、汽车动画、导航条和文字的制作等操作。本练习的参考效果如图14-88所示。

配套 素材文件\第14章\汽车首页动画素材\
资源 效果文件\第14章\汽车首页动画.fla

图14-88

3. 制作进入动画

本练习将制作网页的进入动画，在该动画中可直接制作"进入"按钮，方便跳转到其他页面。本练习的参考效果如图14-89所示。

配套资源　素材文件\第14章\加载背景.jpg
效果文件\第14章\进入动画.fla

学习笔记

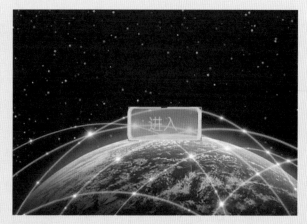

图14-89

⊕ **技能提升**

在设计网页动画时，还需要对一些基础知识进行了解，如网站首页的主要功能、常见的网页布局方式等。

1. 网站首页的主要功能

具有吸引力的网站首页不但能树立品牌形象，还能展示企业商品、企业信息、企业活动和企业文化。

● 树立品牌形象：网站首页可以非常直观地表现企业风格，树立品牌形象，给用户留下深刻的第一印象。

● 展示企业商品：网站首页中展示的商品主要是根据企业营销目标来确定的，通过首页可将这些商品更好地展现在用户面前，这样不但能提升用户对商品的好奇心，还能促进销售。

● 展示企业信息、活动：网站首页是整个网站的门面，能很好地展现企业信息。为了突出企业信息和活动，一般可以将与之相关的信息放在首页中进行展示，以产生很好的推广与营销效果。

● 展现企业文化：网站首页还是展现企业文化的重要平台，在其中可对企业的文化、发展历史等进行展现，使用户了解更多企业信息。

2. 常见的网页布局方式

常见的网页布局方式包括封面型布局、顶部Banner+栅格布局、单栏布局和"国"字型布局。

● 封面型布局：封面型布局的页面往往会直接使用一些极具设计感的图像或动画作为网页背景，再在此基础上添加一个简单的"进入"按钮。这种布局方式十分开放自由，如果运用得恰到好处，则会给用户带来赏心悦目的感觉，如图14-90所示。

图14-90

● 顶部Banner+栅格布局：顶部Banner+栅格布局的具体含义是：顶部为导航栏和Banner大图，用于展现焦点内容；中间部分为主要内容区域，包括3~5个分栏，用于展示不同类别的信息；页面底部展示企业基本信息、联系方式和版权声明等，起着对网页内容补充说明的作用。无论用户浏览设备的屏幕尺寸有多大，使用这种布局都能充分展示所有内容，便于用户浏览和阅读，如图14-91所示。

● 单栏布局：单栏布局常用于小型网站或小型项目的展示，用户只需按住鼠标左键不放并拖曳鼠标，即可浏览内容。

●"国"字型布局："国"字型布局的网页通常会在页面最上方放置Logo、导航栏和横幅广告条，然后对主体内容（分为左、中、右三大块，或左、右两大块）进行展现，页面底部是网页的一些分类信息、联系方式等。

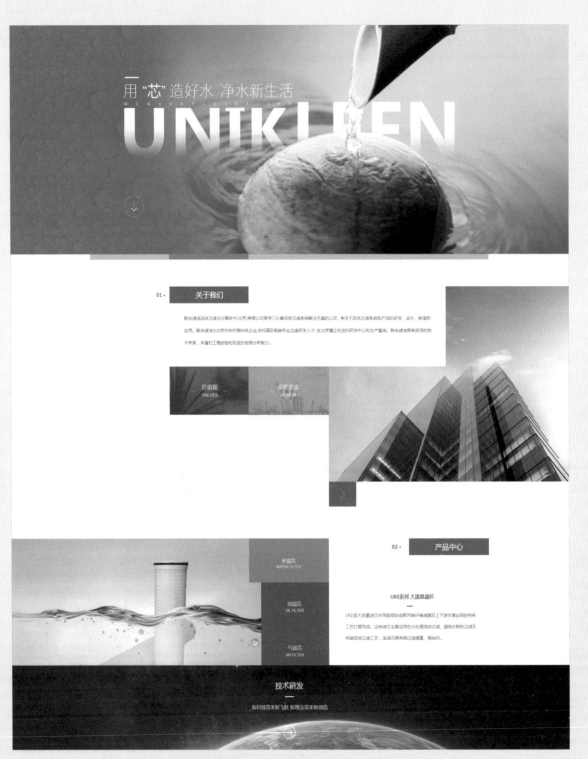

图14-91